油菜大田监测及其杂草智能识别技术

——基于卷积神经网络的研究

龙陈锋 著

电子科技大学出版社

University of Electronic Science and Technology of China Press

·成都·

图书在版编目（CIP）数据

油菜大田监测及其杂草智能识别技术：基于卷积神经网络的研究 / 龙陈锋著 . — 成都：电子科技大学出版社 , 2022.9（2023.12 重印）

ISBN 978-7-5647-9780-5

Ⅰ . ①油… Ⅱ . ①龙… Ⅲ . ①油菜—田间管理—自动化监测系统 Ⅳ . ① S451.22

中国版本图书馆 CIP 数据核字 (2022) 第 176774 号

油菜大田监测及其杂草智能识别技术——基于卷积神经网络的研究
YOUCAI DATIAN JIANCE JIQI ZACAO ZHINENG SHIBIE JISHU——JIYU JUANJI SHENJING WANGLUO DE YANJIU
龙陈锋　著

策划编辑　李述娜
责任编辑　罗国良

出版发行　电子科技大学出版社
　　　　　成都市一环路东一段159号电子信息产业大厦九楼　邮编 610051
主　　页　www.uestcp.com.cn
服务电话　028-83203399
邮购电话　028-83201495

印　　刷　成都市火炬印务有限公司
成品尺寸　170 mm×240 mm
印　　张　15
字　　数　345千字
版　　次　2022年9月第1版
印　　次　2023年12月第2次印刷
书　　号　ISBN 978-7-5647-9780-5
定　　价　68.00元

前言

油菜作为三大食用植物油之一——菜籽油的原料，其总产量在近年来有显著的提升，品质有了明显的改善，但是，在传统的农业生产中油菜的生产过程并不顺利。油菜种植地的土壤环境、天气、病虫害以及各种杂草等因素对油菜生产构成严重的影响，制约油菜产业的进一步发展。

信息化已经成为推动当今世界经济和社会发展的重要源动力。人工智能、物联网、大数据、数据科学、移动互联网等新一代信息技术应用到现代农业生产及发展中已经成为一种基本趋势，正引领农业生产信息化的发展。将信息技术用于对油菜生长监测，对油菜种植的空气温度、空气湿度、土壤温度、土壤湿度、土壤电导率及病虫杂草等信息进行全面感知，采集油菜生长过程中的相关信息，分析和决策油菜种植，从而实现油菜高产、高效栽培以及油菜病害、虫害和杂草防治。

本书根据笔者多年从事教学、科研和生产的经验，学习借鉴了近年来各地在油菜栽培方面研究的新成果、新技术，结合我国油菜生产的特点编写而成。本书主要从七个方面进行阐述：绪论、油菜大田监测与杂草识别关键技术、卷积神经网络改进及应用框架构建、油菜大田监测体系与结构建模、油菜大田监测系统设计与实现、基于卷积神经网络的油菜杂草智能识别系统、精准油菜知识服务平台，系统地对油菜大田生产智能监测的应用进行了深入地研究，建构油菜大田生产智能监测中应用的基本框架，对智能监测中产生的纵向数据和非纵向数据进行了建模验证，研发了油菜大田生产智能监测系统，将研发出来的油菜大田生产智能监测系统应用于油菜知识服务平台。

在编写本书的过程中，笔者参考了大量的文献资料，在此对其作者表示感谢。由于笔者水平有限且时间仓促，书中难免有疏漏之处，敬请广大读者批评指正。

龙陈锋

2022 年 8 月

目 录

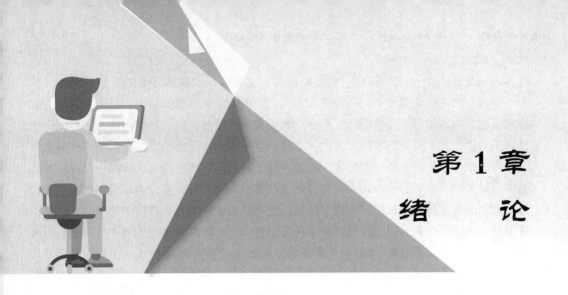

第1章
绪　　论

1.1　研究背景

　　长期以来，我国农业生产面临资源短缺、自然生态恶化、劳动力短缺等问题，需要大幅度提高土地产出率、劳动生产率以及资源利用率。这迫切要求我国农业生产由传统生产向信息化生产转变。新一轮科技革命和产业革命迅速席卷全球，进一步推进了信息技术创新应用快速向工业、农业、商业等各个领域深化发展。信息化已经成为推动当今世界经济和社会发展的重要源动力，人工智能、物联网、大数据、数据科学、移动互联网等新一代信息技术持续快速发展，而且变得越来越高效，在世界各地各行业得到广泛的应用，同时也加速向农业生产领域全面渗透，为我国农业生产及发展提供了新的机遇。利用信息技术提升和改造传统农业生产，提高农业生产信息化水平是我国现代农业发展的客观要求。信息技术应用于现代农业生产及发展已成为一种基本趋势，正引领农业生产信息化的发展。农业生产正向智能化、网络化发展，管理高效透明、服务便捷灵活，能够帮助政府、科研人员、农业从业人员等有效监控和预测农作物生长与生产情况，更好、更快、更准确地掌握农作物生长和生产的变化情况，及时纠正农作物生长与生产中的偏差和失误，为农作物生长与生产的全过程提供智能一体化服务，更好地引导农作物生长与生产的各种要素进行优化配置和科学管理，提高农作物生长与生产决策的科学性，避免农作物生长与生产的盲目性。通过新型信息技术打破农作物生长与生产信息不对称的壁垒，让信息技术深入农业生产，从而深刻改变原有的农作物生长与生产方式，切实提高农作物生长与生产信息获取能力和自我发展能力。

　　人工智能（Artificial Intelligence，AI）是美国麻省理工学院的约翰·麦卡锡于1956年在达特茅斯会议上提出来的、备受当前社会各界所关注的、引发各行业领域产生颠覆性变革的焦点信息技术，是新一轮前沿技术的推动力，是未来推动经济社会发展的新一代技术引擎。人工智能是研究用机器来模仿人类学习以及其他方面的智能行为（如学习、推理、思考、规划等）的一种方法[1]，主要研究领域[2]包括知识表示、自动推理和搜索方法、机器学习、自然语言理解、计算机视觉、智能机器人等方面。人工智能促使计算机对世界的了解呈指数提升。世界各国高度重视人工智能发展，美国接连发布数个人工智能政府报告，是第一个将人工智能发展上升到国家战略层面的国家，除此以外，英国、欧盟、日本等纷纷发布人工智能相关战略、行动计划，着力构筑人工智能先发优势。我国高度重视人工智能产业的发展，习近平总书记在十九大报告中指出，要"推动互联网、大数据、人工智能和实体经济深度融合"，从 2016 年起已有《"互联网+"人工智能三年行动实施方案》《新一代人工智能发展规划》《促进新一代人工智能产业发展三年行动计划（2018—2020 年）》等多个国家层面的政策出台，也取得了积极的效果，我国逐渐形成了涵盖计算芯片、开源平台、基础应用、行业应用及产品等环节较完善的人工智能产业链[3]。

机器学习（Machine Learning，ML）是人工智能领域中一个热门研究方向，作为计算机科学的一个领域，它使用统计技术来给计算机系统提供数据"学习"的能力，关注的是程序如何随着经验积累而自动提高性能[4]。机器学习是一门让计算机在精确程序下进行活动的科学，探索了可以学习和预测数据的算法的研究和构建[5]，这些算法通过进行数据驱动的预测或决策来克服严格的静态程序指令，通过从样本输入构建模型，即自动建立相应的计算模型，而不需要直接编程，是从对人工智能模式识别和计算学习理论的研究演变而来的，最早由 Samuel 于 1959 年提出[6]。机器学习作为人工智能的一个分支，也是人工智能再次兴起的重要支撑技术和核心，是涉及"概率论""数理统计学""数学分析""数值逼近""计算复杂理论""线性代数""最优化理论"等多门学科的多领域交叉学科[7]。学习算法和理论研究成果以及可用的大数据、不断提升的硬件运算能力等进一步驱动了机器学习的迅速发展，并深入应用到网络安全、搜索引擎、产品推荐、自动驾驶、图像识别、语音识别、量化投资、自然语言处理、基因组数据分析、气象预报、天文数据分析、预测病患诊断结果、灾害预测、工业分拣、故障感知、票房预测等各行业领域，《自然》《科学》等杂志都大量刊发了有关这方面的报道[8-9]。机器学习的主要方法有：决策树（Decision Tree Learning，DTL）、人工神经网络（Artificial Neural Networks，ANN）、支持向量机（Support Vector Machines，SVM）、强化学习（Reinforcement Learning，RL）、贝叶斯网络（Bayesian Networks，BN）、深度学习（Deep Learning，DL）等。

机器学习的发展再一次推动了人工智能领域的兴起，而深度学习却是人工智能领域颠覆性的创新，使感知智能达到商用化门槛，推动人工智能发展进入了一个新的阶段。加速积累的技术能力与海量的数据资源、巨大的应用需求、开放的市场环境有机融合，进一步助推深度学习理论进入一个高速发展期。深度学习理论是机器学习领域中对图像、音频、视频等模式对象进行建模的理论，是 Hinton、Osindero 和 The 于 2006 年所提出的概念，是一种利用复杂结构的多个处理层来解决深层结构相关的优化难题，是基于深度置信网络的非监督贪心逐层训练算法[10]。深度学习是机器学习的一个新兴的研究领域，也是当前最为追捧的机器学习方法，通过组合低层特征形成更加抽象的高层来表示属性类别或特征，以发现数据的分布式特征表示[11]。深度学习潜在的巨大实用性，已被广泛应用于各个工业、金融、工程、娱乐、消费品和服务等领域，在图挖掘算法、医疗健康 AI、社交网络建模、出行零售人工智能、隐私保护等研究领域已经取得了很大进展[12-16]。

物联网（The Internet of Things，IoT）从 2009 年提出到现在一直是一个持续升温的焦点信息技术，是信息产业发展历程的又一次重大革新，广泛应用于军事、工业、商业、农业等领域，成为这些领域的终端数据采集和获取的重要技术、方法和工具。物联网意指物物相连的互联网，指通过 Internet 将众多信息传感设备与应用系统连接起来并在广域网范围内对物品身份进行识别的分布式系统[17]。物主要指可通过不同方式连接到物联网的机器本身，通过射频识别（Radio Frequency Identification，RFID）装置、红外感应器、全球定位系统、激光扫描器等信息传感设备，按约定的协议，将其与互联网相连接，进行信息交换和通信，以实现对物的智能化识别、定位、跟踪、监控和管理[18-20]。物一旦与网络连接，即可通过采集技术采取指数量的数据并按照一定的时间序列持续发送到数据中心。随着数据中心物联网数据量的暴增，需要对这些数据进行学习、分析和处理，面对这些海量数据，人工已束手无策，而早期的支持向量机、聚类、决策树、神经网络等传统的机器学习方法无法得到满意的精确度或准确率。深度学习是最新的机器学习方法之一，通过引入概率生成模型，可自动从样本中提取特征来解决手工指定特征考虑不全面的问题，且初始化了神经网络权重，利用反向传播算法进行训练，比传统的反向传播算法效果更好。

油脂是人类赖以生存的三大类营养素之一。油菜是我国第五大作物，三大食用植物油（油菜、花生和大豆）的主要来源。菜籽油是国产植物油的第一大来源，占比 55% 以上。近年来，通过新品种研发和栽培技术的提高，虽然油菜单产有大幅度提升，总产量增加显著，品质改善明显，但是种植地的土壤环境（水肥、酸碱度、地温、通气性、含盐量、干湿度、有效养分等）、天气（温度、湿度、雨雪、光照、气流等）、病虫害（菌核病、病毒病、霜霉病、根肿病、蚜虫、菜青虫、小菜蛾等）以及各种油菜杂草等因素一直对油菜种植构成了严重的影响，制约了油菜产业的进一步发展。因此，在油菜生产过程中，影响油菜产量和质量最为关键的问题是各种油菜病害、虫害和杂草的威胁以及土壤和天气环境。2007—2018 年，全国油菜病虫害年发生面积持续处于高位状态，病虫害发生面积远高于过去 10 年平均值。常发性油菜病虫害包括油菜菌核病、油菜蚜虫、油菜霜霉病、小菜蛾、油菜甲虫等，对油菜生产威胁最大的病虫害是油菜菌核病和油菜蚜虫[22]。近年来，根肿病在油菜中迅速扩散，油菜主产区发病面积已达 67 万公顷，并且随着机械化程度的不断提高，发病区域还在迅速扩大[23]。田间小区试验研究发现，禾本科杂草、阔叶杂草、混合杂草自然生长区及无草区等不同杂草群落对油菜生长及产量损失有显著的影响[24]。

总之，土壤、天气、病虫害和杂草等种植环境因素严重影响了油菜的正常生长。促进油菜生产与信息技术互相渗透，破解油菜生产信息资源多头建设、分散管理、利用率低、传播方式单一、低水平重复性建设、消耗和浪费大量的资源、无法实现信息技术与油菜生产深度融合等难题，是提高油菜生产质量和效率的当务之急。理论上的优势和其他应用领域的成功实证，深度学习在油菜生产中具有广阔的应用前景和潜在的经济价值，但目前深度学习在油菜生产中的应用极少。本文在前期研究的基础上，通过对深度学习在油菜大田生产智能监测的应用进行了系统深入研究，发展了新的方法并构建了深度学习在油菜大田生产智能监测中应用的基本框架，对油菜大田生产智能监测中所产生的纵向数据（以多维时间序列为例）和非纵向数据（以病虫杂草研究和配方优化为例）进行了建模验证，研发了油菜大田生产智能监测系统。研究成果在预防和控制病虫害和杂草等对油菜大田生产所造成的危害、保障油菜安全生产、提高油菜生产效益、助推油菜产业快速发展以及取得更加显著的社会经济效益方面具有重要的意义。

1.2　国内外研究动态

国内外学者在植物的形态、分类、生理、生态、分布、发生、遗传、进化等领域的研究已取得了重大成果，已经进入了高、深、精的研究阶段。

利用信息技术对油菜生产进行的研究历史不长，但是油菜病虫杂草的研究历史久远，为后续研究者和决策者积累了大量的数据，这些数据往往是油菜生产过程的具体表征，以恰当的方法对这些数据进行分析和处理，有利于油菜病害、虫害和杂草的研究人员更好地进行研究和实践，以进一步提高油菜病虫杂草的防控效果。利用传统的信息技术来改造油菜生产以及防控病虫杂草，已经有不少研究成果[25-55]，也有利用机器学习对油菜生产及病虫杂草防控进行研究的[56-61]。但深度学习或物联网在油菜生产中的应用报道极少，王昌[62]利用深度卷积神经网络，通过低空多光谱遥感、低空机器视觉以及高光谱图像三种途径对油菜和杂草进行分类研究。焦计晗等[63]提出了改进的 AlexNet 卷积神经网络分类识别算法模型，对油菜作物种植面积估测进行了分析研究。邹秋菊等[64]设计了一种新型的微传感器并将其应用油菜菌核病监测。胡春奎等[65]设计集成了带有无线模块的 CC1110 单片机、SHT71 温湿度传感器、TSL2561 照度传感器、SWR 土壤水分传感器的装置应用于油菜田间生态环境数据采集，实现数据多点定时测量、节点电池供电、大量数据传送和保存。

深度学习是机器学习的一个特定分支，要掌握深度学习，必须深刻理解机器学习的基本理论。弄清楚学习的内涵是理解机器学习的前提。

1.3 深度学习基础

深度学习是机器学习的一个特定分支，要掌握深度学习，必须深刻理解机器学习的基本理论。弄清楚学习的内涵是理解机器学习的前提。

1.3.1 学习的描述

学习是指通过听、读、写、讲以及观察、思考、讨论、交流、探索、研究和实践、试验或实验等途径获得知识或技能的过程，也是一种获取知识、交流情感的方式。自主学习是人不断满足自身需要、充实原有知识结构，获取有价值信息的自身行为。在计算领域中，学习的内涵描述为：对于某一任务 T 和性能度量 P，一个计算机程序被认为可以从经验 E 中获得知识，经过经验 E 改进后，它在任务 T 上由性能度量 P 所衡量的性能有所提升[66]。这是一种通过学习获取新知识的能力的过程，可以理解为一个学习问题：将一个任务按照性能度量通过自身经验学习来解决，以满足更高的性能度量。任务可以描述为所要处理对象或发生的事件中所采集到可量化的特征的集合。将这个集合定义为一个样本，用一个向量 $x \in R_n$ 表示，其中向量的每个元素 x_i 代表一个特征。这样，一个学习问题的形式化描述[67, 68]可表示为：n 个独立同分布的样本 $(x_1, y_1), (x_2, y_2), \cdots, (x_n, y_n)$ 若服从联合概率 $\theta(x, y)$，从给定函数集 $F = (f(x, a) \mid a \in \Lambda)$ 中获得一个最优函数 $f(x, a^*)$ 使期望风险最小。

$$R(a) = \int L[y, f(x, a)\mathrm{d}\theta(x, y)] \tag{1.1}$$

其中，$f(x, a)$ 为预测函数（机器），a 为函数的广义参数，F 可以表示为任何函数集；$L[y, f(x, a)]$ 是由于 $f(x, a)$ 的预测误差而造成的在损失函数 $L(\cdot)$ 下的损失。

人工智能发展过程表明人工智能系统必须具备自己获得知识的能力，要求具有从原始数据中提取解决问题的模式的能力，这种能力依靠机器自身完成，实际上就是一个机器的学习问题。具有解决这个机器的学习问题的能力称为机器学习，即让机器去识别现实中的对象或发现原始数据中的规律，尤其是烦琐和非结构化的数据，然后预测未知对象或未知数据。为了完成机器学习的任务，需要设计相关的算法来学习数据，并根据数据之间的特征和相似性来进行预测或分类。这些算法根据输入的数据不同可建立不同的决策模型，模型完全依赖于数据。一般事先需要对数据进行预处理，进行特征提取和特征选择，然后利用这些特征进行预测或分类。人工特征提取和特征选择，尤其是高维数据，不但需要深厚的专业知识，而且计算代价过高，很大程度上依靠个人经验。对这些问题的解决方法之一就是进行更深层次的学习，以获得更加精确的知识。这种解决机器的学习问题的能力称为深度学习，是使用和扩展神经网络结构多层学习功能实现原始数据的表示，利用底层特征进行组合来形成更加抽象的高层次属性或特征表现并找到数据的逐层特征描述。这种学习需要大量样本数据来学习调整具有多个隐藏层的学习模型而获得原始数据的分层表示，直到数据的有效特征表示达到预测或分类的准确性。

学习问题的形式化描述面广、方式多，机器学习和深度学习是当前计算机领域的热点学习问题，人工智能、机器学习与深度学习的关系如图 1.1 所示。

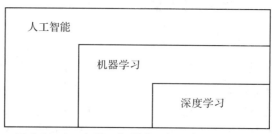

图 1.1　人工智能、机器学习与深度学习的关系

1.3.2　机器学习

传统的机器学习是利用统计学理论的基本观点，针对要学习问题的样本数据的分布对总体样本的分布进行预测和分类，并依据数据特性建立相应的数学分布模型，再利用最优化的知识对模型参数进行优化学习以获得优化后的学习模型，然后利用这个优化后的模型对未知对象或数据的样本进行预测和分类。机器学习的研究对象为多维向量空间的数据。这些数据一般是数字、文本、图像、音视频等。机器学习通过提取这些数据的特征来构建相应的数据模型，训练这些数据来发现数据中的知识并进行分析与预测。

机器学习按学习的形式可分为监督学习和非监督学习。监督学习是指进行训练的数据包含两部分信息：特征向量和类别标签，在机械学习过程中提供对错指示。也就是说，他们在训练的时候每一个数据向量所属的类别是事先知道的。在设计学习算法的时候，学习调整参数的过程会根据类标进行调整，类似于学习的过程中被监督了一样，而不是漫无目标地去学习。机器学习侧重于分类和预测应用。监督学习从给定的训练数据集中获得一个函数，再利用这个函数对新到达的数据进行预测。常用的监督学习算法主要是回归分析法和统计分类法。无监督学习相对于有监督而言，无监督方法的训练数据没有类标，只有特征向量。甚至很多时候我们都不知道总共有多少个类别。因此，无监督学习就不叫做分类，而往往叫做聚类，就是采用一定的算法，把特征性质相近的样本聚在一起成为一类。非监督学习又称归纳性学习（clustering），利用 K 方式（Kmeans）策略建立中心（centriole），通过循环和递减运算（iteration&descent）来减小误差，达到分类的目的。

机器学习的核心内容是模型、策略和算法。模型是指机器学习训练的过程中所要学习的条件概率分布或者决策函数。策略是指使用一种什么样的评价策略，度量模型训练过程中的学习成果的方法，同时根据这个方法去调整模型的参数，以期望训练的模型将来对未知的数据具有最好的预测准确度。算法是指模型的具体计算方法。它基于训练数据集，根据学习策略，从假设空间中选择最优模型，最后考虑用什么样的计算方法去求解这个最优模型。

机器学习的经典算法主要分为分类算法、回归算法、聚类算法、降维算法和推荐算法。分类算法主要包括逻辑回归、朴素贝叶斯、支持向量机、随机森林、AdaBoost 算法、梯度提升决策树（Gradient Boosting Decision Tree，GBDT）、K- 最邻近（K-Nearest Neighbor，KNN）和决策树等。回归算法主要包括线性回归（Linear Regression）、多项式回归（Polynomial Regression）、逐步回归（Stepwise Regression）、岭回归（Ridge Regression）和套索回归（Lasso Regression）等。聚类算法主要有 K 均值（K-Means）、谱聚类、基于密度的聚类算法（Density-Based Spatial Clustering of Applications with Noise，DBSCAN）、模糊聚类、高斯混合模型聚类（Gaussian Mixture Model，GMM）、层次聚类等。降维算法主要是主成分分析（Principal Components Analysis，PCA）和奇异值分解（Singular Value Decomposition，SVD）两类。推荐算法主要是协同过滤算法。

1.4 深度学习研究进展

深度学习使用多层学习层次的数据表示，并在许多领域得到了最优的结果。深度学习架构和算法已经在计算机视觉和模式识别等领域取得了令人瞩目的发展。遵循这一趋势，近年来的自然语言处理（Natural Language Processing，NLP）研究越来越多地关注于使用新的深度学习方法，如图 1.2 所示。几十年来，针对 NLP 问题的机器学习方法一直基于在非常高维和稀疏特征上训练浅层模型（如 SVM 和 logistic 回归）。近年来，基于密集向量表示的神经网络已经在各种 NLP 任务中取得了较好的效果。这种趋势是由词嵌入（Word Embeddings）[69-70]和深度学习方法[4]的成功引发的。深度学习可以实现多层次的自动特征表示学习。相比之下，传统的基于机器学习的 NLP 系统在很大程度上依赖于人工制作的功能，这些人工制作的功能非常耗时，而且常常是不完整的。

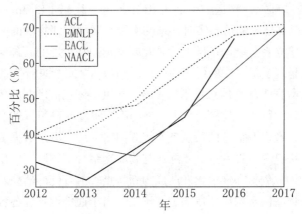

图 1.2　2012—2017 年 ACL、EMNLP、EACL、NAACL 深度学习论文百分比

ACL，EMNLP，EACL，NAACL 计算机视觉作为人工智能技术的核心组成内容，是通过视觉传感器、软硬件设备模拟人对现实世界图像采集、处理、分析和决策的能力。经过多年的发展，计算机视觉技术不断发展壮大，促使数字图像成为信息来源的重要组成因素，推动了各种图像处理与分析技术的快速革新，应用领域越来越广泛。各种数字图像检测与识别、医学影像、智能安检、人机交互等领域是计算机视觉技术的经典应用领域。

人脸检测与识别是当前图像处理、模式识别和计算机视觉内的一个热门研究课题，也是目前生物特征识别中最受人们关注的一个分支。人脸识别是利用人的脸部生物表观特征信息来对目标身份进行识别的一种生物识别技术。一般使用摄像机、摄像头采集目标人脸的动态视频或静态图像，并自动检测和跟踪目标人脸。目前主流的人脸识别技术大多是针对轻量级的人脸图像数据库，对于未来完全可预见的亿万级的人脸图像数据库则还不太成熟，因此需要重点研究基于深度学习的人脸识别技术。建立具备优良的多样性和通用性的人脸图像数据库也是一个必然的事情，与目前主流的人脸识别公司引用的数据库相比，其实质上的提升主要体现在以下几个方面：一是人脸图像数据库量级的提升，将会从现在的十万百万级提升至未来的十亿级甚至是百亿级；二是质级的提升，将会由主流的 2D 人脸图像提升至各种关键特征点更为明显和清晰的 3D 人脸图像；三是人脸图像的类型提升，将会采集每个人在各个不同的姿态、表情、光线、装饰物等之下的人脸图像，以充实每个人的人脸表征进而做到精准的人脸识别[72-74]。

1.5 物联网技术及研究进展

物联网技术是社会经济发展的产物，更是信息技术高速发展的产物。物联网的最初概念是美国麻省理工学院 Ashton 教授于 1999 年在研究无线射频识别技术（Radio Frequency Identification，RFID）时所提出的依据无线射频识别技术构建物流网络。这个网络是在互联网的基础上，构造一个基于 RFID、电子代码（Electronic Product Code，EPC）等技术所实现全球物品信息实时共享的实物互联网，即物联网。其本质包含两层意思：一是物联网建立在互联网基础上，是互联网延伸和扩展的一种新型网络；二是物联网的用户端可以是现实世界中的任何物体，这些物体之间能进行信息交换和通信。

随着智能、大数据等新兴信息技术的发展，在供给侧和需求侧的双重推动下，我国的物联网进入以基础性行业和规模消费为代表的第三次发展浪潮，5G、低功耗广域网等基础设施加速构建，数以万亿计的新设备将接入网络并产生海量数据。人工智能、边缘计算、大数据、区块链等新技术进一步加速与物联网结合，物联网应用越来越广泛，应用领域跨界融合、集成创新和规模化发展成为新特点。随着传感器技术的发展和成本的降低，全球范围的物联网技术应用市场迅速增长。由于通信设备、各种相关的应用软件等技术的进一步深化以及物联网技术产品成本的逐步下降，全面应用局面逐步形成。

物联网技术是实现传统农作物生长与生产向现代化生长与生产转化的助推器和加速器，促使物联网农业、农村应用新兴信息技术和第一、二、三产业融合发展商机出现新的转变。物联网作为新的技术浪潮和战略新兴产业，引起了各国政府的高度重视，各国都提出了各自的物联网发展计划，如美国的"智慧地球"、欧盟的"欧盟物联网行动计划"、日本的"U-Japan"。欧美发达国家、日本、韩国、印度等国家均已经将物联网技术列入国家战略，备受各级政府的重视。

我国政府对物联网领域的布局较早，一直将物联网技术作为战略性新兴产业进行扶持并提出了"感知中国"战略，推动物联网进入高速发展快车道。在我国，物联网研发及其应用推广是产业发展与培育的重要部分，对推进农村农业信息化、促进农作物生长与生产发展，推动我国农村农业产业结构调整、转型升级具有极其重要的意义。因此，大力推动物联网技术在农村农业产业中的应用，尤其是农作物生长与生产领域，是改造、提升传统产业，提高农村农业信息化水平、促进农村农业生产发展方式转变的技术源动力。国家发改委为了落实我国物联网发展战略，对我国物联网技术研究应用提前布局，与农业农村部共同制定了物联网战略规划，立足全球农业科技前沿发展领域，围绕农村农业发展需求，加大了物联网技术在农村农业上的研究应用推进力度，突破农村农业物联网应用的关键技术，实现农村农业生产管理过程中对生物（包括动植物）、土壤、气候等环境从宏观到微观、从内部到外部进行全方位的实时监测，定期或不定期的获取生物生长发育状态、病虫草害、水肥状况以及各种相应的生态环境的实时信息，并通过对农村农业生产过程的动态模拟和对生长环境因子的科学调控，达到充分合理利用农村农业资源、降低生产成本、改善生长或生态环境、提高农产品产量和品质的目标。因此，以现有的互联网、传感器、传感网、移动设备和智能信息处理系统为核心的物联网将会迅速在农村农业领域广泛应用和发展，同时，将进一步促进新型的信息技术与农村农业第一、二、三产业实现现代化的深度融合和发展，同时推动我国自主知识产权的快速发展。

物联网作为新一代信息技术的重要组成部分，通过各种传感器、射频识别（Radio Frequency Identification，RFID）技术、全球定位系统（Global Positioning System，GPS）、移动设备、摄像头或摄像机、扫描器、感应器等各种装置与技术，实时采集任何需要监控的物体或过程，包括它们的声音、光、热、电、力学等相关的物理特性、化学特性、生物特征等信息，与互联网、移动网融合而形成一个新型的物物相连网络。最终实现物与物、物与人、现实世界的所有对象与物联网络互联，精确识别、精准管理和控制。中国有约9亿农民，农村与农业是一个庞大的市场，农村农业物联网综合信息服务科技工程的实施，将推进农业专用传感器、无线传感网、移动通信、自动化控制、农业专用软件等战略性新兴产业的发展，将有利于培育和拉动我国电子信息产业的发展。

农村农业物联网能够实现农村农业生产资源要素、生产全过程等环节的信息全方位实时采集、加工、存储和数据共享，主要包括：一是实现生产前的准确规划，从而提高各种生产资源利用率；二是实现生产过程中的精细管理，从而提高生产效率，实现节本增效；三是实现生产后的高效流通及双向的安全追溯。利用物联网技术，通过各类传感器获取农作物生长和生产环境的各种参数，包括大气风速、风向、空气温度、空气湿度、光照度、光合辐射、雨量、土壤温度、土壤湿度、土壤水分、土壤 pH、土壤盐分、土壤电导率、微生物等各类环境数据，通过对这些参数进行分析、调整和处理，能有效提高农业资源利用效率，准确监测农村农业生态环境，强化农村农业生产精细管理，从而提升农村农业生产效率。物联网在农业生产领域具有广阔应用前景，在农田、温室、果园等大规模生产方面，如何借助物联网技术对农业环境因子、土壤因子以及植物生长特征等信息进行实时获取传输并利用，为科学施肥、灌溉、病虫杂草监测与防治等精准管理提供技术支撑和决策依据，已经成为当前农业物联网领域的主要发展方向之一。

基于物联网的智能监控已成为物联网技术研究和应用的热点，良好的监测体系是保证物联网监控系统顺利实施的前提和保障。针对物联网监测体系，国内外学者已开展了深入研究和探索，提出了许多不同的物联网体系架构，如 Yuxi Liu 和 Guohui Zhou 提出的 USN[75]、Pascal A. 等人提出的 pHysical-net[76] 和毛燕琴等人提出的 IOT-A[77] 改进模型等。但这些通用的监测体系架构难以满足农业生产环境多样性、复杂性的实际需求。

目前，国内外农业物联网的研究和应用尚处于初级阶段，关于农业物联网监控的体系结构、系统模型和关键技术还缺乏清晰的界定。近年来，针对农业种植、养殖等农业生产领域的特点，农业信息化领域专家提出了各种农业物联网监测体系架构，如李道亮等提出在传统物联网体系架构中增加了事务处层屏蔽底层终端的异构性[78]，陈海明等针对农业生产环境的分布性，提出了"前端分布式、后端集中式"的扁平监测体系[79]，沈苏彬等依据抽象出的农业物联网应用场景和类型，提出了自适应的农业物联网监测体系[80]。这些研究成果为推动农业物联网的应用提供了新的解决思路。

综合分析上述各类物联网监测体系架构发现，以上研究缺乏考虑农业野外生产环境数据采集异构，且主要采用无线传输，获取的数据具有复杂性，对农业物联网数据的共享研究应用缺失。同时，对农业物联网监测体系稳定性、安全性以及体系逻辑设计的正确性和可靠性方面的研究较少。时间自动机作为一种软件可靠性验证的形式化方法，适合于实时系统的建模与验证，已经在智能交通和智慧农业系统建模中得到应用[81, 82]。吕继东等人分析了城市轨道交通 CBTC 区域控制子系统的结构，给出满足该子系统安全性的功能和性能要求，并结合时间自动机理论方法，提出了包含列车、速度距离控制器、区域控制器和多车控制队列的时间自动机网络模型，并应用 UPPAAL 验证了该子系统功能和性能要求[83-84]。邓雪峰等人从系统实施角度对温室环境监控物联网系统进行了层次划分，采用时间自动机理论对系统中的相应组件进行建模并利用 UPPAAL 对已经建立的形式化模型进行了逻辑正确性验证与系统执行时序验证[85-86]。笔者查阅大量文献发现，目前针对野外水产养殖和大田种植等农业生产环境恶劣、无线传输信道复杂的农业物联网监测系统开展时间自动机建模的研究鲜有报道。

油菜大田种植是油菜新品种推广、油菜规模化种植的最有效方式。由于油菜自身的特性，对种植大田环境有一定的要求，大田环境经常会影响油菜产量和品质，也容易滋生各种油菜病虫杂草，危害油菜生长和生产，造成油菜减产、减量。将物联网技术应用于油菜大田监测，对油菜种植大田的空气温度、空气湿度、雨量、光照度、紫外线辐射、大气压、光合辐射、二氧化碳、日照时数、风向、风速、土壤温度、土壤湿度、土壤电导率、盐分、土壤 pH、油菜长势以及病虫杂草等信息进行全面感知，通过采集到的油菜大田信息来分析和决策，实现油菜高产、高效栽培以及油菜病害、虫害和杂草防治等。

油菜大田监测是在若干个油菜生长区域指定位置设置综合信息监测点，采集油菜生长环境、病虫杂草与油菜生长状况的信息数据，再通过无线通信网络与监测站点自动联网，并进一步通过互联网与各级农作物监测中心自动组合成一个有机的、高效的油菜生长环境、病虫杂草与生长状况自动预测防控物联网，并通过监测诱捕量与油菜损失相关性等环节研究，达到有计划、有步骤地对油菜生长、生产进行预灾、控灾，保护油菜健康生长，优化护理，以及节省人力物力、减少环境污染、增加油菜产业收入、提高油菜产量和质量，实现油菜产业的可持续发展，增强农业竞争力。

部署在油菜大田区域的各类传感器实时采集到的数据都是原始数据，给系统处理和存储带来极大的不便。为了方便系统识别和存储传感器所采集到的数据，需要对原始数据进行降噪处理，剔除无用数据，保留真实、可靠数据。

2.1 基于小波分析的油菜大田环境数据降噪技术

在信号处理领域，国内外学者提出了许多数据降噪方法，主要有移动平均法、平滑法、奇异值分解、基函数最小二乘法、傅里叶变换和小波降噪分析法等[87]。移动平均法计算简便，对波动性小和平稳变化的数据降噪效果较好，但当所含噪声不符合白噪声条件或波动剧烈时，滑动平均法不再适用。平滑法通过权函数提取有用信息，拟合带宽内的各点，其性能取决于带宽选择是否合适。由于带宽选择过程受人为主观因素影响较大，经常影响降噪效果。基函数最小二乘法采用适宜的基函数对监测数据进行光滑拟合和降噪，但油菜大田环境参数波动性和不确定性的因素比较多，影响较大，且环境因子之间的作用机理复杂甚至不明确，尚未有合适的基函数满足降噪要求。小波降噪分析法能对油菜大田环境参数动态变化信号进行非平稳性描述，并提供了这些信号的频域和时域等局部信息，具有很强的信号降噪能力，是目前各种信号分析、图像干扰处理等应用领域的常用降噪工具。

小波降噪按照以下三个步骤进行：

（1）将带噪的信号进行 k 层小波分解，得到近似信号系数 A_k 和 k 层细节信号系数，即小波系数 $D_k, D_{k-1}, \cdots, D_1$。

（2）基于噪声表现为高频，且出现在各层细节信号中的假设，确定各层小波系数的阈值，使用某种阈值函数处理小波系数，以便去除噪声。

（3）将近似信号 A_k 和处理后的小波系数恢复成去噪后的信号。

小波降噪的优越性在于小波变换具有以下特点[88]：

（1）低熵性。小波系数的稀疏分布，使得信号被变换后的熵降低。

（2）多分辨率特性。由于小波分析采用了多分辨分析方法，所以能很好地分析信号的非平稳特征（例如边缘、尖峰、断点）等。根据噪声分布特点，可在不同分辨率下进行"显微"。

（3）去相关性。小波变换方法能够对所要处理的信号去相关，并对噪声变换后呈白化现象，因此，相比时域，小波域更有利于去噪。

（4）选基灵活性。小波变换比傅里叶变换使用更加灵活，后者仅能选择三角函数作为基，前者则不受限制。因此，可以根据信号的特点和去噪的要求选择不同的小波函数，例如多带小波、平移不变小波等。

目前，使用小波分析降噪尚存在如下不足：

（1）带噪信号的小波分解层数需要人工多次尝试确定。

（2）每个分解层的正、负小波系数使用同样的阈值和阈值函数，影响去噪的效果。

（3）为了得到和带噪信号同样长度的去噪信号，使用 Mallat 算法进行小波降噪时，需要将原信号的两端按某种策略进行扩展，去噪后两端信号的恢复使用了这些近似扩展，近似程度会有所降低。实际中，经常使用滑动窗口进行小波降噪平滑，只能取中间较准确的部分，相对于信号数据的输出有一定的时间延迟。

针对小波降噪存在的问题（1）和（2），研究油菜大田各类传感器信号数据的去噪平滑技术，提出了一种基于系数度量的分解层数与非对称阈值选择的小波降噪方法SLATMC，以实现了小波降噪的全自动化，并保证好的去噪效果。针对小波降噪时间延迟的问题，提出了一种基于小波和 RNN 的深度神经网络模型 WAVELET-RNN，实现了油菜大田环境数据的实时去噪，同时具有和小波降噪可比的性能。

2.1.1　小波降噪原理

信号的小波分析理论建立在能量有限的函数空间 $L^2(R)$ 上，基本思想是基于 $L^2(R)$ 上的多分辨分析。通过小波变换，将函数 $f(x) \in L^2(R)$ 分解为低频的近似部分和高频的细节部分。通过逆变换，可利用近似部分和高频部分重构函数 $f(x)$。

对于给定带噪信号 $f(x)$，因为噪声通常存在于高频部分。因此，利用小波变换，对 $f(x)$ 进行分解，得到信号的低频部分和高频部分，然后对高频部分进行噪声过滤后，再利用逆变换，重构后得到信号 $f'(x)$。此 $f'(x)$ 为 $f(x)$ 去噪后的信号。

1. 能量有限函数空间

定义 1 $L^2(R)$ 是全体能量有限的信号（函数）的集合，即

$$L^2(R) = \left\{ f(t) \,\middle|\, \int_R |f(t)|^2 \, \mathrm{d}t < +\infty \right\}$$

$L^2(R)$ 是一个函数线性空间。"空间"和"线性"是指 $L^2(R)$ 中函数的线性组合的结果仍是 $L^2(R)$ 中的函数，它对线性运算来说是自封闭的。即 $L^2(R)$ 是线性空间，可以简单描述为：若 $f, g \in L^2(R)$，$k, \xi \in R$，则 $kf(t) + \xi g(t) = w(t) \in L^2(R)$。

2. 小波变换

定义 2 对函数 $f(t)$ 的积分变换 $W_f(a, b)$ 称为小波变换，即

$$W_f(a, b) = \int_R f(t) \overline{\psi}_{ab}(t) \mathrm{d}t$$

其中，$\psi_{ab}(t) = a^{1/2} \psi(at - b)$，是由 $\psi(t)$ 经过平移和缩放得到的。

小波变换 $W_f(a, b)$ 的形象化解释：$f(t)$ 是被分析的信号，小波变换相当于用镜头沿着时间轴 t 平行移动观察目标信号，$W_f(a, b)$ 代表镜头所起的作用，b 相当于使得镜头聚焦到 b 时刻所在的目标信号，a 的作用相当于镜头向观察目标推近和拉远，使观察目标放大或缩小。当 a 较大时，镜头推近目标，视野宽变小，可对目标信号的细节部分即高频部分进行观察；当 a 较小时，镜头远离目标，视野宽变大，可对目标信号的概貌部分即低频部分进行观察[88]。

3. 多分辨分析

函数空间 $L^2(R)$ 的多分辨分析和尺度函数定义如下：

定义 3 设 V_j，$j \in Z$ 是 $L^2(R)$ 的子空间序列。$\{V_j\}_{j \in Z}$ 是 $L^2(R)$ 的多分辨分析，若有：

$$V_j \subset V_{j+1} \qquad \text{嵌套性}$$

$$\cup_{j \in Z} V_j = L^2(R) \qquad \text{稠密性}$$

$$\cap_{j \in Z} V_j = \{0\} \qquad \text{分离性}$$

$$f(t) \in V_0 \leftrightarrow f(2^j t) \in V_j \qquad \text{尺度性}$$

且存在满足条件 $\int_R \phi(t)\mathrm{d}t \neq 0$ 的尺度函数 $\phi(t) \in V_0$，该函数的整数平移集合 $\{\phi(t-k)\}_{k \in Z}$ 是 V_0 的正交基。

尺度函数 $\phi(t)$ 是构造多分辨分析的关键，由 $\{\phi(t-k)\}_{k \in Z}$ 是 V_0 的正交基可知，$\{\phi_{j,k}(t) = 2^{j/2}\phi(2^j t-k)\}$ 为 V_j 的正交基，特别地，$\{\phi_{1,k}(t)\}_{k \in Z}$ 形成 V_1 的正交基。因为 $\phi(t) \in V_0 \subset V_1$，所以 $\phi(t)$ 可以写为

$$\phi(t) = \sum_{k \in z} h_k \phi_{1,k}(t) \qquad (2.1)$$

式（2.1）称为尺度函数的膨胀方程。其中，$h_k = <\phi(t), \phi_{1,k}(t)>$，向量 $\boldsymbol{h} = [\cdots, h_{-1}, h_0, h_1, \cdots]^T$ 称为尺度过滤器。

一般地，从 V_j 到 V_{j+1} 的膨胀方程为

$$\phi_{j,l}(t) = \sum_{k \in z} h_{k-2l} \phi_{j+1,k}(t) \qquad (2.2)$$

由于函数空间 V_j 与 V_{j+1} 的正交基函数满足膨胀方程，所以对任意的函数 $f_{j+1}(t) = \sum_{k \in z} a_k \phi_{j+1,k}(t) \in V_{j+1}$，可得到该函数在函数空间 V_j 的正交投影 $f_j(t)$ 为

$$f_j(t) = \sum_{l \in Z} b_l \phi_{j,l}(t) = \sum_{l \in Z} \left(\sum_{k \in Z} a_k h_{k-2l} \right) \phi_{j,l}(t) \qquad (2.3)$$

给定函数空间 $L^2(R)$ 由尺度函数 $\phi(t)$ 形成的多分辨分析 $\{V_j\}_{j \in Z}$，小波函数 $\psi(t)$ 定义为

$$\psi(t) = \sum_{k \in Z} g_k \phi_{1,k}(t) = \sqrt{2} \sum_{k \in Z} (-1)^k h_{1-k} \phi(2t-k) \qquad (2.4)$$

向量 $\boldsymbol{g} = [\ldots, g_{-1}, g_0, g_1, \ldots]^T = [\ldots, -h_2, h_1, -h_0, h_{-1}, h_{-2}, \ldots]^T$ 称为小波过滤器，$g_0 = h_1$。式（2.4）说明小波函数 $\psi(t)$ 满足膨胀方程，如果定义 $\psi_{j,k}(t) = 2^{j/2}\psi(2^j t-k)$，则一般的小波膨胀方程为

$$\psi_{j,l}(t) = \sum_{k \in Z} g_{k-2l} \phi_{j+1,k}(t) = \sum_{k \in Z} (-1)^k h_{1+2l-k} \phi_{j+1,k}(t) \qquad (2.5)$$

$\{\psi_{j,k}(t)\}_{k \in Z}$ 构成一组正交基，定义该正交基生成的函数空间为 W_j，即

$W_j = \text{span}\{\psi_{j,k}(t)\}_{k\in z}$，则$W_j$为$V_j$在$V_{j+1}$中的正交补，即

$$V_{j+1} = V_j \oplus W_j \quad\quad (2.6)$$

类似地，函数$f_{j+1}(t) = \sum_{k\in z} a_k \phi_{j+1,k}(t) \in V_{j+1}$在函数空间$W_j$上的正交投影$w_j(t)$为

$$w_j(t) = \sum_{l\in Z} c_l \psi_{j,l}(t) = \sum_{l\in Z}\left(\sum_{k\in Z} a_k g_{k-2l}\right)\psi_{j,l}(t) = \sum_{l\in Z}\left[\sum_{k\in Z} a_k(-1)^k h_{1+2l-k}\right]\psi_{j,l}(t) \quad (2.7)$$

4. 小波分解与重构

对于$m, M \in Z$且$m < M$，递归地应用（2.6）式可得

$$\begin{aligned}
V_M &= V_{M-1} \oplus W_{M-1}\\
&= V_{M-2} \oplus W_{m-2} \oplus W_{M-1}\\
&= V_{M-3} \oplus W_{M-3} \oplus W_{M-2} \oplus W_{M-1}\\
&\;\;\vdots\\
&= V_{M-m} \oplus W_{M-m} \oplus W_{M-m+1} \oplus \cdots \oplus W_{M-1}
\end{aligned} \quad (2.8)$$

上述过程表示将V_M进行了m层的小波分解。在对V_{j+1}的分解中，$f_{j+1}(t) = f_j(t) + w_j(t)$。由膨胀方程（2.2）可得，$f_j(t)$的基函数$\phi_{j,k}(t)$的频率为$f_{j+1}(t)$基函数$\phi_{j+1,k}(t)$频率的一半，所以$f_j(t)$是$f_{j+1}(t)$分解后得到的低频部分，而$w_j(t) = f_{j+1}(t) - f_j(t)$则为$f_{j+1}(t)$中相对于$f_j(t)$的高频部分。

对尺度函数和小波函数的膨胀方程（2.2）和（2.5）两边做傅里叶变换可得

$$\begin{cases}
\hat{\phi}(2\omega) = H(\omega)\hat{\phi}(\omega)\\
\hat{\psi}(2\omega) = G(\omega)\hat{\phi}(\omega)
\end{cases} \quad (2.9)$$

其中，$H(\omega) = \dfrac{1}{2}\sum h_k e^{-i\omega k}$，$G(\omega) = \dfrac{1}{2}\sum g_k e^{-i\omega k}$。

式（2.9）清楚地表明，$\hat{\phi}(\omega)$代表的$\{\phi_{j+1,k}(t)\}$的有限频率范围，在$H(\omega)$的乘积作用下被缩小了一半，$\hat{\phi}(2\omega)$是$\hat{\phi}(t)$的低频部分，$H(\omega)$是低通滤波器的频率表现，它在频域中的低通滤波效果是通过时域中的离散卷积$\sum h_{k-2l}\phi_{j+1,k}(t)$来实现的，$\{h_n\}$是低通滤波器。同理可知，$\{g_n\}$是高通滤波器，其频域表现为$G(\omega)$，它在频域中的高通滤波效果是通过时域中的离散卷积$\sum g_{k-2l}\phi_{j+1,k}(t)$来实现的。

式（2.8）说明，一个能量有限的信号函数可以小波分解为一个反映大致变化的低频近似部分和多个反映信号细节的高频带的直和。信号噪声一般分布在高频部分，因此只需对高频部分系数作适当处理即可达到去除噪声的目的。

经过高频去噪后的小波分解能够重构得到去噪后的信号。已知$f_{j+1}(t) = \sum_{k\in Z} a_k \phi_{j+1,k}(t) \in$

V_{j+1} 在 V_j 和 W_j 上的投影分别为 $f_j(t) = \sum\limits_{l \in Z} b_l \phi_{j,l}(t)$ 和 $w_j(t) = \sum\limits_{l \in Z} c_l \psi_{j,l}(t)$，则

$$a_k = \sum_{l \in Z} b_l h_{k-2l} + c_l g_{k-2l} = \sum_{l \in Z} b_l h_{k-2l} + c_l (-1)^k h_{1+2l-k} \qquad (2.10)$$

5.Mallat 分解与重构算法

对于函数 $f_{j+1}(t)$ 的小波分解与重构，S.Mallat 和 Y.Meyer 于 1988 年提出了著名的 Mallat 算法[89]。

（1）Mallat 分解算法。

由（2.8）可知，空间 V_M 中的任意函数 $f_M(t)$ 的多尺度表达式为

$$\begin{aligned} f_M(t) &= f_{M-1}(t) + w_{M-1}(t) \\ &= f_{M-2}(t) + w_{M-2}(t) + w_{M-1}(t) \\ &\vdots \\ &= f_{M-m}(t) + w_{M-m}(t) + w_{M-m+1}(t) + \cdots + w_{M-1} \end{aligned} \qquad (2.11)$$

其中：

$$\begin{cases} f_j(t) &= \sum\limits_{k \in z} b_{j,k} \phi_{j,k}(t) \in V_j,\ j = M-m, M-m+1, \cdots, M-1 \\ w_j(t) &= \sum\limits_{k \in z} c_{j,k} \psi_{j,k}(t) \in W_j,\ j = M-m, M-m+1, \cdots, M-1 \end{cases}$$

式（2.11）中，$f_{M-m}(t)$ 为 $f_M(t)$ 的近似逼近（低频部分），$w_j(t), j = M-m,$ $M-m+1, \cdots, M-1$ 为 $f_M(t)$ 在不同尺度下的细节成分（高频部分），$\{b_{j,k}\}_{k \in z}$ 和 $\{c_{j,k}\}_{k \in z}$ 分别为尺度 j 下的尺度系数和小波系数。要想得到 $f_M(t)$ 的多尺度逼近 $f_{M-m}(t)$ 和 m 个尺度下的细节成分，关键是快速求出 $\{b_{j,k}\}_{k \in z}$ 和 $\{c_{j,k}\}_{k \in z}$。假设 $f_{j+1}(t) = \sum\limits_{k \in z} a_{j+1,k} \phi_{j+1,k}(t) \in V_{j+1}$，$f_{j+1}(t) = f_j(t) + w_j(t)$，则（2.3）和（2.7）中包含由 a_k 计算 $\{b_{j,k}\}_{k \in z}$ 和 $\{c_{j,k}\}_{k \in z}$ 的公式如下：

$$\begin{cases} b_{j,l} &= \sum\limits_{k \in z} a_{j+1,k} h_{k-2l} \\ c_{j,l} &= \sum\limits_{k \in z} a_{j+1,k} g_{k-2l} = \sum\limits_{k \in z} a_{j+1,k} (-1)^k h_{1+2l-k} \end{cases} \qquad (2.12)$$

式（2.12）中 $b_{j,l}$ 的实现过程如图 2.1 所示，尺度 j 所存储的数据 $b_{j,l}$ 都是按整数编号的。若以 j 尺度层为基础来观察 $j+1$ 尺度层，则 j 尺度层的采样节点编号 l 对应着 $j+1$ 尺度层上编号为 $2l$ 的采样节点，或者说 $j+1$ 尺度的采样节点是在 j 尺度采样节点的基础上均匀加密的结果。

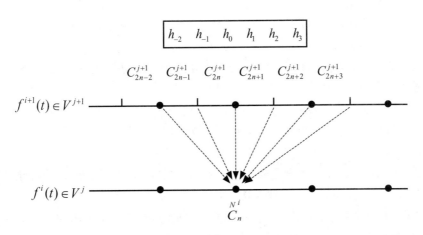

图 2.1　Mallat 分解算法由 $a_{j+1,k}$ 计算 $b_{j,l}$

式（2.11）中由尺度过滤器 h 计算得到小波过滤器 g 后，由 $a_{j+1,k}$ 和 g 计算 $c_{j,l}$ 的过程与上述 $b_{j,l}$ 的过程完全相同。

（2）Mallat 重构算法。

重构算法是分解算法的逆过程，即已知数据 $\{b_{j,l}\}_{l\in z}$ 和 $\{c_{j,l}\}_{l\in z}$，快速准确地重构数据 $\{a_{j+1,k}\}_{k\in z}$。利用式（2.10）可以实现这一重构过程。

计算 $a_{j+1,k}$ 的过程如图 2.2 所示，尺度 $j+1$ 层上偶数编号为 $2l$ 的节点对应着 j 尺度上编号为 l 的节点，仍然使用分解算法中的尺度过滤系数 h_n。

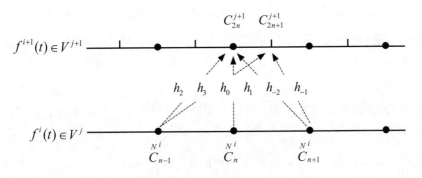

图 2.2　Mallat 重构算法计算 $a_{j+1,k}$

2.1.2　基于改进小波分析的油菜大田环境数据降噪算法 SLATMC

针对前述传统小波降噪的不足，本节提出一种新的小波降噪自适应算法基于系数度量选择分解层数与非对称阈值（Selecting Levels and Asymmetric Thresholding based on the Measure of Coefficients，SLATMC）。该算法能够实现对信号的小波分解层数自适应确定，并且能根据每层小波系数的特定度量值自适应确定每层去噪的非对称阈值，实现小波降噪过程的全自适应。

SLATMC 是 Srivastava.M 提出的小波降噪算法 [90] 的改进。与 Srivastava.M 的方法相比，SLATMC 有如下创新点：

（1）在利用小波峰值和值比确定最佳小波分解层次时，提出了利用均值作为指标，而不是固定的、依赖特定数据集的常数值为指标。利用新指标能更好地适用不同类型信号的去噪，使去噪方法更具一般适应性。

（2）创新性地提出了小波系数的一个新的度量值——单位长度，并将此度量值用于确定各层小波系数阈值，大大地提高了去噪效果。

（3）采用非对称软阈值函数进行去噪。区别于以往方法中采用的非对称的硬阈值函数、对称的软阈值函数或对称的硬阈值函数。

实现了小波降噪全自动化，可满足无人干预的全自动去噪需求。整个去噪过程，不需要人工地选择参数或调整参数。

1. SLATMC 算法原理

SLATMC 算法步骤如下：

Step1：选择小波基。在此选择 sym5。

Step2：利用离散小波变换（Discrete Wavelet Transform，DWT）将离散输入信号 X 分别分解为 1 至 M 层，得到细节部分系数 $D_1, D_2, \cdots, D_M$ 和近似部分系数 $A_1, A_2, \cdots, A_M$。其中，$M = \lfloor \log_2(N) \rfloor$，$N$ 是输入信号 X 的长度。

Step3：根据 $D_1, D_2, \cdots, D_M$，以 SLATMC 算法特定策略确定合适的分解层数 K。

Step4：将 X 按 K 层分解，得到细节部分 $D_1, D_2, \cdots, D_k$ 和近似部分 A_K。

Step5：根据 $D_1, D_2, \cdots, D_k$ 和 A_K，以 SLATMC 算法的特定策略，确定每层小波系数的上阈值和下阈值。

Step6：利用各个分解层级的上阈值和下阈值，对 $D_1, D_2, \cdots, D_k$ 和 A_K，以软阈值方式去噪，得到 $D_1', D_2', \cdots, D_K'$ 和 A_K'。

Step7：根据 $D_1', D_2', \cdots, D_K'$ 和 A_K'，利用离散小波逆变换。

SLATMC 算法原理如图 2.3 所示。

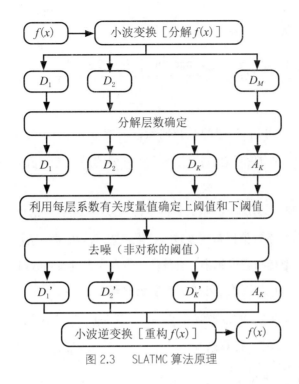

图 2.3　SLATMC 算法原理

2. 小波基选择

针对信号的不同特性，可选择不同的小波基。例如信号是否有跳跃性，噪声的概率分布特性，噪声是持续的还是阵发性的，等等。

通过对油菜大田环境数据的分析，油菜大田环境信号的特点如下：

（1）油菜种植过程中环境参数随时间变化得相对缓慢，因此环境数据中的有效信号为低频的信号，并且是连续变化的。

（2）噪声信号分布在相对较宽的频域。噪声可能不是典型的白噪声，而是有一定非对称性。

（3）低频部分有可能混有噪声。

（4）信噪比较大。

鉴于带噪信号的以上特点并且通过实验后，本文选用 coif5 作为小波基。coif5 属于 Coiflets N 函数系，其中 $N=1$，2，3，4，5。Coiflets N 函数系作为小波基，具有如下好的分析特性：紧支撑的，对于给定的支撑宽度 ϕ 和 ψ 函数均具有较高的消失矩，正交分解性、双正交分解性 [91-92]。

3. 小波分解层数自适应确定方法

选择合适的分解层数是小波降噪需要解决的第一个问题，为此，定义"峰值和值比"的概念。

定义 4 小波分解每一层系数上的"峰值和值比"r_j定义为

$$r_j = \frac{\max\{|w_{j,i}| \mid i = 1, 2, \cdots, N_j\}}{\sum\limits_{i=1}^{N_j} |w_{j,i}|}$$ （2.13）

其中，w_j是小波分解第j层的系数向量，$w_{j,i}$为w_j的第i个分量，N_j是w_j的长度，$j = 1, 2, \cdots, \lfloor \log_2 N \rfloor$，$N$为信号总长度。分子为$w_{j,i}$中的最大绝对值即峰值，分母为第$j$层系数绝对值的和。

r_j值的大小反映了第j层小波系数值的稀疏程度。显然，r_j的值介于 0 与 1 之间。r_j的值越小，表示第j层系数值稀疏程度越大，噪声表现为大量小系数值。反之，r_j的值越大，表示第j层系数值稀疏程度越小，有效信号表现为大量大系数值。

设所有r_j的均值为μ，则确定小波分解层数的算法如下：

第一步，对于长度为N的带噪信号X，将X作$\lfloor \log_2 N \rfloor$层小波分解；

第二步，由式（2.13）计算r_j；

第三步，计算$\mu = \dfrac{1}{N} \sum\limits_{j=1}^{N} r_j$；

第四步，需要分解的最佳层数为K满足$r_K < \mu$并且$r_{K+1} \geqslant \mu$。

4. 非对称阈值自适应确定方法

小波降噪的效果很大程度上依赖于所取的噪声阈值。阈值选择不当，可能导致信号扭曲或残留大量噪声。在现有的小波降噪方法中，有的采用统一的阈值[93]，有的采用与分解层级相关阈值[94-95]。与分解层级相关的阈值选择策略被广泛使用的主要有 SURE[96]和 MinMax[97] 两种。

在各个分解层级上，信号和噪声的小波系数分为正、负两部分，他们不一定是对称分布或零均值分布，例如泊松分布。即使是高斯白噪声也有可能因为离散化和信号长度有限，导致相应的小波系数均值不为 0。事实上，文献 [90] 指出，与 0 均值对称的高斯白噪声在离散小波域中，正的最大值和负的最小值的幅度有显著差别，并且随着分解层级的增大而增加。因此，对小波系数进行阈值处理应该分为正、负两部分。

定义 5 第j层正、负小波系数的上阈值$T_{j,U}$和下阈值$T_{j,L}$定义为

$$T_{j,L} = \mu_j - \lambda_{j,L} \sigma_j$$ （2.14）

$$T_{j,U} = \mu_j + \lambda_{j,U} \sigma_j$$ （2.15）

其中，$\mu_j = \dfrac{1}{N_j}\sum\limits_{i=1}^{N_j} w_{j,i}$ 和 $\sigma_j = \sqrt{\dfrac{1}{L_j}\sum\limits_{i=1}^{N_j}(w_{j,i}-\mu_j)^2}$ 分别是小波分解第 j 层系数的均值和标准差。

式（2.14）和（2.15）中的均值 μ_j 和标准差 σ_j 是包含了有效信号和噪声在内的，不需对噪声水平的估计，也不需假定均值 μ_j 为 0。λ 的作用是根据方差 σ 调整均值 μ 得到合适的阈值 T。为了得到适当的 λ 值，先由式（2.16）和（2.17）分别计算最大调整幅度 $\lambda_{j,L_{\min}}$ 和 $\lambda_{j,U_{\min}}$。

$$\lambda_{j,L_{\min}} = \frac{\mu_j - \max\{|w_{j,i}| \mid w_{j,i}<0, \ i=1,2,\cdots,N_j\}}{\sigma_j} \tag{2.16}$$

$$\lambda_{j,U_{\min}} = \frac{\max\{|w_{j,i}| \mid w_{j,i}\geqslant 0, \ i=1,2,\cdots,N_j\} - \mu_j}{\sigma_j} \tag{2.17}$$

然后，通过（2.18）和（2.19）对 $\lambda_{j,L_{\min}}$ 和 $\lambda_{j,U_{\min}}$ 的调整计算 $\lambda_{j,L}$ 和 $\lambda_{j,U}$。

$$\lambda_{j,L} = \frac{\lambda_{j,L_{\min}}(r_{K,L}-r_{j,L})}{r_{K,L}\cdot L_j} \tag{2.18}$$

$$\lambda_{j,U} = \frac{\lambda_{j,U_{\min}}(r_{K,U}-r_{j,U})}{r_{K,U}\cdot L_j} \tag{2.19}$$

其中，$r_{K,L} = \dfrac{r_{K,L}+r_{K+1,L}}{2}$，$r_{K,U} = \dfrac{r_{K,U}+r_{K+1,U}}{2}$，$r_{j,L} = \dfrac{\max\{|w_{j,i}| \mid w_{j,i}<0, \ i=1,2,\cdots,N_j\}}{\sum\limits_{i=1}^{L_j}\{|w_{j,i}| \mid w_{j,i}<0, \ i=1,2,\cdots,N_j\}}$，

$r_{j,U} = \dfrac{\max\{|w_{j,i}>0| \mid w_{j,i}\geqslant 0, \ i=1,2,\cdots,N_j\}}{\sum\limits_{i=1}^{L_j}|w_{j,i}| \mid w_{j,i}\geqslant 0, \ i=1,2,\cdots,N_j\}}$，$L_j$ 为第 j 的单位长度。

定义 6 第 j 层小波系数的单位长度 L_j 定义为

$$L_j = \frac{\sum\limits_{i=1}^{N_j-1}\sqrt{1+(w_{j,i}-w_{j,i+1})^2}}{N_j}$$

L_j 主要用于更好地自动适配各层系数有效信号和噪声的特性。L_j 的值越大表示小波系数 $w_{j,i}$ 的起伏变化越大，可能含有噪声的成分越多。

确定每层上阈值 $\lambda_{j,U}$ 和下阈值 $\lambda_{j,L}$ 的规则如下：

（1）当 $r_j<0.1\mu_r$ 时，$T_{j,L} = \min\{w_{j,i} \mid i=1,2,\cdots,N_j\}$，$T_{j,U} = \max\{w_{j,i} \mid i=1,2,\cdots,N_j\}$；

（2）当$0.1\mu_r \leqslant r_j \leqslant \mu_r$时，分别按式（2.14）和（2.15）计算；

（3）当$r_j > \mu_r$时，$T_{j,L} = T_{j,U} = 0$。

通常情况下，$T_{j,L} \leqslant 0$并且$T_{j,U} \geqslant 0$，但是实际计算中有可能$T_{j,L} > 0$或$T_{j,U} < 0$，此时，为了确保结果合理，因此，将$T_{j,L}$或$T_{j,U}$反号。

5. 非对称软阈值函数

阈值函数是根据阈值去除噪声的函数。大多数文献中采用的阈值函数为对称阈值函数，包括

$$\text{对称硬阈值函数：} \tilde{w}_{j,i} = \begin{cases} w_{j,i} & |w_{j,i}| \geqslant \lambda_j \\ 0 & |w_{j,i}| < \lambda_j \end{cases}$$

$$\text{对称软阈值函数：} \tilde{w}_{j,i} = \begin{cases} \text{sgn}(w_{j,i})(|w_{j,i}| - \lambda_j) & |w_{j,i}| \geqslant \lambda_j \\ 0 & |w_{j,i}| < \lambda_j \end{cases}$$

其中$\tilde{w}_{j,i}$和$w_{j,i}$分别表示小波分解第j层第i个去噪后和去噪前的小波系数。

硬阈值方式适合处理小波系数要么是有效信号，要么是噪声的情形，而软阈方式更适合用于小波系数中既有有效信号成分又有噪声的情形。其他形式的阈值函数可参考文献[98-102]。采用非对称的上、下两个阈值，因此阈值函数也相应有两种：非对称的软阈值函数和非对称的硬阈函数。

Srivastava. M[90]采用的是非对称的硬阈值函数，该函数定义如下：

$$\tilde{w}_{j,i} = \begin{cases} w_{j,i} & w_{j,i} < \lambda_{j,L}, w_{j,i} > \lambda_{j,U} \\ 0 & \lambda_{j,L} \leqslant w_{j,i} < \lambda_{j,U} \end{cases}$$

本文小波降噪方法SLATMC采用非对称软阈值函数：

$$\tilde{w}_{j,i} = \begin{cases} w_{j,i} - \lambda_{j,L} & w_{j,i} < \lambda_{j,L} \\ 0 & \lambda_{j,L} \leqslant w_{j,i} < \lambda_{j,U} \\ w_{j,i} - \lambda_{j,U} & w_{j,i} > \lambda_{j,U} \end{cases} \qquad (2.20)$$

其中，$\lambda_{j,U}$通常大于0，$\lambda_{j,L}$通常小于0。

6. 算法评价

（1）实验数据及预处理

实验数据来源于油菜大田基地土壤数据，每一个月采集一次数据，共计8 352个数据样本，为带噪信号，记为X8K。对应参照信号是在Matlab可视化界面中，用手工调

整参数的方式对信号 X8K 小波降噪后得到的。在信号的基础上随机地叠加 $N/6$ 个正态分布随机噪声后得到相应的带噪信号。

数据预处理的主要任务是消除异常数据。异常数据又称为误差数据，是指显然与事实不符的数据。大田土壤异常数据的存在严重影响大田土壤监测与分析的效果。关于异常数据预处理，国内外专家已取得许多研究成果，但大多模型复杂、运算耗时，中小型系统较少使用。实际工程中大多仅采用均值平滑法进行异常数据处理，见式（2.21）。

$$x_k = \frac{x_{k-1} + x_{k+1}}{2}, \quad 当 |x_k - x_{k-1}| > \theta_1 \ 或 \ |x_k - x_{k+1}| > \theta_2 \qquad (2.21)$$

其中，θ_1 和 θ_2 分别为相邻数据误差阈值。

该方法能处理部分异常数据，但存在两方面不足：一是油菜大田土壤存在多种相互影响的环境参数，其变化规律和特性各异，凭经验设置的统一阈值很难满足所有参数异常数据处理的要求；二是均值平滑法只能适用于不同时间的历史数据的异常数据处理，不能满足同一时刻多个离散的同类数据的异常处理（如本文提出的前端感知层异常数据处理）。为克服这两个方面的不足，并综合考虑模型的复杂度和计算量，本文使用基于格罗贝斯（Grubbs）准则的土壤异常数据处理方法。

假设多个同参数传感器对某一被测对象的多次独立检测的测量数据序列为 $X_1, X_2, \cdots, X_n$，假设此测量序列已按从小到大的顺序排列，即 $X_1 \leq X_2 \leq \cdots \leq X_n$，且测得值 $X_i (i = 1, 2, \cdots, n)$ 服从正态分布。根据顺序统计原理，确定格罗贝斯统计量 $g_i = \frac{X_i - \bar{X}}{\sigma} (i = 1, 2, \cdots, n)$ 的分布。给定显著水平 a（一般取 $a=0.05$ 或 $a=0.01$），查阅格罗贝斯临界值表，找出满足的 $p[g \geq g_0(n, a)] = a$ 格罗贝斯统计量临界值 $g_0(n, a)$。若测量值 $X_i (i = 1 \sim n)$ 所对应的格罗贝斯统计量 g_i 满足 $g \geq g_0(n, a)$，则认为统计量 g_i 的分布存在显著差异，对应的 X_i 为可疑值，应当剔除。

（2）性能评价指标

选用信噪比 SNR 和结构相似指数 SSIM[92] 作为评价指标来分析小波降噪性能。

$$信噪比 SNR = 10 \log_{10} \left(\frac{\sum_{i=1}^{N} \hat{X}_i^2}{\sum_{i=1}^{N} (\tilde{X}_i - \hat{X}_i)^2} \right) \qquad (2.22)$$

$\tilde{X}$ 为带噪信号 X 经过去噪后得到的信号。$\hat{X}$ 为不带噪声的纯净信号，也称无噪信号、干净信号。$\tilde{X}$、$\hat{X}$ 是长度为 N 离散信号。

信噪比的单位为分贝（dB），反映的是纯净信号与去噪后残留噪声的功率之比。如果方法 a 的去噪效果比 b 好，那么，分母中 $\sum (\tilde{X}_a - \hat{X})^2 < \sum (\tilde{X}_b - \hat{X})^2$，分子中 $\sum \hat{X}^2$

相同，那么$SNR_a > SNR_b$。因此，比较多个不同去噪方法对同一个带噪信号的去噪效果时，某方法对应的 SNR 值越大，表示该方法去掉的噪声越多，残留噪声越少，去噪效果越好。

$$结构相似指数SSIM = \frac{(2\mu_{\tilde{X}}\mu_Y + c_1)(2\sigma_{\tilde{X}Y} + c_2)}{(\mu_{\tilde{X}}^2 + \mu_Y^2 + c_1)(\sigma_{\tilde{X}}^2 + \sigma_Y^2 + c_2)} \tag{2.23}$$

其中，$\tilde{X}$为待比较信号，它是经某方法去噪后的信号，Y为参照信号，即与X对应的无噪的纯净信号，是长度为N的离散信号。μ_X、μ_Y分别为X与Y的均值，σ_X、σ_Y、σ_{XY}分别为X与Y的标准差和协方差。c_1、c_2为两个小的正系数，用来稳定该项，防止均值或方差为 0 时结果不稳定。通常取$c_1 = 0.01$，$c_2 = 0.03$。SSIM 能够衡量两个信号的结构保真度。

SSIM的取值范围为 [0，1]，其值越接近 1，表示去$\tilde{X}$与Y在结构上越相近，两者之间的结构保真度越好，当其值为 1 时表示两者在结构上相同。

（3）算法性能比较

评估比较的算法有 Srivastava. M[90]（简写为 S.M）、Matlab 自带的 wden 算法与cmddenoise 算法以及本文提出的 SLATMC 算法。

Matlab 库函数 wden（）是基于文献 [93, 103-104] 的去噪方法。本实验中，其调用形式为 wden（X，'heursure'，'s'，'mln'，5，'coif5'），其中 X 为输入的带噪信号，采用启发式的 SURE 方式选定阈值、对称软阈值函数、每层独立阈值、小波分解层数为5、小波基函数为 Coiflet5。

Matlab 库函数 cmddenoise（）是基于提出的 Lavielle，M.[105] 和 Donoho，D. and Johnstone[93] 基于小波收缩的去噪方法。本实验中，其调用形式为 cmddenoise（X，'coif5'，5），表示小波分解层数为 5、小波基函数为 Coiflet5。

四种算法对油菜大田土壤 pH 值数据X_{8k}去噪效果的对比如图 2.4 ~ 图 2.7 所示。

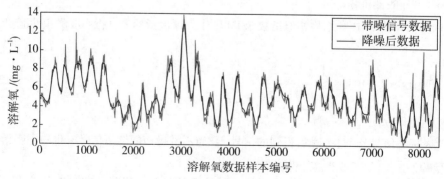

图 2.4　SLATMC 方法对X_{8k}去噪前后曲线对比

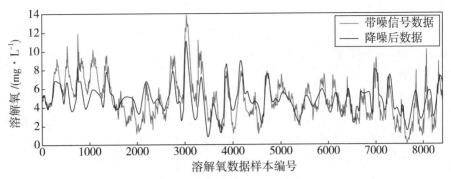

图 2.5　S.M 方法对 X_{8k} 去噪前后曲线对比

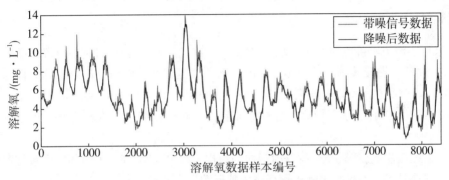

图 2.6　wden 方法对 X_{8k} 去噪前后曲线对比

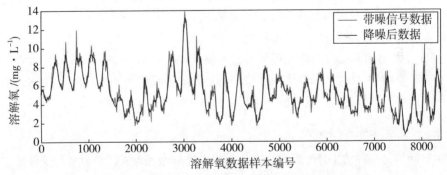

图 2.7　cmddenoise 方法对 X_{8k} 去噪前后曲线对比图

四种算法对油菜大田土壤数据 X_{8k} 去噪的 SNR 和 SSIM 的比较见表 2.1 所列。

表 2.1　四种算法在油菜大田土壤数据 X_{8k} 上的 SNR 和 SSIM 比较

性能指标 / 算法	SLATMC	S.M	wden	cmddenoise
SNR	30.4971	18.5879	25.3983	23.6416
SSIM	0.9965	0.8164	0.9891	0.9838

（4）实验结果与讨论。

综合图 2.4 ~ 图 2.7 以及表 2.1 相关数据，SLATMC 与 S.M 算法、wden 以及 cmddenoise 相比，评价指标 SNR 分别提高了 64.0%、20.1%、29.0%，且具有更高的结构相似性指数值。

实验结果表明：提出的 SLATMC 小波降噪方法通过对现有小波降噪方法的改进，利用平均"峰值和值比""单位长度"度量值，使分解层数和非对称阈值具有自适应性。在性能上与其他 3 种方法相比，残留噪声少，降噪效果更佳，并具有更高的结构相似性。

2.1.3 基于 WAVELET-RNN 的油菜大田环境数据实时降噪模型

采用小波方法降噪时，为了输出 t 时刻的准确值，不但需要 t 时刻前一段数据，而且需要 t 时刻后的一段数据，因此小波降噪具有一定延时性。针对小波降噪延时性问题，构建了基于深度学习的小波循环神经网络传感器数据降噪模型 WAVELET-RNN，该模型是一种人工智能学习模型。选择小波和循环神经网络组合降噪主要基于以下几点因素：

（1）传感器土壤环境数据是时间序列数据，而 RNN 有能力从时间序列数据中抽取信息和轮廓特征，有助于消除土壤环境传感器数据中的噪声。

（2）深度架构有很强的能力表示噪声数据和清晰数据之间的关系映射。

（3）小波变换可以很好地学习噪声数据特征。

（4）不同类型噪声的一般性容易模拟。

本节首先阐述多层感知机和循环神经网络（Recurrent Neural Network，RNN），然后提出基于小波和 RNN 的油菜大田环境传感器数据去噪模型 WAVELET-RNN，最后，在实际数据集上进行实验比较分析，说明模型 WAVELET-RNN 的有效性。

1. 多层感知机和 RNN

神经网络是一种仿生计算模型，它由一组人造神经元组成，称为结点或单元，用圆圈表示，与神经元 j 关联的激活函数 $l_j(.)$ 称为链接函数，神经元之间的有向边直观地表示生物神经网络中的突触，$w_{jj'}$ 关联从结点 j' 到 j 的有向边。

如图 2.8 所示，每个神经元 j 的值 v_j 的计算包括两个步骤，首先计算它的所有输入结点值的加权和，然后将该加权和作为自变量取值，计算激活函数的值。

$v_j = l_j \left(\sum_{j'} w_{jj'}, v_{j'} \right)$，为了方便起见，称括号中的加权和为激活输入，表示为 a_j，在具体的情况下，用一个字母表示实际的激活函数，如用 σ 表示 S 形函数（sigmoid）。

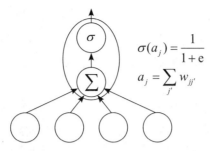

$$\sigma(a_j) = \frac{1}{1+e}$$

$$a_j = \sum_{j'} w_{jj'}$$

图 2.8 计算输入线性组合的非线性函数的人工神经元

典型的激活函数包括 S 形函数 $\sigma(z) = \dfrac{1}{1+e^z}$ 和双曲正切函数 $\phi(z) = \dfrac{e^z - e^{-z}}{e^z + e^{-z}}$，后者通常使用在前馈神经网络中，也被 Sutskever 等人应用在循环网络中 [106]。深度学习研究中另一个越来越重要的激活函数是 ReLU（Rectified Linear Unit），数学表达式为 $l_j(z) = max(0, z)$，在语音处理和对象识别等很多任务中极大地提高了深度神经网络的性能，同时也被使用到循环神经网络中 [107-108]。

输出结点的激活函数依赖于任务。对于有 K 个类的多类分类任务，可以对输出层的 K 个结点应用 softmax 非线性处理。softmax 函数定义为

$$\hat{y}_k = \frac{e^{a_k}}{\sum\limits_{k'=1}^{K} e^{a_{k'}}}, k = 1, \cdots, k$$

其中，分母是规范化项，等于所有分子的和，确保所有输出结点和为 1。对于多标签分类，激活函数是一个点组成的 S 形函数，而对于回归，可以确定为线性输出。

（1）前馈神经网络与反向传播

使用神经计算模型，须确定计算顺序。是每个时刻抽取一个结点进行计算并更新，还是一次计算所有节点的值，然后同时应用所有更新前馈神经网络，是通过在结点的有向图中禁止回路来处理此问题的受限网络。假设没有回路，所有结点就可以排列成层，并且可以根据下层的输出来计算每层的输出，如图 2.9 所示。

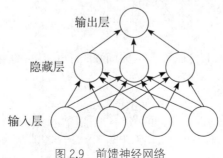

图 2.9　前馈神经网络

在图 2.9 中，最低层结点的值就是前馈神经网络的输入 x，然后逐层计算上一层结点的值，直到最顶层的结点产生整个网络的输出 $\hat{y}$。前馈神经网络经常用于监督学习任务，如分类和回归。通过迭代地更新每个权值，最小化损失函数 $L(\hat{y}, y)$，最后完成模型的学习过程。

训练神经网络最成功的算法是反向传播[109]。反向传播算法使用链规则来计算损失函数 L 关于网络中每个参数的导数，然后根据情况通过梯度下降算法调整权值。因为损失表面是非凸的，所以不能保证反向传播将达到全局最小。实际上，精确最优是一个 NP 难题。然而，在许多监督学习任务上，大量关于启发式预训练和优化技术的研究工作已经取得了令人瞩目的成就。特别地，自 2012 年以来，作为前馈神经网络变体的卷积神经网络，在许多计算机视觉任务（如对象检测）上一直保持着最佳性能[110]。

神经网络经常使用基于迷你批（mni-batch）的随机梯度下降。最简单情况是假设批大小为 1，则在实例 (x_i, y_i) 上计算损失函数后，随机梯度更新方程为

$$w \leftarrow w - \eta \nabla_w F_i \qquad (2.24)$$

其中，η 是学习率，$\nabla_w F_i$ 是目标函数关于参数 w 的梯度。SGD（Stochastic Gradient Descent）有许多加速学习的变体，一些流行的启发式如 AdaGrad[111]、AdaDelta[112] 和 RMSprop[113] 可以为每个特征自适应地调整学习率。AdaGrad 作为最流行的方法，在每个时间步缓冲所有参数梯度的平方和用来调整学习率，每个特征的步幅大小乘以缓冲值的平方根的倒数。在凸的误差表面上，AdaGrad 会很快收敛。但是，因为缓冲和是单调递增的，该方法有单调递减的学习率，这可能对高度非凸的误差表面带来不利的影响。RMSprop 为缓冲引入衰减因子，将单调增长的缓冲值改为滑动平均。动量方法是用于训练神经网络的另一种常见的 SGD 变体，这些方法给每个更新加上了之前更新的衰减和。当动量参数调整好并且网络初始化之后，动量方法可以训练深度网络和循环网络，得到和需要更复杂计算的模型媲美的性能[114]。

前馈神经网络中计算梯度需要用到反向传播算法。首先，一个实例向前传播通过神经网络，在每个结点产生一个值 v_j，最顶层输出 $\hat{y}$。然后，在每个输出结点 k 计算损失函数 $L(\hat{y}_k, y_k)$ 以及它关于输出层的激活函数输入的偏导数，即

$$\delta_k = \frac{\partial L(\hat{y}_k, y_k)}{\partial \hat{y}_k} l_k'(a_k) \qquad (2.25)$$

在 δ_k 的基础上，类似地可以计算损失函数关于输出层的直接前一层激活输入的偏导数：

$$\delta_j = l'(a_j) \sum_k \delta_k \cdot w_{kj} \qquad (2.26)$$

和自底向上前向计算输出相反，损失函数关于各层激活输入的偏导数从输出层开始，反向进行，逐层计算损失函数关于该层激活输入的偏导数，直到第一个隐藏层为止。

在前向传播期间计算每个结点输出值 v_j 和反向传播时计算的 δ_j 的基础上，损失函数关于权值参数 $w_{jj'}$ 的偏导数计算为

$$\frac{\partial L}{\partial w_{jj'}} = \delta_j v_{j'} \tag{2.27}$$

（2）循环神经网络

前馈神经网络模型依次由输入层、隐含层和输出层构成，层与层之间连接形成一个整体，同一层中的节点不相连。这种神经网络不能解决时间依赖相关的问题。循环神经网络（Recurrent Neural Network，RNN）是一个强大的联结模型，通过模型中隐藏层到自身的环路捕捉时间依赖信息。基本原理：网络能记忆前面的信息并应用于当前输出的计算中，隐藏层的输入包括输入层的输入和上一时刻隐藏层的输出。图 2.10 是一个简单的 RNN 模型，由输入层、循环隐藏层和输出层组成。假设 t 时刻输入层向量为 $X_t = \{x_1, x_2, x_3, \cdots, x_N\}$，输入层与隐藏层之间的全连接权值用矩阵 U 表示，隐藏层包含 M 个单元，t 时刻的状态向量为 $h_t = (h_1, h_2, \cdots, h_M)$，隐藏层结点到自身的全连接矩阵为 W，隐藏层偏置向量为 b_h，则隐藏层输出由（2.28）式计算。

$$h_t = f_H(\cdot)(UX_t + Wh_{t-1} + b_h) \tag{2.28}$$

其中，$f_H(\cdot)$ 表示隐藏层激活函数。

假设隐藏层单元连接到输出层单元使用权值矩阵 V，输出层包含 P 个输出单元 $y_t = (y_1, y_2, \cdots, y_P)$，则 t 时刻 RNN 的输出由式（2.29）计算。

$$y_t = f_o(Vh_t + b_o) \tag{2.29}$$

其中，$f_o(\cdot)$ 表示输出层激活函数，b_o 是输出层单元的偏置向量。

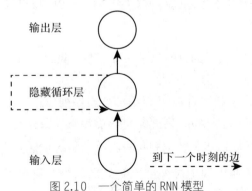

图 2.10　一个简单的 RNN 模型

RNN 按时间步展开，可以展示跨时间步的网络动态，如图 2.11 所示。展开后的网络能解释成一个没有回路的深度网络，所有的时间步重复简单 RNN，共享简单 RNN 的权值[115]。展开网络能够跨时间步使用反向传播算法（Backpropagation through Time，BPTT）进行训练。

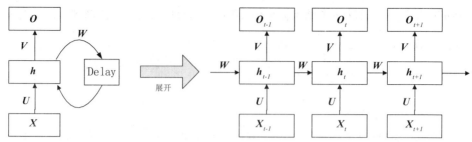

图 2.11　按时间步展开的 RNN

由于 RNN 具有从顺序和时间序列数据中学习特征和长期依赖关系的能力[116]，近年来被用于数据去噪领域，并取得了不错的效果。Maas 针对移动设备在移动过程中产生的背景噪声问题，提出了深度递归去噪自动编码器[117]。该编码器采用 3 层堆栈隐藏层结构，通过输入 3 帧噪声特征序列来预测中间帧的清晰序列。实验结果显示，深度递归去噪自动编码器优于其他方法。陈新元针对视频中存在的噪声数据提出了一个 Deep RNNs 去噪方法[116]。该架构采用 2 层堆栈隐藏层结构，通过将抽取的噪声视频输入 Deep RNN 来获得清晰的视频数据。实验结果表明该方法和最新的视频去噪方法相比具有相同的表现，并且对于多种噪声信号均有去噪效果。相较于小波降噪方法，基于 RNN 理论去噪方法只需使用过去时刻的数据，无需前瞻，从而实现实时去噪。

2. 油菜大田数据降噪模型 WAVELET-RNN

综合考虑小波和循环神经网络的优缺点，提出了油菜大田数据组合降噪模型 WAVELET-RNN。该模型由一个小波变换层和一个 RNN 循环网络层组成。模型的输入是一个向量序列 X（大田环境传感器数据），目标输出是一个指定长度的向量 O（清晰数据）。假设 $\chi = \{x^t\}_{t=1}^T$ 表示前 T 时刻的传感器序列数据，其中 x^t 可以看成是清晰数据 y^t 与噪声 n^t 之和：$x^t = y^t + n^t$。

大田环境传感器数据去噪的目的就是通过模型去除 x^t 中的 n^t，构建一个到 $Y = \{y^t\}_{t=1}^T$ 的映射。

WAVELET-RNN 模型利用时刻 t 及以前的噪声序列信息预测 t 时刻的清晰值，训练数据中 t 时刻的期望输出应该为 t 时刻的大田环境传感器数据清晰值。WAVELET-RNN 模型的目的是构建从传感器序列数据到最后时刻清晰数据之间的映射：$\hat{y}^T = f(\chi; \Theta)$，$\Theta$ 表示网络参数。为了减少训练时梯度更新的次数以及避免误差损失的波动，采用 mini-batch 训练和更新的方式，假设一批训练实例的个数为 batch_size，则训练过程将每计算 batch_size 个训练实例的误差损失才进行梯度更新。模型使用 BPTT 算法来最小化的期望输出和模型输出之间的均方误差

$$\text{loss}_i = \sum_{t=1}^{\text{num\_step}} \left(\hat{y}_i^{(t)} - y_i^{(t)} \right)^2 \qquad (2.30)$$

num_step 表示每个实例的时间步长。假设 mini-batch 的大小为 batch_size，则该批实例的平均误差损失为

$$loss = \frac{1}{batch\_size} \sum_{i=1}^{batch\_size} loss_i \qquad (2.31)$$

WAVELET-RNN 模型包含小波变换和 RNN 两个隐藏层。小波变换层负责使用小波变换算法对输入序列数据进行特征提取，经过小波变换层得到的数据能够一定程度地去除噪声，更好地表示输入数据的特征。RNN 层接收小波变换层学习到的特征，用来实现特征数据和清晰数据之间的关系映射，最终输出去噪后的数据。

WAVELET-RNN 模型设置包含 RNN 网络结构和模型训练设置，如图 2.12 所示。

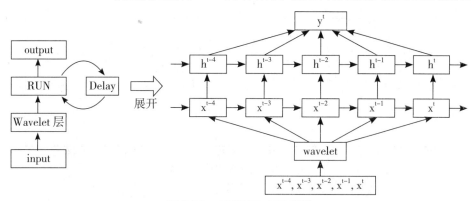

图 2.12　WAVELET-RNN 模型

（1）RNN 网络结构设置

RNN 单元状态大小（state_size）：每个 RNN 记忆单元状态向量的大小。

RNN 单元输出维数（output_size）：RNN 输出单元的大小，一般与单元状态向量大小相同。RNN 单元输入维数（input_size）：RNN 输入单元的大小，一般与单元状态向量大小相同。

（2）模型训练设置

学习率是指沿梯度方向前进的幅度。优化方法是指使损失最小时采用的优化技术。截断序列长是指使用 BPTT 算法更新梯度时的序列截断长度。批大小是指损失汇总的截断序列数目，只有得到了一批序列的损失和后才进行梯度更新。

3. 实验结果和模型评价

（1）实验数据

实验数据来源于油菜大田基地土壤环境序列数据，每一个月采集一次数据，共计 1 440 个带噪样本数据，表示为 *X*，如图 2.13 所示。对 *X* 使用小波降噪，精细手工调整去噪过程后的数据假设为干净数据，表示为 $\hat{X}$，如图 2.14 所示。其中 1 440 个数据的 80%（共 1 152 个）用于训练模型，另外 20%（共 288 个）用于测试。

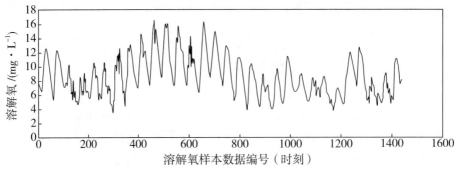

图 2.13　用于模型输入的带噪大田土壤环境数据（X）

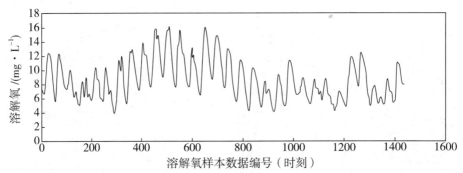

图 2.14　手工小波降噪后用于模型训练的土壤环境值（$\hat{X}$）

（2）模型训练

小波变换层使用 Mallat 算法实现。首先，使用 haar 小波对模型输入噪声数据进行 2 层分解得到细节系数。然后，使用式（2.32）统一阈值法计算阈值，其中 σ 表示噪声方差，N 表示信号长度。使用（2.33）式软阈值算法对细节部分进行阈值量化。其中，λ 表示阈值，d_{jk} 表示第 j 层小波分解中第 k 个细节系数。最后，进行小波重构。小波变换层的输出就是小波重构的数据。

统一阈值法：

$$\xi = \sigma\sqrt{2\log(N)} \tag{2.32}$$

软阈值量化算法：

$$\delta_\lambda\left(\mathrm{d}_{jk}\right) = \begin{cases} 0, \left|\mathrm{d}_{jk}\right| < 0 \\ \mathrm{d}_{jk} - \lambda, \mathrm{d}_{jk} > \lambda \\ \mathrm{d}_{jk} + \lambda, \mathrm{d}_{jk} < \lambda \end{cases} \tag{2.33}$$

模型利用时刻 t 及以前的噪声序列信息预测 t 时刻的清晰值。由于在 t 时刻土壤环境数据是一个标量，因此 RNN 层输入维度是 1，输出层也仅有一个神经元。损失函数使用最小均方$loss = \dfrac{1}{n}\sum_{i=1}^{n}(y - y')^2$，$y$和$y'$分别为清晰数据和模型输出值，使用 BPTT 优化算法进行梯度下降。一批训练实例 batch_size 的大小设置为 128。整个神经网络使用 TensorFlow 的 API 实现。

（3）性能评价指标

为了分析 WAVELET–RNN 模型降噪性能，选用信噪比 SNR 和和方根均方误差（Root Mean Squared Error，RMSE）作为评价指标。

$$信噪比 SNR = \dfrac{\sum_{i=1}^{n}\hat{X}_t^2}{\sum_{i=1}^{n}(\tilde{X}_t - \hat{X}_t)^2}$$

$\hat{X}_t$和$\tilde{X}_t$分别表示手工小波降噪后作为标准输出的测试集和使用 RNN 或 WAVELET–RNN 去噪后的输出。SNR 越大，表示模型的降噪性能越好。

$$方根均方误差 RMSE = \sqrt{\dfrac{1}{N}\sum_{i=1}^{N}(X_i - \tilde{X}_i)^2}$$

RMSE 越小，表示降噪的结果越接近原始 pH 值。

（4）模型性能比较

图 2.15 是在测试集上通过精细手工调试的小波降噪后的土壤 pH 值（红色）和原始 pH 值（蓝色）的曲线，手工小波降噪的结果假想为真实、干净的 pH 值，被用来计算信噪比 SNR。在训练集上训练 RNN 和 WAVELET–RNN 模型，训练模型在测试集上的降噪结果和原始数据进行比较，如图 2.16 与图 2.17 所示。

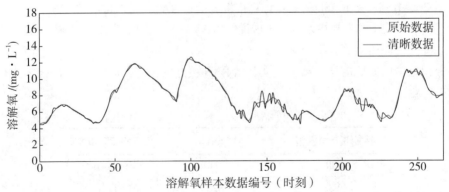

图 2.15　手工精细小波在大田土壤环境测试集上的降噪结果

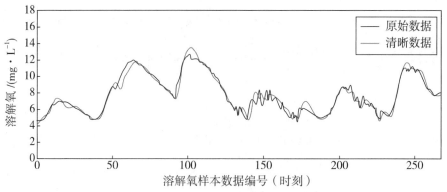

图 2.16　RNN 模型在大田土壤测试集上的降噪结果

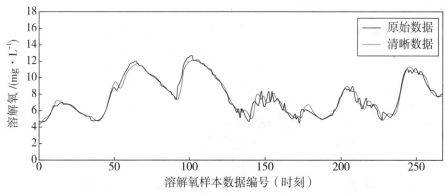

图 2.17　WAVELET-RNN 模型在 pH 测试集上的去噪结果

（5）实验结果与讨论

表 2.2 对 SNR 和 RMSE 的定量计算结果表明：WAVALET-RNN 较 RNN 有更高的信噪比，同时有较小的方根均方误差，这说明 WAVALET-RNN 较 RNN 能够去除更多的噪声，且更接近原始测试大田土壤环境值。即 WAVALET-RNN 能够在去除更多噪声的同时，保留更多的原始信息，整体上具有比 RNN 更好的性能，同时解决了小波不能实时降噪的问题。

表 2.2　RNN 和 WAVELET-RNN 在测试集上性能对比

性能指标／模型	RNN	WAVELET-RNN
SNR	56.0948	59.0666
RMSE	0.4823	0.4157

油菜大田环境数据去噪是数据分析和智能决策的前提，本文提出了 SLATMC 和 WAVALET-RNN 两个降噪模型。SLATMC 算法能自动确定小波分解层数，分别确定正负小波系数阈值并采用不同软阈值函数。在大田环境数据上的实验结果表明，SLATMC 算法较最新 S.M 算法和传统 wden 以及 cmddenoise 有更高的信噪比和结构相似性，同时

实现了小波降噪自适应。WAVALET-RNN 去噪模型只需利用过去时刻的含噪土壤环境值，实现实时去噪的目的，实验结果表明，WAVALET-RNN 和 RNN 能达到和精细手工小波降噪可比的效果，且 WAVALET-RNN 比 RNN 有更高的信噪比和更小的方根均方误差。

2.2　油菜大田生长环境特征提取技术

粗糙集理论[118-119]由 Pawlak 于 1982 年提出，是一种处理不确定性信息的数学工具，已在机器学习、模式识别、决策分析和知识发现等领域[120-123]广泛应用。该理论的主要思想是用等价关系形成的知识粒来近似表示信息，其主要应用之一是属性约简，然而随着现实数据结构复杂化、多样化，经典粗糙集已无法满足求解需要，众多学者从不同角度出发对其进行扩展，模糊粗糙集是其中一个重要分支。Pawlak 在文献[124]中给出了将经典粗糙集推广到模糊粗糙集的可能性，随后 Mi 和 Sun 等[125-126]将信息表中条件属性和决策属性均模糊化处理，使得经典粗糙集中的相似关系变为模糊等价关系。文献[127-130]进一步研究了模糊粗糙集的约简，并提出了多重约简方法。然而，研究发现模糊粗糙集存在缺陷：它仅用隶属度来刻画"完全肯定"的程度，缺少对"完全否定"的判断。接下来，Atanassov 等[131]提出用直觉模糊对模糊理论进行扩充，很好地克服了上述缺陷。吴伟志等[132]和苗夺谦[133-134]将直觉模糊理论同粗糙集结合，提出了直觉模糊粗糙集模型并给出了约简方法。

Dempster 提出的证据理论[135]是处理不确定性问题的另一种方法。它通过一对对偶函数（信任函数和似然函数）定量表示信息的不确定性。粗糙集理论和证据理论这两种工具相似却又不同，众多学者对它们之间的关系进行了进一步研究。姚一豫[136]给出了用信任函数和似然函数来刻画经典粗糙集中上下近似的可能性。吴伟志[137]等从证据理论角度出发研究了 Pawlak 的粗糙约简。上述研究均是刻画经典 Pawlak 粗糙集同证据理论的联系，但没提及功能更强大的直觉模糊粗糙集与证据理论之间的关系，以及通过两者结合进行知识约简，且国内外对此方向的研究较少。

2.2.1　基于环境的粗糙集、直觉模糊粗糙集和证据理论的基本知识

笔者讨论直觉模糊粗糙集与证据理论关系以及基于两者结合的约简前，先介绍基于油菜大田生长环境的粗糙集、直觉模糊粗糙集和证据理论的基本知识。

1. 油菜大田生长环境知识的粗糙集

油菜大田生长环境粗糙集中的信息是利用经典 Pawlak 粗糙集中的信息来描述的，

而经典 Pawlak 粗糙集中的信息一般用信息系统来描述，下面给出信息系统的定义。

定义 1 令 $IS=(U, AT, V, f)$ 为信息系统，其中 $U=\{x_1, x_2, \cdots, x_n\}$ 为非空对象集，称为论域；AT 为属性集；V 为属性值集合；函数 $f: U \times AT \rightarrow V$，是属性值映射函数。

定义 2 令 $IS=(U, AT, V, f)$ 为信息系统，属性集 AT 决定的二元不可分辨关系 R_{AT} 可表示为 $R_{AT}=\{(x,y) \in U \times U | a \in AT, f(x,a)=f(y,a)\}$。

由上定义可知 R_{AT} 为等价关系，此时形成的不可分辨类称为等价类，记为 $[x]_{R_{AT}}$。所有的等价类构成了论域的划分，记为 U / R_{AT}。

定义 3 令 $IS=(U, AT, V, f)$ 为信息系统，属性集 AT 决定的二元不可分辨关系 R_{AT}，对任意子集 $X \subseteq U$，有 $\underline{R}(X)=\{x \in U | [x]_R \subseteq X\}$；$\overline{R}(X)=\{x \in U | [x]_R \bigcap X \neq \phi\}$，称 $\underline{R}(X)$ 和 $\overline{R}(X)$ 为 X 的上、下近似，$(\underline{R}(X), (X))$ 为 X 的粗糙集。

2. 油菜大田生长环境知识的直觉模糊粗糙集

定义 4 设 U 为非空集合，函数 $\mu: U \rightarrow [0,1]$，$\nu: U \rightarrow [0,1]$，且 $\forall x \in U$，满足 $0 \leqslant \mu(x)+\nu(x) \leqslant 1$，则称集合 $A=\{\langle x, \mu(x), \nu(x)\rangle | x \in U\}$ 为直觉模糊集。$\mu(x)$、$\nu(x)$ 分别表示 U 中元素属于 A 的隶属度和非隶属度，$\pi_A(x)=1-\mu(x)-\nu(x)$ 表示对元素 x 属于 A 的怀疑度；$s(A(x))=\mu(x)-\nu(x)$ 为集合 A 关于 x 的得分函数；$h(A(x))=\mu(x)+\nu(x)$ 为集合 A 关于 x 的精确函数。

从上述定义可知，传统集合是直觉模糊的特例。用直觉模糊集合形式表示，即对 $A \in P(U)$，如果 $x \in A$，则 $A(x)=(1,0)$；如果 $x \notin A$，则 $A(x)=(0,1)$。

定义 5 有模糊集 $A=\{\langle x, \mu_A(x), \nu_A(x)\rangle | x \in U\}$ 和 $B=\{\langle x, \mu_B(x), \nu_B(x)\rangle | x \in U\}$，则可得如下运算：

① $s(A(x)) < s(B(x)) \Rightarrow A(x) \prec B(x)$

② $s(A(x)) = s(B(x)) \wedge h(A(x)) = h(B(x)) \Rightarrow A(x) = B(x)$

③ $s(A(x)) = s(B(x)) \wedge h(A(x)) < h(B(x)) \Rightarrow A(x) \prec B(x)$

④ $s(A(x)) = s(B(x)) \wedge h(A(x)) > h(B(x)) \Rightarrow A(x) \succ B(x)$

由定义可知，若 $A(x)=(0.2, 0.5)$、$B(x)=(0.3, 0.6)$，则 $s(A(x))=s(B(x))=-0.3$，$h(A(x))=0.7$，$h(B(x))=0.9$，故 $A(x) \prec B(x)$。

性质 1 对模糊集 $A=\{\langle x, \mu_A(x), \nu_A(x)\rangle | x \in U\}$ 和 $B=\{\langle x, \mu_B(x), \nu_B(x)\rangle | x \in U\}$ 而言，具有以下性质：

① $A \subseteq B \Leftrightarrow \mu_A \leqslant \mu_B, \nu_A \geqslant \nu_B$

② $A \supseteq B \Leftrightarrow B \subseteq A$

③ $A \bigcap B \Leftrightarrow \{\langle x, \min(\mu_A, \mu_B), \max(\nu_A, \nu_B) \rangle \,|\, x \in U\}$

④ $A \bigcup B \Leftrightarrow \{\langle x, \max(\mu_A, \mu_B), \min(\nu_A, \nu_B) \rangle \,|\, x \in U\}$

⑤ $A \oplus B = \{\langle x, \mu_A + \mu_B - \mu_A * \mu_B, \nu_A(x) * \nu_B(x) \rangle \,|\, x \in U\}$

⑥ $A \otimes B = \{\langle x, \mu_A * \mu_B, \nu_A(x) + \nu_B(x) - \nu_A(x) * \nu_B(x) \rangle \,|\, x \in U\}$

⑦ $\lambda A = \{\langle x, 1 - (1 - \mu_A)^\lambda, (\nu(x))^\lambda \rangle \,|\, x \in U\}$

⑧ $A^\lambda = \{\langle x, (\mu(x))^\lambda, 1 - (1 - \nu(x)^\lambda) \rangle\}$

⑨ $\sim A = \{\langle x, \nu_A(x), \mu_A(x) \rangle \,|\, x \in U\}$

由性质 1 可得如下定义：

定义 6 模糊集簇 $A_i = \{\langle x, \mu_{A_i}(x), \nu A_i(x) \,|\, x \in U \rangle\}$，且 $i = 1, \ldots, n$，则关于和 $\oplus$ 运算算子和积 $\otimes$ 运算算子的定义如下：

① $\oplus_{i=1}^{n} A_i = \{\langle x, 1 - \prod_{i=1}^{n}(1 - \mu_{A_i}(x), \prod_{i=1}^{n} \nu_{A_i}(x) \,|\, x \in U \rangle\}$

② $\otimes_{i=1}^{n} A_i = \{\langle x, \prod_{i=1}^{n} \mu_{A_i}(x), 1 - \prod_{i=1}^{n}(1 - \nu_{A_i}(x) \,|\, x \in U \rangle\}$

定义 7 直觉模糊信息系统 $\text{IFIS} = (U, AT = C, V, f)$ 且 U 为非空论域，C 为条件属性集，函数 f 为值域函数，$f(x, r) = (\mu_c(x), \nu_c(x)), c \in C$，可得如下关系：

$R_B^{\preceq} = \{(x, y) \in U \times U \,|\, f(x, c) \prec f(y, c) \vee f(x, c) = f(y, c), \forall c \in B \subseteq C\}$ 则称 $R_B^{\preceq}$ 为普通优势关系。

由上述定义可知 $[x]_{R_B^{\preceq}}$ 为 $R_B^{\preceq}$ 导出的不可识别类，当且仅当取 $f(x, c) = f(y, c), \forall c \in B \subseteq C$ 时，关系 $R_B^{\preceq}$ 为等价关系。

定义 8 直觉模糊信息系统 $IFIS = (U, AT = C, V, f)$ 且 U 为非空论域 $C = \{c_1, c_2, \cdots, c_m\}$ 为条件属性集，函数 f 为值域函数，$f(x, r) = (\mu_c(x), \nu_c(x)), c \in C$，可得如下关系：

$R_B^{\oplus \preceq} = \{(x, y) \in U \times U \,|\, \oplus_{k=1}^{m} f(x, c_k) \prec \oplus_{k=1}^{m} f(y, c_k)$

$\vee \oplus_{k=1}^{m} f(x, c_k) = \oplus_{k=1}^{m} f(y, c_k), \forall c \in B \subseteq C\}$

则称 $R_B^{\oplus \preceq}$ 为和 $\oplus$ 运算算子优势关系，记为广义和优势关系。

$[x]_{R_B^{\oplus \preceq}}$ 为 $R_B^{\oplus \preceq}$ 导出的不可识别势类，其对论域形成了覆盖。根据广义和优势关系可得上、下近似。

定义 9 $IFIS = (U, AT = C, V, f)$ 为直觉模糊信息系统，对 $\forall X \subseteq U$ 有

$$\underline{R_C^{\oplus \preceq}}(X) = \{x \in U \,|\, [x]_{R_C^{\oplus \preceq}} \subseteq X\},$$

$$\overline{R_C^{\oplus \preceq}}(X) = \{x \in U \,|\, [x]_{R_C^{\oplus \preceq}} \bigcap X \neq \phi\}$$

则称$R_C^{\oplus\preccurlyeq}(X)$和$\overline{R_C^{\oplus\preccurlyeq}}(X)$为$X$的广义和优势关系的上近似和下近似。

根据广义和优势关系的上近似和下近似的定义可知其具有如下性质。

性质 2 为直觉模糊信息系统，$C=\{c_1,c_2,\cdots,c_m\}$，$\forall X,Y\subseteq U$有

① $\underline{R_C^{\oplus\preccurlyeq}}(X)\subseteq X\subseteq\overline{R_C^{\oplus\preccurlyeq}}(X)$

② $\underline{R_C^{\oplus\preccurlyeq}}(\phi)=\phi$，$\overline{R_C^{\oplus\preccurlyeq}}(\phi)=\phi$

③ $\underline{R_C^{\oplus\preccurlyeq}}(U)=U$，$\overline{R_C^{\oplus\preccurlyeq}}(U)=U$

④ $\underline{R_C^{\oplus\preccurlyeq}}(X\cap Y)=\underline{R_C^{\oplus\preccurlyeq}}(X)\cap\underline{R_C^{\oplus\preccurlyeq}}(Y)$ $\overline{R_C^{\oplus\preccurlyeq}}(X\cup Y)=\overline{R_C^{\oplus\preccurlyeq}}(X)\cup\overline{R_C^{\oplus\preccurlyeq}}(Y)$

⑤ $\underline{R_C^{\oplus\preccurlyeq}}(X\cup Y)\supseteq\underline{R_C^{\oplus\preccurlyeq}}(X)\cup\underline{R_C^{\oplus\preccurlyeq}}(Y)$ $\overline{R_C^{\oplus\preccurlyeq}}(X\cap Y)\subseteq\overline{R_C^{\oplus\preccurlyeq}}(X)\cap\overline{R_C^{\oplus\preccurlyeq}}(Y)$

⑥ $X\subseteq Y\Rightarrow\underline{R_C^{\oplus\preccurlyeq}}(X)\subseteq\underline{R_C^{\oplus\preccurlyeq}}(Y)$，$\overline{R_C^{\oplus\preccurlyeq}}(X)\subseteq\overline{R_C^{\oplus\preccurlyeq}}(Y)$

证明

①~⑥的性质由定义 8 得到，不再证明。

3. 油菜大田生长环境知识的证据理论

定义 10 设 Θ 为识别框架，A 是 Θ 中的任意子集，定义在识别框架 Θ 的函数 $m:2^\Theta\to[0,1]$ 满足如下条件：

① $m(\phi)=0$

② $\displaystyle\sum_{X\subseteq U}m(X)=1$

则称函数m为2^Θ上的基本可信度分配函数或 mass 函数。

$m(A)$表示证据对A的信任度。若$m(A)>0$，则A为焦元，所有焦元的并称为核，记作F。同时根据基本可信度分配函数可得出信任函数和似然函数的定义。

定义 11 设 Θ 为识别框架，A 是 Θ 的任意子集，m 是识别框架 Θ 上的基本可信度分配函数：

$$Bel(X)=\sum_{A\subseteq X}m(A)$$

$$Pl(X)=\sum_{A\cap X\neq\phi}m(A)$$

则称$Bel(X)$和$Pl(X)$分别为信任函数和似然函数。

信任函数$Bel(X)$表示对X为真的信任度，似然函数$Pl(X)$表示不怀疑X为真的信任度且$Bel(X)=1-Pl(\sim X)$。同样也可以根据半加性定义信任函数。

定义 12 对识别框架 Θ 的任意子集 2^Θ，若函数 $Bel:2^\Theta \to [0,1]$ 满足如下条件：

① $Bel(\phi)=0$

② $Bel(\Theta)=1$

③ $Bel(\bigcup_{i=1}^m X_i) \geqslant \sum\limits_{\varphi \neq J \subseteq \{1,2,3,\cdots,m\}} (-1)^{|U+1|} Bel(\bigcap_{i \in J} X_i)$

则称函数 $Bel:2^\Theta \to [0,1]$ 为信度函数。

2.2.2 油菜大田生长环境知识的直觉模糊粗糙集与证据理论之间关系

文献[136]表明 pawlak 粗糙集和基于覆盖的粗糙集所获得下、上近似均可通过证据理论的信任函数和似然函数分别刻画。接下来分析油菜杂草知识的直觉模糊粗糙集和证据理论之间的关系是否能满足以上特征。

定理 1 $IFIS=(U, AT=C, V, f)$ 为油菜杂草知识的直觉模糊信息系统，$A \subseteq AT=C$，

$\forall X \subseteq U$，则信任函数 $Bel(X) = \dfrac{|R_A^{\oplus \ll}(X)|}{|U|}$，似然函数为 $Pl(X) = \dfrac{|\overline{R_A^{\oplus \ll}}(X)|}{|U|}$。

🔍 **证明**

只需证明满足定义 12 的三个条件即可，由性质 1 的②和③可知 $Bel(\phi)=0$，$Bel(U)=1$。

由性质 1 的④和⑤可知 $\underline{R_A^{\oplus \ll}}(\bigcup_{i=1}^{i=n} X_i) \supseteq \bigcup_{i=1}^{i=n} \underline{R_A^{\oplus \ll}}(X) $ 和 $\underline{R_A^{\oplus \ll}}(\bigcap_{i=1}^{i=n} X_i) = \bigcap_{i=1}^{i=n} \underline{R_A^{\oplus \ll}}(X)$。于是可得如下结果：

$$Bel(\bigcup_{i=1}^{i=n} X_i) = \frac{|\underline{R_A^{\oplus \ll}}(\bigcup_{i=1}^{i=n} X_i)|}{|U|} \geqslant \frac{|\bigcup_{i=1}^{i=n} \underline{R_A^{\oplus \ll}}(X_i)|}{|U|} = \sum_{\phi \neq I \subseteq \{1,2,\cdots, n\}} (-1)^{|I|+1} \frac{|\bigcap_{i \in I} \underline{R_A^{\oplus \ll}}(X_i)|}{|U|}$$

$$= \sum_{\phi \neq I \subseteq \{1,2,\cdots, n\}} (-1)^{|I|+1} \frac{|\underline{R_A^{\oplus \ll}}(\bigcap_{i \in I} X_i)|}{|U|} = \sum_{\phi \neq I \subseteq \{1,2,\cdots, n\}} (-1)^{|I|+1} Bel(\bigcap_{i \in I} X_i)$$

故可知 $Bel(\bigcup_{i=1}^{i=n} X_i) \geqslant \sum\limits_{\phi \neq I \subseteq \{1,2,\cdots, n\}} (-1)^{|I|+1} Bel(\bigcap_{i \in I} X_i)$。

结论：信任函数 $Bel(X) = \dfrac{|\underline{R_A^{\oplus \ll}}(X)|}{|U|}$ 成立。由于似然函数 Pl 与信任函数 Bel 互为对偶函数，同理也可证明似然函数为 $Pl(X) = \dfrac{|\overline{R_A^{\oplus \ll}}(X)|}{|U|}$。

对上述定理分析得出，油菜杂草知识的直觉模糊粗糙集下、上近似也可以用证据理

论的信任函数和似然函数来分别刻画。接下来给出此时的 mass 函数表达式。

定理 2 $IFIS = (U, AT = C, V, f)$ 为直觉模糊信息系统，$A \subseteq AT = C$，$\forall X \subseteq U$，则信任

函数 $Bel(X) = \dfrac{|\underline{R_A^{\oplus \leqslant}(X)}|}{|U|}$，似然函数 $Pl(X) = \dfrac{|\overline{R_A^{\oplus \leqslant}(X)}|}{|U|}$

$$\text{对应质量函数}: m(X) = \begin{cases} \dfrac{|\{x \in U | [x]_{R_A^{\oplus \leqslant}} = X\}|}{|U|} \\ 0 \quad \text{，其他} \end{cases}$$

证明

信任函数 Bel 和似然函数 Pl 关于上、下近似的关系在定理 1 中已给出如下结论：

$$Bel(X) = \frac{|R_A^{\oplus \leqslant}(X)|}{|U|}$$

$$= \frac{1}{|U|} \cdot |\{x \in X | [x]_{R_A^{\oplus \leqslant}} \subseteq X\}|,$$

$$= \frac{1}{|U|} \cdot \sum_{[x]_{R_A^{\oplus \leqslant}} \subseteq X} |x|$$

此时令 $[x]_{R_A^{\oplus \leqslant}} = t$，那么 $Bel(X) = \sum_{t \subseteq X} m(t)$，接下来仅需证明 mass 函数成立即可。由定

义 1 明显可知 $m(\phi) = 0$，$\underset{X \subseteq U}{m}(X) = 1$。

下面给出实例说明油菜杂草知识的直觉模糊粗糙集和证据理论相结合的属性约简
方法。

现有一组数据，见表 2.3，用于判断油菜杂草图像是否为损坏。其中论域
$U = \{x_1, x_2, x_3, x_4, x_5, x_6, x_7, x_8, x_9, x_{10}\}$，条件属性为 $C = \{c_1, c_2, c_3, c_4, c_5\}$。

表 2.3　油菜杂草知识的直觉模糊信息系统

U	C_1	C_2	C_3	C_4	C_5
x_1	(0.4, 0.5)	(0.3, 0.5)	(0.8, 0.2)	(0.4, 0.5)	(0.7, 0.1)
x_2	(0.3, 0.5)	(0.4, 0.5)	(0.6, 0.1)	(0.4, 0.5)	(0.7, 0.3)
x_3	(0.3, 0.5)	(0.1, 0.8)	(0.8, 0.104)	(0.4, 0.5)	(0.7, 0.3)
x_4	(0.1, 0.8)	(0.1, 0.8)	(0.4, 0.5)	(0.1, 0.8)	(0.8, 0.2)
x_5	(0.7, 0.3)	(0.4, 0.5)	(0.9, 0.1)	(0.4, 0.6)	(0.8, 0.1)
x_6	(0.3, 0.6)	(0.1, 0.8)	(0.7, 0.2)	(0.5, 0.5)	(0.8, 0.2)
x_7	(0.4, 0.5)	(0.4, 0.5)	(0.8, 0.2)	(0.4, 0.5)	(0.8, 0.2)
x_8	(0.4, 0.6)	(0.4, 0.5)	(0.9, 0.1)	(0.7, 0.3)	(0.8, 0.2)

续表

U	C_1	C_2	C_3	C_4	C_5
x_9	(0.4, 0.6)	(0.7, 0.3)	(0.9, 0.1)	(0.4, 0.5)	(0.9, 0.0)
x_{10}	(0.7, 0.3)	(0.7, 0.3)	(0.8, 0.2)	(0.9, 0.0)	(0.4, 0.5)

计算结果如下：

$$\oplus_{k=1}^{5} f(x_1, c_k) = (1 - \prod_{i=1}^{n}(1 - \mu_{c_k}(x)), \prod_{i=1}^{n} \nu_{c_k}(x)) = (1 - (1 - 0.4) * (1 - 0.3) * (1 - 0.8) * (1 - 0.4) * (1 - 0.7),$$

$0.5 * 0.5 * 0.2 * 0.5 * 0.1) = (0.984\,88, 0.002\,5)$。

同理的可得：

$\oplus_{k=1}^{5} f(x_1, c_k) = (0.984\,88, 0.002\,5)$， $\oplus_{k=1}^{5} f(x_2, c_k) = (0.969\,76, 0.003\,75)$

$\oplus_{k=1}^{5} f(x_3, c_k) = (0.977\,32, 0.006\,24)$， $\oplus_{k=1}^{5} f(x_4, c_k) = (0.912\,52, 0.051\,2)$

$\oplus_{k=1}^{5} f(x_5, c_k) = (0.997\,84, 0.000\,9)$， $\oplus_{k=1}^{5} f(x_6, c_k) = (0.987\,4, 0.007\,2)$

$\oplus_{k=1}^{5} f(x_7, c_k) = (0.991\,36, 0.005)$， $\oplus_{k=1}^{5} f(x_8, c_k) = (0.998\,74, 0.001\,8)$

$\oplus_{k=1}^{5} f(x_9, c_k) = (0.998\,92, 0.00)$， $\oplus_{k=1}^{5} f(x_{10}, c_k) = (0.998\,92, 0.00)$

各元素的得分为：

$s(x_1) = 0.982\,38$, $s(x_2) = 0.966\,01$, $s(x_3) = 0.971\,08$, $s(x_4) = 0.861\,32$, $s(x_5) = 0.996\,94$,

$s(x_6) = 0.980\,20$, $s(x_7) = 0.986\,36$, $s(x_8) = 0.996\,04$, $s(x_9) = 0.998\,92$, $s(x_{10}) = 0.998\,92$。

故可得如下排序结果：$x_9 = x_{10} \succ x_5 \succ x_8 \succ x_7 \succ x_1 \succ x_6 \succ x_3 \succ x_2 \succ x_4$。

对应的广义和优势关系的等价类为：

$[x_1]_{R_C^{\oplus \preccurlyeq}} = \{x_1, x_9, x_{10}, x_5, x_8, x_7\}$ $[x_2]_{R_C^{\oplus \preccurlyeq}} = \{x_1, x_9, x_{10}, x_5, x_8, x_7\}$

$[x_3]_{R_C^{\oplus \preccurlyeq}} = \{x_3, x_9, x_{10}, x_5, x_8, x_7, x_1, x_6\}$ $[x_4]_{R_C^{\oplus \preccurlyeq}} = \{x_4, x_9, x_{10}, x_5, x_8, x_7, x_1, x_6, x_3, x_2\}$

$[x_5]_{R_C^{\oplus \preccurlyeq}} = \{x_5, x_9, x_{10}\}$ $[x_6]_{R_C^{\oplus \preccurlyeq}} = \{x_6, x_9, x_{10}, x_5, x_8, x_7, x_1\}$

$[x_7]_{R_C^{\oplus \preccurlyeq}} = \{x_7, x_9, x_{10}, x_5, x_8\}$

$[x_8]_{R_C^{\oplus \preccurlyeq}} = \{x_8, x_9, x_{10}, x_5\}$

$[x_9]_{R_C^{\oplus \preccurlyeq}} = [x_{10}]_{R_C^{\oplus \preccurlyeq}} = \{x_9, x_{10}\}$

$[x_{10}]_{R_C^{\oplus \preccurlyeq}} = [x_{10}]_{R_C^{\oplus \preccurlyeq}} = \{x_{10}, x_9\}$

令 $X = \{x_8, x_9, x_{10}\}$，则对应的上、下近似为： $\underline{R_C^{\oplus \preccurlyeq}}(X) = \{x_9, x_{10}\}$，$\overline{R_C^{\oplus \preccurlyeq}}(X) = \{U\}$。

对应的质量函数为：$m(x_1) = m(x_2) = m(x_3) = m(x_4) = m(x_5) = m(x_6) = m(x_7) = m(x_8) = \dfrac{1}{10}$，

$$m(x_9, x_{10}) = \frac{2}{10}。$$

2.2.3 油菜大田生长环境知识的决策系统约简

油菜杂草的决策系统可分为协调决策表和不协调决策表两种。进行属性约简前，先给出协调决策表和不协调决策表的定义。

定义 13 $IFDS = (U, AT = C \cup \{d\}, V, f)$为直觉模糊决策系统，$R_C^{\oplus \leqslant}$和$R_d^{\oplus \leqslant}$为基于条件属性集$C$和决策属性集$d$而得到的广义和优势关系：$U / d = \{[x_1]_{R_d^{\oplus \leqslant}}, [x_2]_{R_d^{\oplus \leqslant}}, \cdots, [x_n]_{R_d^{\oplus \leqslant}}\} = \{Cl_1, Cl_2, \cdots, Cl_n\}$若$\forall x \in U$有$[x]_{R_C^{\oplus \leqslant}} \subseteq [x]_{R_d^{\oplus \leqslant}}$，则称$IFDS = (U, AT = C \cup \{d\}, V, f)$为协调决策系统；若$\exists x \in U$有$[x]_{R_C^{\oplus \leqslant}} \not\subset [x]_{R_d^{\oplus \leqslant}}$，则称$IFDS = (U, AT = C \cup \{d\}, V, f)$为不协调决策系统。

定义 14 $IFDS = (U, AT = C \cup \{d\}, V, f)$为直觉模糊决策系统，属性子集$A \subseteq C$，则：

（1）若$\forall Cl_t, 1 \leqslant t \leqslant n$，$\underline{R_A^{\oplus \leqslant}}(Cl_t) = \underline{R_C^{\oplus \leqslant}}(Cl_t)$，则称 A 是相对协调集。若 A 为相对协调集且 A 的任意非空真子集 B 不为相对协调集，则称 A 是相对约简。

（2）若$\forall Cl_t, 1 \leqslant t \leqslant n$，$Bel_A(Cl_t) = Bel_{AT}(Cl_t)$，则称 A 是相对信任协调集。若 A 为相对信任协调集且 A 的任意非空真子集 B 不为相对信任协调集，则称 A 是相对信任约简。

（3）若$\forall Cl_t, 1 \leqslant t \leqslant n$，$Pl_A(Cl_t) = Pl_{AT}(Cl_t)$，则称 A 是相对似然协调集。若 A 为相对似然协调集且 A 的任意非空真子集 B 不为相对似然协调集，则称 A 是相对似然约简。

定义 14 从分类、信任度和似然度三个角度给出了相对约简的概念，接下来在协调决策系统中分析三者的一致性。

定理 3 $IFDS = (U, AT = C \cup \{d\}, V, f)$为协调直觉模糊决策系统，则$\underline{R_C^{\oplus \leqslant}}(Cl_t) = Cl_t = \overline{R_C^{\oplus \leqslant}}(Cl_t), 1 \leqslant t \leqslant n$。

证明

由性质 1 可知$\underline{R_C^{\oplus \leqslant}}(Cl_t) \subseteq Cl_t$。对$\forall x \in Cl_t$，有$[x]_{R_d^{\oplus \leqslant}} \subseteq Cl_t$。又因为协调决策系统，即$[x]_{R_C^{\oplus \leqslant}} \subseteq [x]_{R_d^{\oplus \leqslant}}$，可得$x \in \underline{R_C^{\oplus \leqslant}}(Cl_t)$。故可得$\underline{R_C^{\oplus \leqslant}}(Cl_t) = Cl_t$。同理可证$Cl_t = \overline{R_C^{\oplus \leqslant}}(Cl_t)$。故可知结论成立。

定理 4 $IFDS = (U, AT = C \cup \{d\}, V, f)$为协调直觉模糊决策系统，属性子集$A \subseteq C$，则有

（1）A 为相对协调集、相对信任协调集和相对似然协调集三者等价。

（2）A 为相对约简、相对信任约简和相对似然约简三者等价。

🔍 **证明**

（1）A 为相对协调集 $\Leftrightarrow \underline{R}_A^{\oplus\preccurlyeq}(Cl_t)=\underline{R}_{AT}^{\oplus\preccurlyeq}(Cl_t)$，又因 $IFDS$ 为协调直觉模糊决策系统，故可推导 $\Rightarrow \underline{R}_A^{\oplus\preccurlyeq}(Cl_t)=Cl_t=\overline{\underline{R}_A^{\oplus\preccurlyeq}(Cl_t)}=\underline{R}_{AT}^{\oplus\preccurlyeq}(Cl_t)=\overline{R}_{AT}^{\oplus\preccurlyeq}(Cl_t)\Leftrightarrow Bel_A(Cl_t)=Bel_{AT}(Cl_t)Pl_A(Cl_t)=Pl_{AT}(Cl_t)\Leftrightarrow$ 故可证 A 为相对协调集、相对信任协调集和相对似然协调集三者等价。

（2）同①可证。

由定理 4 可知在协调直觉模糊决策系统中，相对约简、相对信任约简和相对似然约简等价，要获得三者，只需确定其中之一即可。接下来将研究不协调直觉模糊决策系统的约简关系，针对不协调决策系统的处理方式是将其转化为协调决策系统。同理，给出由不协调直觉模糊决策系统得到广义直觉模糊决策系统的定义 14。

定义 14 $IFDS=(U,AT=C\cup\{d\},V,f)$ 为不协调直觉模糊决策系统，$B\subseteq C$，如果满足以下等式有 $\partial_B(x)=\{\otimes_{i=1}^k f(y,d)\mid y\in[x]_{R_B^{\oplus\preccurlyeq}},k=\mid[x]_{R_B^{\oplus\preccurlyeq}}\mid\}$，称 $\partial_B(x)$ 为广义决策值。如果广义决策优势关系满足等式 $R_d^B=\{(x,y)\in U\times U\mid\partial_B(x)\prec\partial_B(y)\vee\partial_B(x)=\partial_B(y)\}$ 则 $IFDS=(U,AT=C\cup\{d\},V,f)$ 为广义直觉模糊决策系统。

由定义可知：关系 R_d^B 仍是直觉模糊系统上的广义决策优势关系，且广义直觉模糊决策系统是协调的，此时广义决策优势关系对论域的覆盖为 $U/R_d^c=\{[x_1]_{R_{\partial c}^{\oplus\preccurlyeq}},[x_2]_{R_{\partial c}^{\oplus\preccurlyeq}},\cdots,[x_n]_{R_{\partial c}^{\oplus\preccurlyeq}}\}=\{Cl_1^g,Cl_2^g,\cdots,Cl_n^g\}$ 且具有保序性。所以由广义决策优势关系得到的覆盖同广义和优势关系一致。下面给出广义相对约简、广义相对信任约简和广义相对似然约简定义。

定义 15 $IFDS=(U,AT=C\cup\{\partial_C\},V,f)$ 为广义直觉模糊决策系统，属性子集 $A\subseteq C$，则

（1）若 $\forall Cl_t^g,1\leqslant t\leqslant n$，$\underline{R}_A^{\oplus\preccurlyeq}(Cl_t^g)=\underline{R}_C^{\oplus\preccurlyeq}(Cl_t^g)$，则称 A 是广义相对协调集。若 A 为广义相对协调集且 A 的任意非空真子集 B 不为广义相对协调集，则称 A 是广义相对约简。

（2）若 $\forall Cl_t^g,1\leqslant t\leqslant n$，$Bel_A(Cl_t^g)=Bel_{AT}(Cl_t^g)$，则称 A 是广义相对信任协调集。若 A 为广义相对信任协调集且 A 的任意非空真子集 B 不为广义相对信任协调集，则称 A 是广义相对信任约简。

（3）若 $\forall Cl_t^g,1\leqslant t\leqslant n$，$Pl_A(Cl_t^g)=Pl_{AT}(Cl_t^g)$，则称 A 是广义相对似然协调集。若 A 为广义相对似然协调集且 A 的任意非空真子集 B 不为广义相对似然协调集，则称 A 是广义相对似然约简。

接下来分析广义相对约简和相对约简之间的关系。

定理 4 $IFDS=(U,AT=C\cup\{\partial_C\},V,f)$ 为广义直觉模糊决策系统，属性子集 $A\subseteq C$，则：

（1）A 为广义协相对协调集当且仅当 A 为相对协调集；

（2）A 为广义相对约简当且仅当 A 为相对调集。

证明

（1）由定义可知 $\forall Cl_t, 1 \leq t \leq n, Cl_t = Cl_t^g$，若 $\underline{R_A^{\oplus \leq}}(Cl_t^g) = \underline{R_C^{\oplus \leq}}(Cl_t^g) \Rightarrow \underline{R_A^{\oplus \leq}}(Cl_t) = \underline{R_C^{\oplus \leq}}(Cl_t)$，故 A 是相对协调集；同理可得若 A 是相对协调集，则 A 是广义协相对协调集，故结论成立。

（2）若 A 是广义相对约简，则 $\underline{R_A^{\oplus \leq}}(Cl_t^g) = \underline{R_C^{\oplus \leq}}(Cl_t^g)$ 且 $\forall Cl_t, 1 \leq t \leq n, Cl_t = Cl_t^g$。故可得：

$$\forall Cl_t, 1 \leq t \leq n, Cl_t = Cl_t^g$$

所以 A 是相对调集。同理可证当 A 为相对协调集时，A 为广义相对约简，故结论成立。

定理 5 $IFDS = (U, AT = C \bigcup \{d\}, V, f)$ 为广义直觉模糊决策系统，属性子集 $A \subseteq C$，则有：

（1）A 为广义相对协调集、广义相对信任协调集和广义相对似然协调集三者等价；

（2）A 为广义相对约简、广义相对信任约简和广义相对似然约简三者等价。

证明

同定理 4，故不再赘述。

油菜杂草知识的协调决策系统和不协调决策系统约简通常不一致。本文首先分析了直觉模糊粗糙集与证据理论之间的关系，即当上、下近似具有可加性和可乘性时，直觉模糊粗糙集所获得下、上近似可通过证据理论的信任函数和似然函数分别刻画；接下来分析了油菜杂草知识的决策系统约简的一致性，当为协调决策系统时，直觉模糊决策系统的相对约简、相对信任约简和相对似然约简三者等价。当为不协调决策系统时，在广义决策优势关系下，协调决策系统的约简与不协调决策系统的约简一致。通过上述研究，进一步完善了直觉模糊粗糙集决策约简理论。

2.2.4 基于直觉模糊粗糙集的油菜大田环境和杂草特征选择

由定理 3 可知，在广义直觉模糊决策系统中，相对约简、相对信任约简和相对似然约简仍然为等价。由此可知，此时协调和不协调的决策系统可等同对待，无须分类处理。

同时基于实际应用可知，若将不协调的决策产生的原因理解为数据的误差或噪声，那么直觉模糊粗糙集弱化误差数据对约简[137]的影响，从而提高了约简的鲁棒性。以下给出具体算法：

Input 决策表 $IFDS = (U, AT = C\bigcup\{d\}, V, f)$

Output 约简集合 red、redBel、redPl。

Step1 令相对约简集合 red、信任约简集合 redBel、似然约简集合 redPl 均为空；C 为条件属性集，d 为决策属性集。

Step2 根据定义 14 判断决策系统是否为协调的系统，若为协调决策系统，则执行 Step2；若为不协调决策系统，根据定义 16 的广义决策优势关系将其转化为协调决策系统。

Step3 令 $Cl_t, \Keq \Keq n$ 为决策属性集 d 的不可识别类，根据定义 15 计算条件属性集 C 的正域约简 $R_C^{\oplus\Keq}(Cl_t)$、$Bel_C(Cl_t)$ 和似然约简 $Pl_C(Cl_t)$ 的值。

Step4 令属性 $a_i \in C, \Keq \Keq |C|$，若 $C-\{a_i\}$ 为空集，则执行 Step9；若不为空，则根据定义 15 计算正域约简 $R_{C-\{a_i\}}^{\oplus\Keq}(Cl_t)$、信任约简 $Bel_{C-\{a_i\}}(Cl_t)$ 和似然约简 $Pl_{C-\{a_i\}}(Cl_t)$ 的值，且令 $C=C-\{a_i\}$。

Step5 判断 $R_{C-\{a_i\}}^{\oplus\Keq}(Cl_t)$ 与 $R_C^{\oplus\Keq}(Cl_t)$ 是否相等。若不相等，则将 a_i 并入 red 中，然后执行 Step8；若不相等，则执行 Step8。

Step6 判断 $Bel_{C-\{a_i\}}(Cl_t)$ 与 $Bel_C(Cl_t)$ 是否相等。若不相等，则将 a_i 并入 redBel 中，然后执行 Step8；若不相等，则执行 Step8。

Step7 判断 $Pl_{C-\{a_i\}}(Cl_t)$ 与 $Pl_C(Cl_t)$ 是否相等。若不相等，则将 a_i 并入 red 中，然后执行 Step8；若不相等，则执行 Step8。

Step8 再执行 Step4，并取下一属性 $a_i^{\grave{}}$，且 $a_i^{\grave{}} \neq a_i$。

Step9 输出相对约简集合 red、信任约简集合 redBel、似然约简集合 redPl。

假设决策表 $IFDS = (U, AT = C\bigcup\{d\}, V, f)$，$C$ 表示条件属性集合，基数为 n，$\{d\}$ 表示决策属性类。

判断决策表一致时的复杂度为 $O(|d_1|, |d_2|, \cdots |d_n|)$，因为属性有组合问题，故复杂度为 $O(n(n+1)/2)$，三种约简的计算复杂度一样。故该算法的时间复杂度可以表示为 $O[(|d_1|, |d_2|), \cdots |d_n|)][n(n+1)/2]$，用 $|S|$ 表示样本集合基数，则最终算法复杂度可以表示为 $O\{|S|[n(n+1)/2]\}$。

由第 3 章的定理 1 和定理 3 可知三种约简一致，即算法的输出结果 red、redBel、redPl 相等。因为 Bel 约简便于实验的实现，故用信任约简（Bel 约简）对油菜大田生长环境特征进行选择。下面将用表 2.4 的数据集（经过预处理）验证算法的有效性。

表2.4　油菜大田生长环境特征数据集

U	C_1	C_2	C_3	C_4	C_5	d
x_1	(0.4, 0.5)	(0.3, 0.5)	(0.8, 0.2)	(0.4, 0.5)	(0.7, 0.1)	(0.3, 0.6)
x_2	(0.3, 0.5)	(0.4, 0.5)	(0.6, 0.1)	(0.4, 0.5)	(0.7, 0.3)	(0.4, 0.6)
x_3	(0.3, 0.5)	(0.1, 0.8)	(0.8, 0.104)	(0.4, 0.5)	(0.7, 0.3)	(0.2, 0.7)
x_4	(0.1, 0.8)	(0.1, 0.8)	(0.4, 0.5)	(0.1, 0.8)	(0.8, 0.2)	(0.2, 0.8)
x_5	(0.7, 0.3)	(0.4, 0.5)	(0.9, 0.1)	(0.4, 0.6)	(0.8, 0.1)	(0.4, 0.6)
x_6	(0.3, 0.6)	(0.1, 0.8)	(0.7, 0.2)	(0.5, 0.5)	(0.8, 0.2)	(0.4, 0.5)
x_7	(0.4, 0.5)	(0.4, 0.5)	(0.8, 0.2)	(0.4, 0.5)	(0.8, 0.2)	(0.6, 0.4)
x_8	(0.40.6)	(0.4, 0.5)	(0.9, 0.1)	(0.7, 0.3)	(0.8, 0.2)	(0.6, 0.4)
x_9	(0.4, 0.6)	(0.7, 0.3)	(0.9, 0.1)	(0.4, 0.5)	(0.9, 0.0)	(0.8, 0.2)
x_{10}	(0.7, 0.3)	(0.7, 0.3)	(0.8, 0.2)	(0.9, 0.0)	(0.4, 0.5)	(0.8, 0.2)
…	…	…	…	…	…	…
…	…	…	…	…	…	…
…	…	…	…	…	…	…
x_n	…	…	…	…	…	…

上述表2.4中 $U = \{x_1, x_2, \cdots, x_n\}$ 表示油菜大田生长环境数据集合，条件属性 $C = \{c_1, c_2, c_3, c_4, c_5\}$，其中 c_1 为日照、c_2 为 pH、c_3 为湿度、c_4 为地域、c_5 为温度），决策属性 d，表示油菜大田环境好坏的概率范围，为计算方便只取前 10 个数据来表示计算过程。由定义 4 的得分函数和精确函数可计算得决策属性对论域的覆盖，见表2.5。

表2.5　决策属性的优势类

x	$[x]_d^{\leq}$
x_1	$\{x_1, x_9, x_{10}, x_5, x_6, x_7, x_8, x_2\}$
x_2	$\{x_2, x_9, x_{10}, x_5, x_6, x_7, x_8\}$
x_3	$\{x_3, x_1, x_9, x_{10}, x_5, x_6, x_7, x_8, x_2\}$
x_4	$\{x_4, x_9, x_{10}, x_5, x_8, x_7, x_1, x_6, x_3, x_2\}$
x_5	$\{x_2, x_9, x_{10}, x_5, x_6, x_7, x_8\}$
x_6	$\{x_6, x_9, x_{10}, x_8, x_7\}$
x_7	$\{x_7, x_9, x_{10}, x_8\}$
x_8	$\{x_8, x_9, x_{10}, x_7\}$
x_9	$\{x_9, x_{10}\}$
x_{10}	$\{x_{10}, x_9\}$

表 2.5 展示了由决策属性优势关系导出的覆盖。根据定义 8 可得广义优势关系对论域覆盖，见表 2.6 所列。

表 2.6   条件属性的优势类

x	$[x]_{R_C^{\oplus \le}}$
x_1	$\{x_1, x_9, x_{10}, x_5, x_8, x_7\}$
x_2	$\{x_2, x_9, x_{10}, x_5, x_8, x_7, x_1, x_6, x_3\}$
x_3	$\{x_3, x_9, x_{10}, x_5, x_8, x_7, x_1, x_6\}$
x_4	$\{x_4, x_9, x_{10}, x_5, x_8, x_7, x_1, x_6, x_3, x_2\}$
x_5	$\{x_5, x_9, x_{10}\}$
x_6	$\{x_6, x_9, x_{10}, x_5, x_8, x_7, x_1\}$
x_7	$\{x_7, x_9, x_{10}, x_5, x_8\}$
x_8	$\{x_8, x_9, x_{10}, x_5\}$
x_9	$\{x_9, x_{10}\}$
x_{10}	$\{x_{10}, x_9\}$

表 2.6 展示了由条件属性优势关系导出的覆盖，同时根据定义 14 可知决策表 1 为不协调决策系统，故接下根据定义 16 来计算转换后的决策值。

$$\partial_C(x_1) = \otimes_{i=1}^{k=6} f(y,d) = (1 - \prod_{i=1}^{k}(1 - \mu_{d_i}(x), \prod_{i=1}^{k} v_{d_i}(x)) = (0.027\ 65, 0.997\ 79)$$

同理可得：

$$\partial_C(x_2) = \otimes_{i=1}^{k=9} f(y,d) = (0.000\ 88, 0.997\ 79),$$

$$\partial_C(x_3) = \otimes_{i=1}^{k=8} f(y,d) = (0.00221, 0.99447),$$

$$\partial_C(x_4) = \otimes_{i=1}^{k=10} f(y,d) = (0.000\ 18, 0.999\ 56),$$

$$\partial_C(x_5) = \otimes_{i=1}^{k=3} f(y,d) = (0.256, 0.744),$$

$$\partial_C(x_6) = \otimes_{i=1}^{k=7} f(y,d) = (0.011\ 06, 0.981\ 568),$$

$$\partial_C(x_7) = \otimes_{i=1}^{k=5} f(y,d) = (0.092\ 216, 0.907\ 84),$$

$$\partial_C(x_8) = \otimes_{i=1}^{k=4} f(y,d) = (0.15360, 0.84640),$$

$$\partial_C(x_9) = \otimes_{i=1}^{k=2} f(y,d) = (0.64, 0.16),$$

$$\partial_C(x_{10}) = \otimes_{i=1}^{k=2} f(y,d) = (0.64, 0.16)。$$

由此可得，广义决策优势关系计算转换后的决策系统见表 2.7。

表 2.7　广义决策优势关系计算转换后的决策系统

U	C_1	C_2	C_3	C_4	C_5	∂_C
x_1	$(0.4, 0.5)$	$(0.3, 0.5)$	$(0.8,\ 0.2)$	$(0.4, 0.5)$	$(0.7, 0.1)$	$(0.02765,\ 0.96314)$
x_2	$(0.3, 0.5)$	$(0.4, 0.5)$	$(0.6,\ 0.1)$	$(0.4, 0.5)$	$(0.7, 0.3)$	$(0.00088,\ 0.99779)$
x_3	$(0.3, 0.5)$	$(0.1, 0.8)$	$(0.8,\ 0.104)$	$(0.4, 0.5)$	$(0.7, 0.3)$	$(0.00221,\ 0.99447)$
x_4	$(0.1, 0.8)$	$(0.1, 0.8)$	$(0.4,\ 0.5)$	$(0.8, 0.2)$		$(0.00018,\ 0.99447)$
x_5	$(0.7, 0.3)$	$(0.4, 0.5)$	$(0.9,\ 0.1)$	$(0.4, 0.6)$	$(0.8, 0.1)$	$(0.25600,\ 0.74400)$
x_6	$(0.3, 0.6)$	$(0.1, 0.8)$	$(0.7,\ 0.1)$	$(0.5, 0.5)$	$(0.8, 0.2)$	$(0.01106,\ 0.98157)$
x_7	$(0.4, 0.5)$	$(0.4, 0.5)$	$(0.8,\ 0.2)$	$(0.4, 0.5)$	$(0.8, 0.2)$	$(0.09216,\ 0.90784)$
x_8	$(0.4, 0.6)$	$(0.4, 0.5)$	$(0.9,\ 0.1)$	$(0.7, 0.3)$	$(0.8, 0.2)$	$(0.15360,\ 0.84640)$
x_9	$(0.4, 0.6)$	$(0.7, 0.3)$	$(0.9,\ 0.1)$	$(0.9, 0.0)$		$(0.64000,\ 0.16000)$
x_{10}	$(0.7, 0.3)$	$(0.7, 0.3)$	$(0.8,\ 0.2)$	$(0.9, 0.0)$	$(0.4, 0.5)$	$(0.64000,\ 0.16000)$

此时广义决策系统为协调决策系统，在 matlab 中实现算法 1，结果见表 2.8。

表 2.8　特征对比表

	属性集	数据所占内存 /G
原始数据	$\{c_1, c_2, c_3, c_4, c_5\}$	2.12
相对约简	$\{c_1, c_2, c_4, c_5\}$	1.68
信任约简	$\{c_1, c_2, c_4, c_5\}$	1.68
似然约简	$\{c_1, c_2, c_4, c_5\}$	1.68

由实验数据可知：油菜大田生长的环境数据经过算法 1 的处理，其特征属性由原有 5 个变成了 4 个且数据所占内存仅为原来的 79.2%，验证了本文提出的基于直觉模糊的油菜大田生长环境特征选择算法的有效性。

在众多影响油菜大田生长环境的因素中，如何剔除冗余特征。本文首先引入证据结构，并给出了三种约简，即相对约简、相对信任约简和相对似然约简，从而使粗糙集能更好地应用于油菜生长环境特征的选择；其次，通过分析得到，协调决策系统中相对约简、相对信任约简和相对似然约简三者等价；不协调决策系统可通过广义决策优势关系消除不一致，使得三种约简等价。从而获得抗噪性更好的油菜大田生长环境特征，对指导油菜大田生长环境改良具有重要意义。

2.3　油菜大田杂草图连通性技术

国内外许多学者对图连通性问题进行了研究并提出了多种判别方法。文献[138]给出了有向图连通性矩阵判别法的推导及实现程序。文献[139]利用图论和集合论的知识对节点邻接矩阵进行了深入分析，提出了有向图和无向图的连通性判定准则。文献[140]用指引元表和相邻点表描述图，用支撑树生长法进行搜索，提出了一种新的图连通性算法。文献[141]在二元关系的基础上提出了路径超群和路径超运算的概念，给出了有向图是否强连通和有向图中是否存在环的判定依据。文献[142]通过计算图的直径值 D，判断 D 是否成立得出图是否连通。这些图连通性的判别方法各有特点，但在算法复杂度、可读性等问题上还存在不足。针对这些不足，运用分层递阶商空间链对图连通性问题进行研究，提出了一种新的图连通性判定方法。

2.3.1 基于连通关系的分层递阶商空间链

在处理规模庞大的油菜杂草图像时，利用商空间的分层递阶思想往往可以达到事半功倍的效果[143]。商空间理论用三元组 (X, f, T) 来描述问题[144-145]，其中，X 表示问题的论域，f 表示论域 X 的属性，T 表示论域的结构，用来描述论域 X 中各元素之间的相互关系。

在商空间理论中，分层递阶的核心思想是利用等价关系对论域进行划分，得到不同粒度对应下的商空间，通过将问题在不同粒度商空间上进行描述与分析，最终找到问题的有效解。显然，图中节点之间的连通关系满足自反性，对称性以及传递性，是节点集上的一种等价关系。因此根据连通关系可构造对应的商空间。具体来说，对于给定的图 $G(V, E)$ 及连通关系 R，则 G 对应于 R 的商空间可表示为

$$G([V], [f], [E])$$

其中，节点集 $[V]$ 表示节点集 $V=\{v_1, v_2, \cdots, v_n\}$ 相对于 R 的商集；$[f]$、$[V]$ 分别为商属性函数和商结构[146]。由于属性函数与特定应用相关，为了简化讨论，通常忽略属性函数的描述，故在不引起混淆的前提下将上述商空间表示为 $G([V], [E])$。

由于连通关系必然对应于该节点集上的一个划分，并且同一划分块中的任意两节点间都是连通的，而不同划分块之间是不连通的。根据这一特性，可通过寻找不同的连通关系构造不同的商空间，对于图 $G(V, E)$，称其为商空间链中的第 0 层，记为 $G(V_0, E_0)$，在节点集 V_0 中任取一节点 $v_i (i=1,2,\cdots,n)$，根据 v_i 与其余节点之间的连通关系找到对应的商空间 $G([V], [E])$，称其为商空间链中的第 1 层，记为 $G(V_1, E_1)$，同理，在第 1 层中继续寻找连通关系构造下一个商空间，记为 $G(V_2, E_2)$，以此递归，直到第 $k(k \geqslant 0 \wedge k \in Z)$ 层中不存在新的连通关系才结束，从而得到一个嵌套式分层的、递阶的商空间链。具体定义如下：

定义 1 以图 $G(V_i, E_i)$ 为研究对象，在 V_i 上寻找连通关系 R_i 进行等价类划分，将连通的若干节点看作一个整体，称为基本粒，相互连通的基本粒之间构成边，得到商空间 $G(V_{i+1}, E_{i+1})$；从 $G(V_0, E_0)$ 开始，直到 $G(V_k, E_k)(k \geqslant 0 \wedge k \in Z)$ 中基本粒之间再无边相连，由此得到的 $k+1$ 个粒度由细到粗的 $G(V_0, E_0) < G(V_1,$

E_1）<…< G（V_k，E_k）为一分层递阶商空间链。

其中 $V_i=\{V_0^i,V_1^i,\cdots,V_n^i\}$（$0\leqslant i\leqslant k$），$V_i$ 说明在分层递阶商空间链的第 i 层 G（V_i，E_i）中共含有 $n+1$ 个元素，V_n^i 中上标 i 表示第 i 层，下标 n 表示该元素的坐标值（编号值）。图 2.18 描述了基本粒 V_n^i 的构成。

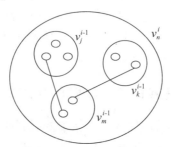

图 2.18 基本粒 v_n^i 的构成

在图 2.18 中，最大的圆代表的是基本粒 v_n^i，它由三个粒度较细的基本粒 v_j^{i-1}，v_k^{i-1}，v_m^{i-1} 构成，由于 v_m^{i-1} 与 v_j^{i-1}，v_m^{i-1} 与 v_k^{i-1} 之间都存在边相连，于是将此连通的基本粒作为一个划分块，构成粒度更粗的基本粒 v_n^i。新基本粒的形成将使问题求解的规模大大降低，通过一步步分析基本粒之间的连通关系，构建图的不同层次的商空间，得到相应的分层递阶商空间链[147-148]，从中获取图连通性的判定依据。

2.3.2 图连通性判定方法及算法对比分析

运用嵌套式分层递阶方法对图的连通关系进行划分，构成粒度由细到粗的 $k+1$ 个不同层次的商空间。对图 G 来说，其节点集 V 中的所有节点都会在每一层中出现。因此，对于任意节点 $x\in V$，可用 $k+1$ 维的整数向量表示该节点在每层中的位置信息。即 $x=$（x_0，x_1，$\cdots$，x_k），称为节点 x 的分层坐标。

1. 图连通性判定方法

若图 G（V，E）的分层递阶商空间链具有 $k+1$ 层，则能用 $k+1$ 维向量对 $x\in V$ 进行描述。即 $x=$（x_0，x_1，$\cdots$，x_k），其中，x_i（$i=0$，1，$\cdots$，k）表示节点 x 在第 i 层中的坐标值（即编号值），这个编号是按照节点被访问的先后顺序进行设定，在程序中，就是按照节点被遍历的顺序进行编号，以此作为节点对应层的坐标。在这种描述方式下，有如下定理成立。

定理 1 x，$y\in V$，其中 x 与 y 的分层坐标分别为（x_0，x_1，$\cdots$，x_k），（y_0，y_1，$\cdots$，y_k），那么 x 与 y 从第 i（$0\leqslant i\leqslant k$）层开始就是连通的当且仅当 x 与 y 的第 i 层坐标值不相等但第 i 层之后所有层的坐标值都相等，即 $x_i\neq y_i \wedge x_j=y_j$（$i+1\leqslant j\leqslant k$）。

证明

必要性。分层递阶商空间链的构造过程是按照节点之间的连通关系进行划分，将满足连通关系的所有节点进行合并，构成一个新的基本粒，因此，若在第 i 层中，x 与 y 是连通的，说明在 V_i+1 中 x 与 y 所在的基本粒就合并为一个基本粒子，则 x 与 y 的第 $i+1$ 层坐标值相等。并且一旦 x 与 y 处于同一基本粒中，这种关系将会一直延续到商空间链中的最后一层，即 $x_j=y_j$ 在 $i+1 \leqslant j \leqslant k$ 中始终成立。

充分性。若 $x_i \neq y_i$ 但 $x_j=y_j$ 在 $i+1 \leqslant j \leqslant k$ 中始终成立，说明 x 与 y 在第 $i+1$ 层之后的所有层中坐标相等，这意味着从第 $i+1$ 层开始 x 与 y 就在同一个基本粒里，根据分层递阶商空间链的构造过程，若 x 与 y 在第 $i+1$ 层中要在同一基本粒里，那么 x 与 y 在第 i 层 $G(V_i, E_i)$ 中必须满足连通关系，才能被划分到同一个块中，由此可得 x，y 在第 i 层中是连通的，证毕。

通过上述定理，可得图的连通性判定方法：第一步，构造图 G 的分层递阶商空间链，若商空间链的最后一层，即第 k 层中基本粒的个数为 1，则图 G 为连通图，否则，为非连通图。并且，基本粒的个数对应着图 G 的连通分支数；第二步，对于 $k+1$ 维向量（x_0，x_1，$\cdots$，x_k）而言，若图 G 所有节点的第 $k+1$ 维坐标的值相等，则图 G 为连通图；若不全相等，则图 G 为非连通图，并且取值相同的节点位于同一连通分支中。对有向图进行弱连通性判定时，无需考虑边的方向性，只需对该有向图对应的无向图进行分析。给定无向图如图 2.19、图 2.20 所示。

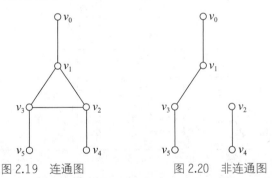

图 2.19　连通图　　　　图 2.20　非连通图

对于图 2.19，以 v_0 作为起始节点为例，根据第 2 节中描述的分层递阶商空间链的构造方法，对图 2.19 构造相应商空间链的过程如图 2.21 所示。

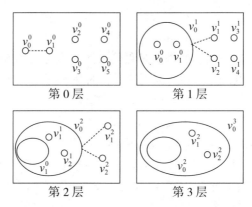

图 2.21 对应图 2.19 的分层递阶商空间链构造过程

如图 2.21 所示，第 0 层有六个节点元素，由于 v_0^0 与 v_1^0 存在边相连，因此将这两个节点合并，作为一个新的基本粒 v_0^1 开始第 1 层运算。由于 v_0^1 与 v_1^1、v_2^1 都有边相连，因此将这三个基本粒合并，作为一个粒度更粗的基本粒 v_0^2 开始第 2 层的运算。以此类推，在经过四层递阶过程之后，得到了唯一的基本粒 v_0^3，这说明图 2.19 为连通图，并且所有节点都在同一连通分支中。对于图 2.20，同样以 v_0 为起始节点，构造分层递阶商空间链的过程如图 2.22 所示。

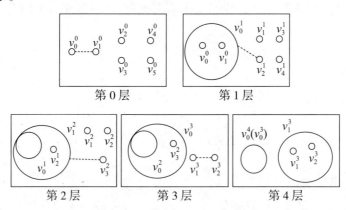

图 2.22 分层递阶商空间链构造过程

图 2.20 在经过 5 层递阶过程之后，最后形成了粒度较粗的 v_0^4 和 v_1^4 两个基本粒，由于此两基本粒之间再无边相连，因此说明图 2.20 为非连通图，并且具有两个连通分支。另外，可用 5 维坐标表示图 2.20 中的每个节点，其中 $v_0 = (0, 0, 0, 0, 0)$，$v_1 = (1, 0, 0, 0, 0)$，$v_2 = (2, 1, 1, 1, 1)$，$v_3 = (3, 2, 0, 0, 0)$，$v_4 = (4, 3, 2, 2, 1)$，$v_5 = (5, 4, 3, 0, 0)$。这六个节点的第 5 维坐标值有两种取值情况，分别是 0 和 1，这说明该图是具有两个连通分支的非连通图；同时，v_0、v_1、v_3、v_5 的第 5 维坐标值都为 0，说明这四个节点在同一个连通分支中，而 v_2、v_4 的第 5 维坐标取值为 1，说明此两节

点位于另一个连通分支中。若要判断任意两节点之间是否连通，只需比较它们最后一位坐标的值，若相等，则说明该两节点是连通的，若不相等，则该两节点是不连通的。

基于分层递阶商空间链的图连通性判定算法简要描述如下。

输入：无向图 G 的邻接矩阵 A，其中 $a_{ij} \in \{0, 1\}$，$A=A^T$。

输出：该无向图的连通分支数 count，坐标向量数组 array[ ][n]。

①：count ← 0;len ← 0

②：n ← A 的行数

③：初始化含有 n 个元素的坐标向量数组 array[len]

④：while 存在未被访问的节点 do

⑤：初始化队列 Q

⑥：count ← count+1

⑦：在未被访问的节点中随机选取节点 s

⑧：len++;array[len] ← array[len−1];array[len][s] ← count

⑨：将节点 s 放入队列 Q

⑩：while 队列 Q 非空 do

⑪：取出 Q 队首元素 x

⑫：forall$x$ 在 A 中对应行的元素 $y$do

⑬：if$y$ 在 A 中对应的值为 1and$y$ 对应的结点未被标记 then

⑭：array[len][y] ← count

⑮：将 y 对应的结点放入队列 Q

⑯：endif

⑰：endfor

⑱：len++;array[len] ← array[len−1];

⑲：endwhile

⑳：endwhile

2. 不同图连通性判定方法对比分析

在基于分层递阶商空间链的图连通性判定算法中，当采用邻接矩阵表示图时，选择一个未被访问节点的时间复杂度为 $O(n)$；从该节点开始，在邻接矩阵中搜寻与其邻接的其余节点作为一个基本粒，时间复杂度也为 $O(n)$，故整个算法的时间复杂度为 $O(n_2)$。为记录每个节点的坐标向量值，辅助数组 array 的空间复杂度为 $O(n_2)$，队列 Q 的空间复杂度为 $O(n)$，故整个算法的空间复杂度为 $O(n_2)$。

文献[138]提出的算法需要计算可达矩阵 $P=A(+)A_2(+)A_3(+)\cdots(+)A_n$，其中 A 为有向图的邻接矩阵，"$(+)$" 运算为布尔和。由于矩阵乘法的时间复杂度为 $O(n_3)$，还要进行 n 次累加操作，故计算矩阵 P 的时间复杂度为 $O(n_4)$。与之相比，同样使用邻接矩阵对图进行描述，但本文提出的算法在时间复杂度上存在明显优势。

文献[139]提出的算法需计算矩阵 $S=\sum_{k=1}^{n-1} A^k$ 的值，其中 n 为图中节点的个数，A 为图的邻接矩阵，此文中提出的图连通性判定准则与文献[1]类似，时间复杂度同样为 $O(n_4)$。因此，本文提出的算法大大降低了时间复杂度。

另外，文献[140]提出了一种时间复杂度为 $O(nlogn)$ 的图连通性算法，在图的描述上，它采用了指引元表和相邻点表，因此大大缩短了算法的时间复杂度，但若本文不使用邻接矩阵描述图，而采用邻接表，则本文提出的算法时间复杂度能降为 $O(n \cdot e)$，另外，随着图的商空间链中层次的不断增大，基本粒的个数在不断减少，问题求解的规模在不断减小，在整个图连通性判定的过程中，效率会逐步提高。

文献[141]中提出了超群和路径超运算的概念，对于给定图 $G(V, E)$，定义超运算 $*G: V \times V \to \delta(V)$，对于 $\forall u, v \in V$，计算 $u*Gv=\{w \in V | w$ 是 u 到 v 的路径上的点 $\}$ 的值，若 $u*Gv \neq \varnothing$ 恒成立，则图 G 为强连通图。这种图连通判定方法是从连通性的定义着手，通过找路径得到判定依据，而求任意节点之间路径的时间复杂度为 $O(n_3)$。另外，文献[142]也提出了一种图连通性判定方法，该方法通过计算给定图 $G(V, E)$ 的直径值 D，若 $D<\infty$ 则判定 G 是连通图。其中，直径值 D 指图 G 中所有节点之间路径长度的最大值，当节点之间无路径相通时，规定 $D=\infty$。这种图连通判定方法与文献[141]一样，都需要计算任意节点之间的路径，时间复杂度为 $O(n_3)$。这与本文提出的算法相比，时间复杂度更高。

因此，从算法的可读性和效率上综合分析，本文提出的图连通性判定方法都具有显著的优势。

本文基于分层递阶商空间链提出了一种图连通判定方法：抓住了图中节点之间的连通关系是等价关系这一特点，根据等价关系对图中节点进行划分，将处于同一划分块中的节点作为一个新的基本粒，以此构建图的分层递阶商空间链来判定图中任意两节点间是否连通以及图是否连通。这种图连通性判定算法思想简单，效率较高，对于油菜杂草图的分析、路径搜索、连通块的划分等都具有意义。

2.4　基于深度卷积神经网络的油菜杂草识别方法

油菜是我国重要的油料作物之一[149]，直接影响着我国油料种植业的发展，关系到农民收入和国民经济的发展。近 10 年，全国油菜杂草状况比较恶劣，严重影响了油菜的生长和产量。因此控制油菜杂草危害是一项非常紧要的任务，而油菜杂草的目标检测是控制油菜杂草危害的关键问题。油菜杂草姿态不同、种间相似、种类变化以及所处环境复杂等原因，给油菜杂草自动识别带来一定难度。因此，设计一种快速、功能强大的油菜杂草自动检测方法具有重要的意义。

2.4.1　杂草识别研究现状

随着计算机技术的发展，杂草识别的研究也在不断推进。国外在这方面的研究工作要先于国内。总体上来说，杂草识别可以分为手动识别方法、遥感识别方法和计算机视觉识别方法 [150]。计算机视觉识别方法能根据植物不同特征来分类植物，例如颜色、形态、纹理、光谱等 [151]，属于一种比较先进的方法。在深度学习迅速发展之后，能够自动对植物特征进行建模的深度学习方法也广泛运用于杂草识别当中。

早在 1986 年，Guyer 等提出植物可以通过形状特征分类 [152]。1995 年，Woebbecke等提出可以通过颜色特征的对比来分类植物 [153]。1998 年，Meyer 等提出通过纹理来区分不同草的方法 [154]。针对单一特征错判率较高的问题，Tian 等在 1998 年研究了多特征结合的西红柿幼苗杂草分类方法 [155]。2001 年，Gliever 等利用人工神经网络对形态特征建模来识别棉花和杂草 [156]。2003 年，Merchangt 等在甜菜和杂草上对比了贝叶斯和 BP神经网络，发现在得到先验概率时贝叶斯的性能更优 [157]。2009 年，Piron 等以胡萝卜为研究对象提出了将植物高度和光谱特征融合识别的方法，达到了 86% 的准确度 [158]。2012 年，Kamal 通过多达 16 种不同的形状纹理特征对杂草叶子进行识别，分类准确率达到 69% ~ 80%[159]。

近年来，国外将杂草识别的研究重点转向了深度学习技术 [160]。2015 年，Xinshao等研究了基于 PCANet 和 LMC 分类器的 91 种杂草种子分类，达到了 90.96% 的准确度[161]。2016 年，Dyrmann 等在 VGG16 的变体上对 22 种不同的杂草和作物分类，达到了86.2% 的准确度 [162]。同年，Dyrmann 等利用全卷积神经网络对图像中的杂草和作物进行像素级的分类，达到了 94% 的准确度 [163]。2017 年，Milioto 等通过田间甜菜植物和杂草图像数据，通过自定义的卷积神经网络方法在 1968 张具有可见光和近红外光谱技术的图像上获得了 97% 的准确率 [165]。McCool 等提出了一种用于农业机器人平台上的深度卷积神经网络训练方法，以平衡模型的复杂性和准确性，在每秒能处理 1.07 到 1.83 帧的情况下保持了 90% 以上的准确度 [166]。

国内这方面的研究则起步较晚。2004 年，毛文华总结了国内外相关的研究基础，结合多种杂草特征，开发实现了基于机器视觉的田间杂草识别系统 [167]。2007 年，潘家志采用了 Vis/NIR 光谱技术，区分了大豆和其他几种杂草，验证识别率达到了97.3%[168]。2010 年，梅汉文在 DSP 处理芯片的基础上通过特征提取算法对玉米田间的杂草识别达到了 95% 的准确率 [169]。唐晶磊将杂草冠层的形态学特征通过 SVM 模型进行分类，达到了 91.4% 的准确率 [170]。李先锋提出的基于特征优化和多特征融合的杂草识别方法在五种杂草上达到了 96.67% 的准确率 [171]。2011 年，邵乔林在玉米田间的杂草识别中应用了 SVM 模型，达到了 96.70% 的准确率 [172]。2012 年，金小俊提出的基于双目视觉的行内杂草识别方法达到了 88.00% 的准确率 [173]。2014 年，李攀提出的基于多光谱图像和 PCA_Softset 的识别方法在玉米田间杂草上的识别率达到了 96.56%[174]。2015 年韦兴竹提出了基于模糊理论和特征分类相结合的自动分类识别方法对三种杂草的混合识别率达到了94.2%[175]。2016年，何俐珺采用优化的K-means预训练卷积神经网络的方法在自己采集的1 000张大豆及其杂草数据集上达到了92.89%的准确率[176]。王昌通过搭载在无人机平台上的ADC多光谱相机并结合ELM模型对植被指数进行分类预测达到了95.71%的准确度[177]。2017年，夏雨通过基于卷积神经网络的目标检测模型，采用RPN网络+VGG模型的方法，在自己收集标注的800张玉米幼苗和杂草数据集上达到了96.00%的准确率[178]。

综上可以看出，国外的研究较国内的研究领先很多。在国外跟随计算机视觉的进展在杂草识别领域引入深度学习后，国内的学者却大多停留在传统机器学习的特征提取方法。这些特征工程的方法依赖于人类专家的经验，并存在着一定的局限性，不能很好地应用在未知的数据上，其识别率往往会因为数据集的变化而有差异。在图像处理中使用深度学习的一个最大的优点就是减少了对特征工程的需求。

2.4.2 油菜杂草图像数据集构建

由于目前尚无公共的油菜杂草数据集，本书所使用的油菜杂草图像数据集分别是实地采集和从相关油菜虫害的文献研究中获取。实验数据集大部分来源于实地采集，其余来源文献研究。采集步骤是先在试验田中寻找形状完整并且位置相对独立的植株，然后根据实际需要手持相机从不同的角度和方位拍摄，采集到的样本图像先存储于相机的存储卡中，最后使用读卡器将图像读入计算机的硬盘中。

本书采集了足够多的油菜杂草图像样本信息，共计263 237张，其中油菜和杂草大约各占一半。图2.23为从数据集中随机取出的高清样本图像。

（a）油菜

（b）杂草

图2.23　从数据集中随机取出的高清样本图像

完成样本图像采集后，就可以开始对数据集的整理。由于拍摄所得到的图片分辨率为6 000×4 000对于一般的卷积神经网络来说输入尺寸太大，不便于网络后续的学习。这样就需要将图像缩小至合理的大小，以便在不损失太多性能的情况下加速模型的训练过程。而且样本图像是在不同的天气条件和不同的油菜成长周期时拍摄的，油菜和杂草的特征存在显著的差异，如果将油菜发育早期的图像作为训练集，而将发育后期的图像拿来验证和训练，那么模型的表现结果将相当差。因此，需要将图像数据集的输入顺序打乱，以保证不同情景下拍摄的图像在数据集中呈随机分布。

实验处理步骤如下：

第一步，将图像从存储卡复制到计算机的硬盘上，并将文件夹重命名为 origin；

第二步，通过人工方法仔细辨别图像，将其分为两类即油菜和杂草，分别存储至 origin/rape 和 origin/grass 文件夹下；

第三步，去除拍摄模糊或主体不清晰的图片，将其移动至回收站中；

第四步，将图像批量缩小到原来的 $\frac{1}{10}$ 统一转换为 600×400 的分辨率；

第五步，打乱数据集的输出顺序，并将图像保存至 source/grass 和 source/rape 目录下。

此时还剩下 132 017 张油菜图像和 131 220 张杂草图像，为了统一数据集大小只采用前 131 000 张图片。

处理步骤中的第四步和第五步是通过 Python 语言编写程序实现批量处理的，下面将介绍代码的实现。Python 中有许多功能强大的第三方库，在通过 pip 包管理工具安装后，程序设计者可以方便地调用这些已经实现的第三方库来完成部分功能。Python 中常用的图像处理包是 Python 图像库（Python image library，PIL），通过这个库可以对图像进行一些常见处理，例如平移、裁剪、旋转和缩放等操作。接下来调用库编写数据集处理程序，将原始图像缩小到原来的 $\frac{1}{10}$，分辨率变为 600×400，并重新保存到新的文件夹下。以下为本书部分的 Python 源代码，原始数据集保存在当前文件夹的 origin/grass 和 origin/rape 目录下，打乱并缩小后新生成的数据集将保存至 source/grass 和 source/rape 目录下。实现代码清单如下：

```python
# 杂草图像数据集构建代码清单
from PIL import Image
import os
import random
def imageResize（input_path，output_path，scale，name）：
    # 获取当前路径
    currentPath = os.getcwd（）
    files = os.listdir（input_path）
    # 创建不存在的文件夹
    if（not os.path.exists（output_path））：
        os.makedirs（output_path）
    # 打乱输出顺序
```

```
fileCount = len（files）
randomArray = list（range（0, fileCount））
random.shuffle（randomArray）
count = 0
for file in files:
    # 判断是否为文件，文件夹不操作
    filepath = os.path.join（currentPath, input_path, file）
    if（os.path.isfile（filepath））：
        img = Image.open（filepath）
        width = int（img.size[0] * scale）
        height = int（img.size[1] * scale）
        # 缩放图片
        img = img.resize（（width, height），Image.ANTIALIAS）
        img.save（os.path.join（output_path, name + "_" +
                            str（randomArray[count]）+ ".jpg"），quality=95,
subsampling=0）
        os.system（'cls'）
        print（str（count）+ "/" +str（fileCount））
        count = count+1
imageResize（"origin/grass"，"source/grass"，0.1，"grass"）
imageResize（"origin/rape"，"source/rape"，0.1，"rape"）
```

这段代码运行后，计算机会自动完成处理过程，此后只需要将处理完后的数据集保存好，以备后续过程使用。

2.4.3　基于卷积神经网络的油菜杂草检测模型构建

国内许多学者一直重视基于图像的农业杂草自动识别方法的研究。传统杂草识别方法是采用机器视觉技术来实现杂草的计数和分类，这些识别方法已经在农作物杂草识别领域取得了一定的成功，但其识别效果容易受到杂草图像复杂的背景信息、不同角度、不同姿态、不同光照等因素的影响。将深度卷积神经网络应用在油菜杂草的检测研究上尚无文献。针对存在的这些问题，本书提出了一种基于深度学习的油菜杂草检测方法：首先利用 VGG16 网络[179]提取油菜杂草图片的特征，其次区域候选网络提取油菜杂草目标的初步位置候选框，最后 Fast R-CNN[180]实现油菜杂草目标图像的快速识别和准确定位。

Faster R-CNN[181]是继区域卷积神经网络[182]（Regions with Convolutional Neural Network Feature，R-CNN）、Fast R-CNN 发展而来，整体可看作是区域候选网络（Region

Proposal Network，RPN）与 Fast R-CNN 两大模块组成。Faster R-CNN 首先通过特征提取网络提取图像的特征，然后利用区域候选网络提取候选框，最后通过 Fast R-CNN 对候选框实现识别和定位。

1. 卷积神经网络基础理论

CNN 是一种前馈人工神经网络，具有局部感知、权值共享、空间下采样三大特点[183]。卷积神经网络将特征提取和特征选择封装在一个网络模型中，能从大量数据集中通过训练自主学习特征。卷积神经网络一般是由卷积层、池化层、全连接层、激活函数等组成。卷积神经网络通过计算输出层的期望值和真实值的误差，通过梯度下降法不断优化各个层的损失函数从而更新权值和偏重。深度卷积神经网络是通过卷积神经网络的深度不断加深发展而来。目前深度卷积神经网络模型有 Alex Net[184]、ZFNet[185]、VGG16、GoogleNet[186]、ResNet[187] 等等。Faster R-CNN 是一种结合了深度卷积神经网络模型的当前比较主流的目标检测方法。本文在 Faster RCNN 的模型下使用 VGG16 网络进行特征提取。VGG16 网络比 Alex Net、ZFNet 小型深度更深，能更好地提取特征；比大型 GoogleNet 网络的训练过程耗时更短。本书采用 VGG16 网络原型的前五层卷积部分来提取图像特征。VGG16 的前 5 层卷积层中，依次包含了数量为 64、128、256、512、512 个 3*3 的卷积核；每一层卷积层进行卷积操作的步长都为 1，且每一层卷积层之后都加了 Relu 激活函数，最大池化层的卷积核大小为 2*2，步长为 2。VGG16 网络模型的前五层卷积部分如图 2.24 所示。

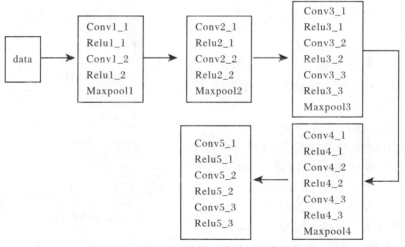

图 2.24　VGG16 网络模型的前五层卷积部分

2. 区域候选网络基础理论

区域候选网络输入是图像经过前五层卷积部分之后得到特征图（Feature Map），输出是一系列的目标区域候选矩形框。RPN 网络通过滑动窗口方法在卷积特征图上执行 3*3 卷积核的卷运算，以获得一个 512 维的特征向量，同时在滑动窗口的中心为中心通过选取面积为 128*128、256*256、512*512，比例为 1∶1、1∶2、1∶2 来生成 9 个矩形窗口（anchors），特征向量再经过两个 1*1 卷积核的卷积操作输入分类层（Box-Classification Layer，CLS）和位置回归层（Box-Regression Layer，REG），得到每个候选区的分类信息（目标或非目标）以及位置信息。RPN 的网络结构如图 2.25 所示。

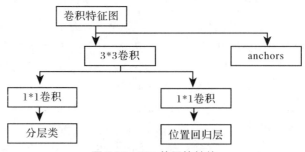

图 2.25　RPN 的网络结构

3. 油菜杂草检测模型

本书利用前面卷积神经网络和区域候选网络的基础，构建了油菜杂草检测模型，如图 2.26 所示。油菜杂草检测模型构建分为如下四个步骤：

第一步，油菜杂草图片特征提取。将原始图像经过预处理统一固定为 224×224 像素得到图像样本，输入油菜杂草图片，利用 VGG16 网络模型的前五层卷积部分对其进行特征提取，生成卷积特征图（Feature Maps）F。

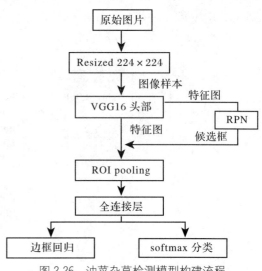

图 2.26　油菜杂草检测模型构建流程

第二步，候选区域生成。将卷积特征图 F 输入 RPN 网络以获得油菜杂草的初步位置候框区 B。

第三步，感兴趣区域池化。将初步候选框 B 映射到卷积特征图 F，然后将其通过感兴趣区域池化层（ROI pooling）生成固定大小的特征向量 V。

第四步，分类回归。再将特征向量 V 输入给两个并行的全连接层：位置精修层和分类层，最后得到图片中油菜杂草的准确位置和类别。

油菜杂草检测模型采用 Faster R-CNN 模型为原型，由区域候选网络和 Fast R-CNN 两大模块组成，形成油菜杂草检测模型，如图 2.27 所示。

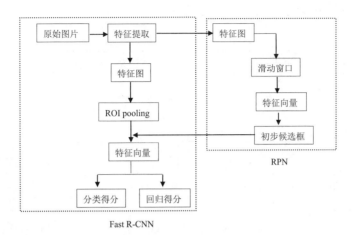

图 2.27　油菜杂草检测模型

4. 油菜杂草检测模型的训练和测试

检测模型整体过程可以分为两个阶段，检测模型训练阶段和实验数测试阶段。采用 RPN 和 Fast RCNN 联合训练方式，训练过程具体步骤如下：

第一阶段，训练 RPN。用 Image Net[188] 预训练的模型初始化 RPN。然后用训练图像样本进行训练 RPN。训练完成后，得到模型 $M1$。以及模型 $M1$ 生成建议区域 $P1$。

第二阶段，训练 Fast RCNN。用 Image Net 预训练的模型初始化 Fast RCNN。将建议区域 $P1$ 输入 Fast RCNN 并训练得到模型 $M2$。

第三阶段，二次训练 RPN。用 $M2$ 初始化 RPN 训练，训练完成得到模型 $M3$ 和建议区域 $P2$。

第四阶段，二次训练 Fast RCNN。用 $M3$ 初始化 Fast RCNN，将建议区域 $P2$ 输入 Fast RCNN 并训练得到模型 $M4$。这样实现 RPN 和 Fast RCNN 的网络参数共享，形成一个统一的网络。

测试过程具体步骤：将测试图片送入已训练好的油菜杂草检测模型。进行测试时，图片需要依次进入 RPN 网络，生成候选区域和 Fast RCNN 网络，完成油菜杂草图像分类识别和定位步骤。

2.4.4　基于卷积神经网络的油菜杂草检测模型实现

1. 实验数据设计

目前还没有公开的油菜杂草数据集。本书数据集大部分来源于实地采集，其余来源于文献。按照油菜杂草的类型，笔者整理了荠草、牛繁缕、繁缕、稻槎菜、日本看麦娘、通泉草、一年蓬、酢浆草、珠芽景天、婆婆纳等 10 个类别的常见油菜杂草图像数据集，见表 2.9。油菜杂草图像数据样本需要符合以下要求：①图像上至少有一只油菜杂草。②图像样本像素分布在 100 ～ 1 800pix。

表 2.9　油菜杂草数据集

序　号	类　别	实验数据集 / 张	比例 / （%）
1	菵草	17 056	13.02
2	牛繁缕	22 335	17.05
3	繁缕	11 410	8.71
4	稻槎菜	12 668	9.67
5	日本看麦娘	11 266	8.60
6	通泉草	14 187	10.83
7	一年蓬	12 183	9.30
8	酢浆草	10 257	7.83
9	珠芽景天	9 105	6.95
10	婆婆纳	10 546	8.05

　　根据训练要求，图像样本经过预处理统一将大小定为 224 × 224 像素，常见油菜杂草的图像示例如图 2.28 所示。利用图像标记工具 labelimg 标记杂草的类别信息和位置信息。按照 PASCAL VOC 2007[189] 数据集格式将图像数据集转换成训练所需的文档形式。

（a）　　　　　　　（b）　　　　　　　（c）　　　　　　　（d）　　　　　　　（e）

（f）　　　　　　　（g）　　　　　　　（h）　　　　　　　（i）　　　　　　　（j）

图 2.28　常见油菜杂草的图像示例

（a）菵草；（b）牛繁缕；（c）繁缕；（d）稻槎菜；（e）日本看麦娘；（f）通泉草；（g）一年蓬；
（h）酢浆草；（i）珠芽景天菜；（j）婆婆纳

2. 实验环境和模型设置

　　本书实验环境分为硬件环境和软件环境。硬件环境为 Ubuntu16.04 操作系统，配置 NVIDIA Ge Force GTX 1080Ti 的 GPU 的图像工作站；软件环境为 tensorflow 深度学习框架，Python 语言的编程语言环境。按照模型设计思路分别进行实验，Fast R-CNN 与 RPN 交替训练共分为两个阶段，每个阶段 Fast R-CNN 迭代 40 000 次，RPN 迭代 60 000 次。学习率设置为 0.001。实验随机选择 80% 图像样本作为训练集，剩余数据作为测试集。

3. 实验评价指标

实验采用召回率（Recall）、精确率（Precision）、平均准确率（Average Precision，AP）作为检测准确性的评估指标，召回率是指检测区域中正确检测出杂草目标像素的个数占检测出杂草目标像素总数的百分比。精确率是指检测区域中正确检测出杂草目标像素的个数占检测区域总数量的百分比。

$$Recall=TP/（TP+FN）$$
$$Precision=TP/（TP+FP）$$
$$AP = \int_0^1 P(R)d(R)$$

其中，TP 表示正确检测到杂草目标像素的个数，实际也为杂草目标像素个数；FP 表示错误检测到杂草目标像素的个数，实际为背景区域的像素个数；FN 表示错误检测到背景区域像素的个数，实际为杂草目标像素的个数。AP 表示 Precision-Recall 曲线下的面积。

对于多类目标检测识别，评价参数采用平均准确率均值（Mean Average Precision，MAP），即每个类别经过检测后的平均准确率的均值：

$$MAP = \frac{\sum_{n=1}^N AP(n)}{N}$$

其中，N 是检测识别的类别数。其中，N 是油菜杂草类别总数，本文 N=5，P（n）表示类别 n 的检测结果的平均准确率。

4. 实验结果和分析

表 2.10 给出了每类油菜杂草的平均准确率。由表 2.10 可知，大部分杂草类别的检测平均准确率较高，平均准确率均值 MAP 达到 89.40%。其中，杂草的平均准确率相较于其他几类最低，只有 89.72%。图 2.29 给出了从测试数据集中随机选取 5 幅不同杂草类别图像数据进行测试的结果，矩形框即为检测结果，左上角的英文及数字分别是候选框对应的杂草类别和预测概率。不同类别的油菜杂草图像数据进行测试的结果如图 2.29 所示。

表 2.10　不同类别油菜杂草的检测结果

序　号	类　别	AP/（%）	备注（拉丁学名）
1	菵草	92.67	Beckmannia syzigachne
2	牛繁缕	89.17	Malachium aquaticum

序　号	类　别	AP/（%）	备注（拉丁学名）
3	繁缕	87.35	Stellaria media
4	稻槎菜	87.92	Lapsana apogonoides Maxim
5	日本看麦娘	90.36	Alopecurus japonicus Steud
6	通泉草	78.34	Mazus japonicus
7	一年蓬	89.37	Erigeron annuus
8	酢浆草	87.32	Oxalis corniculata
9	珠芽景天	90.64	Sedum bulbiferum
10	婆婆纳	87.44	Veronica didyma Tenore

图 2.29　油菜杂草检测结果的图像示例

（a）菵草；（b）牛繁缕；（c）繁缕；（d）稻槎菜；（e）日本看麦娘；（f）通泉草；（g）一年蓬；
（h）酢浆草；（i）珠芽景天；（j）婆婆纳

本实验将 RCNN、Fast R-CNN 与本书方法进行对比，在相同的油菜杂草数据集和 VGG16 网络模型下进行训练和测试，检测结果见表 2.11。检测性能以 MAP 和每张图片识别的时间为评价标准。从表 2.11 不同目标检测算法检测结果可以看出，本文检测的检测性能优于 RCNN、Fast R-CNN，平均准确率均值达到 88.06%。识别的准确率不仅高，而且检测所需时间也最短。本书使用区域候选网络代替 Selective Search[190] 搜索方法，利用区域候选网络来生成初步候选框，大大提高了目标检测的效率。

表 2.11　基于卷积神经网络的目标检测方法比较

序号	深度学习方法	mAP/（%）	每张图片识别耗时 /s
1	RCNN	65.8	1.58
2	Fast R-CNN	71.3	1.03
3	本书方法	88.06	0.75

本实验选择文献[190]、文献[62]两种识别方法与本书方法进行对比。文献[190]提出的是一种将颜色、形状、纹理特征融合的多特征与稀疏表示相结合的杂草识别方法[191]。文献[62]利用颜色特征来实现油菜杂草识别。使用相同的实验数据，分别以本书方法和文献[190]、文献[62]进行测试，对比结果见表 2.12。从表 2.12 可以看出，本文检测模型的识别精度略高于文献[190]、文献[62]的识别方法，超过了 2 个百分点。本文目标检测方法不可以高精度识别油菜杂草类别，而且可以快速准确定位目标。

表 2.12　与目前油菜杂草图像识别方法对比

序号	方法	平均准确率 /（%）	备注
1	文献[190]	82.3	
2	文献[62]	85.74	
3	本书方法	88.06%	改进了 CNN

本书针对多因素对目前杂草识别方法的鲁棒性问题，构建了一种基于 CNN 的油菜杂草检测模型，将 VGG16 网络模型与 Faster R-CNN 结合起来实现油菜杂草的识别和定位。与深度学习目标检测方法以及目前的油菜杂草图像识别方法相比，该方法能更准确地识别杂草类别并能快速定位杂草目标的位置。这样可以为后续杂草处理措施提供技术支持。

2.4.5　基于卷积神经网络的油菜杂草识别模型构建

本节主要讨论如何构建适应于识别油菜和杂草的卷积神经网络，通过该网络来将油菜与杂草分类识别出来。构建神经网络模型通常需要以下几个通用步骤：问题定义、问题评估、特征工程和解决过拟合[192]。在前一章中已经定义了本实验研究的问题，即将未知的图像分类为油菜与杂草两种，这是一个典型的二分类问题。接下来将分别叙述构建基于卷积神经网络的油菜杂草识别模型的过程。

1. 衡量指标与评估方法确定

为了描述神经网络模型的性能，首先需要确定衡量指标。对于不同类型的问题，选择的衡量指标有所不同，而衡量指标则说明应该怎样选择模型的损失函数，即模型需要优化什么[193]。衡量指标与损失函数通常呈负相关关系。模型的训练即是通过迭代使模型在训练集上的损失函数不断下降，而衡量指标不断提高的过程。

（1）衡量指标确定。常见的衡量指标有准确率、精确率、召回率和接收者操作特征曲线下面积等。混淆矩阵则是一种可视化算法性能的工具。在混淆矩阵中存在着 TP（True Positives）、TN（True Negatives）、FP（False Positives）和 FN（False Negatives）四个概念。TP 是将正类预测为了正类，TN 是将负类预测为了负类，FP 则是将负类预测为了正类，FN 是将正类预测为了负类。

准确率（Accuracy）是最常见的衡量指标，也就是预测正确占整体的比例。

$$Accuracy = \frac{TP + TN}{TP + TN + FP + FN}$$

精准率（Precision）的定义为正确预测为正的占预测正例总数的比例。

$$Precision = \frac{TP}{TP + FP}$$

召回率（Recall）的定义为正确预测为正的占实际正例总数的比例。

$$Recall = \frac{TP}{TP + FN}$$

接收者操作特征曲线（Receiver Operating Characteristic，ROC）是一种常见的坐标图分析工具[192]，如图 2.30 所示。在被引入机器学习领域后，其常常被用来描述模型的期望泛化性能。ROC 曲线的横轴为假正例率，纵轴为真正例率（召回率）。

当比较两个模型的性能时，如果其中一个的 ROC 曲线能盖住另一个，可以说前者的性能优于后者，当两个曲线相互交叉时，则很难解释性能上的差异。此时即可计算 ROC 曲线下面积（Area Under ROC Curve，AUC），简单来说，AUC 越大则性能越好。

如果不同类别需要测试的图像会以相近的概率出现，那么这个问题就叫做平衡分类问题。准确率是平衡分类问题中最常用的指标。这也就是本书所面对的情况，因此模型中使用的衡量指标为准确率。

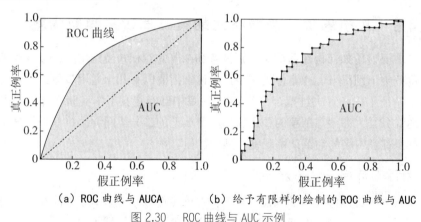

(a) ROC 曲线与 AUCA　　　　(b) 给予有限样例绘制的 ROC 曲线与 AUC

图 2.30　ROC 曲线与 AUC 示例

（2）评估方法确定。确定目标后便可以确定评估方法。主要有三种不同的方法，它们分别是留出验证集、K 折交叉验证和重复 K 折交叉验证等[192]。

留出验证集方法适用于数据量足够的时候。该方法将数据划为训练集、验证集和测试集，划分比例通常为 60%：20%：20%。模型将在训练数据上训练，同时在验证数据上评估，训练完毕后便在测试数据上测试一次。

K 折交叉验证将数据划分为 K 个大小相同的分区。每个分区都将轮流用作测试，其余的分区则用作训练，在训练集中同样需要留出独立的部分用作验证集。

重复 K 折交叉验证适用于数据量很小的情况。与 K 折交叉验证不同，该方法在划分数据前会先将数据打乱，最终的结果是每次 K 折验证分数的平均值。

将数据划分为不同部分的原因是防止模型过度拟合，也就是要训练得到衡量指标最好，泛化能力最佳的模型。如果将所有的数据都投入训练当中，那么模型在已知数据中的效果将会很好，但是它将难以应对前所未有的数据。

本书中由于数据量满足需求，选择的是留出验证集方法，即将前 50% 划分为训练集，中间 25% 划分为验证集，最后 25% 划分为测试集。

2. 数据预处理

数据预处理是指数据在导入模型前的变换处理过程，以改善模型的性能。在机器学习中，预处理通常意味着特征工程（Feature Engineering），而且特征工程的性能通常决定了最后的效果。幸运的是在现代深度学习中通常不需要特征工程，因为神经网络可以自动从原始数据中提取特征。不过在面对小型数据集时，特征工程可能也有必要。神经网络处理的基本数据类型是张量（Tensor）。图像数据在神经网络中也被转换为三维张量，通常具有高度、宽度和颜色深度这三个维度。彩色图像具有三个颜色深度而灰度图像只具有一个颜色深度。但是数据集中的图像是以 JPEG 格式保存于硬盘中的，神经网络并不能直接读取这种格式，所以需要将其转换为张量才能便于处理。

当确定了衡量指标和评估方法后，训练模型的准备工作即将完成，此时便能够开始预处理数据，以下是详细步骤：

第一步，将 JPEG 格式的文件读入内存；

第二步，将 JPEG 图像转换为 RGB 像素网格；

第三步，将像素网格转换为浮点张量；

第四步，将张量归一化（将 [0，255] 范围的像素值缩放到 [0，1] 的区间中）。

使用 Keras 自带的图像数据生成工具，进行一系列的转换的代码清单如下：

```
# 油菜杂草图像预处理代码清单
from keras.preprocessing.image import ImageDataGenerator
# 所有图像的 RGB 值将重新调整为 1/255
train_datagen = ImageDataGenerator（rescale=1./255）
test_datagen = ImageDataGenerator（rescale=1./255）
train_generator = train_datagen.flow_from_directory（
    # 这是目标目录
    train_dir,
    # 所有的图像将被缩放为 600×400
    target_size=（400，600），
    batch_size=20,
    # 由于使用二元交叉熵损失函数，所以需要二进制标签
    class_mode='binary'）
```

```
validation_generator = test_datagen.flow_from_directory (
    validation_dir,
    target_size= ( 400, 600 ),
    batch_size=20,
    class_mode=' binary' )
for data_batch, labels_batch in train_generator:
    print ( 'data batch shape:', data_batch.shape )
    print ( 'labels batch shape:', labels_batch.shape )
break
```

3. 模型性能基准设定

这一阶段的目标是通过开发一个能够击败随机基准的小模型来获得统计效力。对于平衡二分类问题来说，模型只需要一直预测未知图像为一类就可以获得 50% 的准确度，所以任何准确度大于 50% 的模型都可以说具有统计效力。本书选择的基础模型是 VGG-16，该模型是牛津大学计算机视觉团队于 2014 年提出 [194]，并在当年 ImageNet 竞赛上取得了领先的成果，其结构如图 2.31 所示。VGG-16 系列模型在当时属于非常深的卷积神经网络模型，其主要改进便是采用了连续的几个较小的 3×3 卷积核代替了 AlexNet 中的较大卷积核，这样做的话便可以使用更少的参数来学习到更复杂的模式。

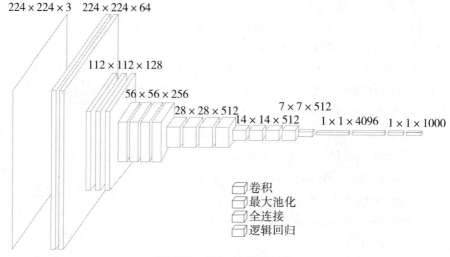

图 2.31　VGG-16 模型结构

如图 2.31 所示，VGG-16 的输入是一张 224×224 的图像，其深度为 3，意味着图像具有 3 个颜色通道。模型通过不断地卷积汇聚将张量转化，直到最后通过全连接层完成分类。

在完成模型构建前，还需要选择三个关键参数，他们分别是最后一层的激活函数，损失函数和优化器及学习率配置。对于二分类问题而言，激活函数应选择逻辑回归（Sigmoid）函数。损失函数则选择二元交叉熵（Binary_Crossentropy）。优化器则选择 RMSprop，学习率保持为默认值[187]。

4. 油菜杂草识别模型优化

（1）扩大模型规模。当模型具有统计效力后，问题就转换成了如何使模型变得更有效。机器学习中的最优模型恰好介于拟合不足和过度拟合之间，这也就是优化与泛化之间的矛盾[187]。为了找到相对较优的模型，需要主动使模型达到过拟合，随后再将其调整到恰好不过拟合的界限上。通常有三种方式可以使模型过拟合：添加更多的层、让每一层变得更大和训练更多的轮次。当模型在训练数据上的表现持续提升而在验证数据上的表现开始下降时，就出现了过拟合。

（2）模型正则化与超参数调节。正则化（Regularize），即使数据表现得更符合原有的分布规律。在机器学习问题中的一个关键问题就是如何使模型能够适应从未见过的数据样本，由于神经网络的拟合能力很强，在未经特殊处理的情况下很容易就达到过拟合的状态。正则化则是为了解决不适应问题或防止过度拟合而添加额外信息的过程。

在传统的机器学习中，限制模型复杂性是提高泛化能力的主要方式。在深度学习中，通常会使用其他的正则化方法，例如数据增强、提前停止、丢弃法和集成法[195]。在本书所使用的模型中已经使用了数据增强和提前停止方法。

5. 模型总体结构

实验最后使用的模型如图 2.32 所示。该模型的输入是一个 $400 \times 600 \times 3$ 的张量，然后张量将经过 VGG-16 的卷积层，随后依次经过展平层、全连接层、随机丢弃层和全连接层。最后输出的是在 [0，1] 区间上的分类预测概率。

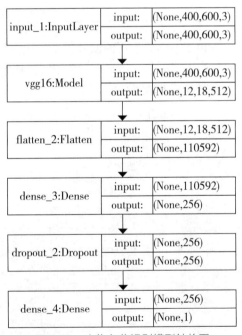

图 2.32　油菜杂草识别模型结构图

2.4.6　基于卷积神经网络的油菜杂草识别实验与分析

本节主要介绍了基于 CNN 的油菜杂草识别的实验原理及分析的方法，并在最后对多种不同的方法进行了比较和分析。

1. 实验环境

本实验的硬件软件环境分别见表 2.13 和表 2.14。

表 2.13　硬件环境

硬件类型	硬件型号
处理器	Intel（R）　Core（TM）　i7-7820X CPU @ 3.60GHz　（八核）
内存	32GB
显卡	NVIDIA GEFORCE GTX 1080 Ti 11GB * 2
硬盘	2TB 机械硬盘 +500GB 固态硬盘

表 2.14　软件环境

软件类型	软件型号
操作系统	Ubuntu 18.04.2 LTS　（Linux 4.15.0）
软件平台	Python 3.6，　Jupyter 4.4.0
深度学习框架	Keras 2.2.4，　Tensorflow 1.13.1
第三方库	OpenBLAS，　Numpy，　SciPy，　Matplotlib， HDF5，　GtapHviz，　Pydot-ng，　Opencv

由于本实验使用的服务器不位于本地，因此本书使用的是 Web 端的 Python 交互编写平台 Juypter，在该平台，能很方便地编写和注释代码，非常适合做实验和研究。该平台的运行效果如图 2.33 所示。

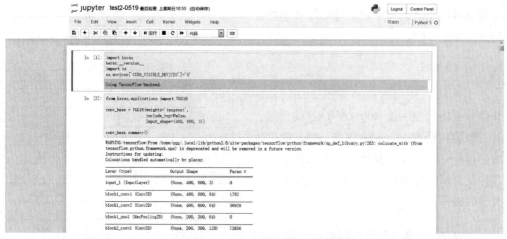

图 2.33　Juypter 平台的运行效果

2. 实验数据准备

根据前述确定的留出验证集评估方法，需要将油菜杂草数据集划分为训练、验证和测试三部分，并将其复制到新的目录，以便于后续神经网络的训练。本实验的根目录为

/home/qqq/bysj/datasets/，将经过预处理后的数据集存放于 /source 子目录下，完成留出验证集划分后的数据集存放于 /base 子目录，训练集位于 /base/train 子目录，验证集位于 /base/validation 子目录，测试集位于 /base/test 子目录。实现代码清单如下：

```
# 油菜杂草识别实验代码清单
import os
import shutil
# 原始未压缩数据集目录的路径
original_dataset_dir = '/home/qqq/bysj/datasets/source/'
original_dataset_dir_grass = original_dataset_dir + 'grass/'
original_dataset_dir_rape = original_dataset_dir + 'rape/'

# 将存储较小数据集的目录
base_dir = '/home/qqq/bysj/datasets/base/'
os.mkdir（base_dir）

# 划分用于训练，验证和测试的目录
train_dir = os.path.join（base_dir, 'train'）
os.mkdir（train_dir）
validation_dir = os.path.join（base_dir, 'validation'）
os.mkdir（validation_dir）
test_dir = os.path.join（base_dir, 'test'）
os.mkdir（test_dir）

# 杂草训练目录
train_grass_dir = os.path.join（train_dir, 'grass'）
os.mkdir（train_grass_dir）
# 油菜训练目录
train_rape_dir = os.path.join（train_dir, 'rape'）
os.mkdir（train_rape_dir）
# 杂草验证目录
validation_grass_dir = os.path.join（validation_dir, 'grass'）
os.mkdir（validation_grass_dir）
# 油菜验证目录
validation_rape_dir = os.path.join（validation_dir, 'rape'）
os.mkdir（validation_rape_dir）
```

```
# 杂草测试目录
test_grass_dir = os.path.join（test_dir，'grass'）
os.mkdir（test_grass_dir）
# 油菜测试目录
test_rape_dir = os.path.join（test_dir，'rape'）
os.mkdir（test_rape_dir）


# 将前 67 500 个杂草图像复制到 train_grass_dir
fnames = ['grass_{}.jpg'.format（i）for i in range（67 500）]
for fname in fnames:
    src = os.path.join（original_dataset_dir_grass，fname）
    dst = os.path.join（train_grass_dir，fname）
    shutil.copyfile（src，dst）
# 将接下来 12 000 个杂草图像复制到 validation_grass_dir
fnames = ['grass_{}.jpg'.format（i）for i in range（67 500，77 500）]
for fname in fnames:
    src = os.path.join（original_dataset_dir_grass，fname）
    dst = os.path.join（validation_grass_dir，fname）
shutil.copyfile（src，dst）
# 将接下来 12 000 个杂草图像复制到 test_grass_dir
fnames = ['grass_{}.jpg'.format（i）for i in range（77 500，89 500）]
for fname in fnames:
    src = os.path.join（original_dataset_dir_grass，fname）
    dst = os.path.join（test_grass_dir，fname）
    shutil.copyfile（src，dst）


# 将前 50 000 个油菜图像复制到 train_rape_dir
fnames = ['rape_{}.jpg'.format（i）for i in range（50 000）]
for fname in fnames:
    src = os.path.join（original_dataset_dir_rape，fname）
    dst = os.path.join（train_rape_dir，fname）
    shutil.copyfile（src，dst）
# 将接下来 12 000 个油菜图像复制到 validation_rape_dir
fnames = ['rape_{}.jpg'.format（i）for i in range（50 000，620 000）]
for fname in fnames:
```

```
    src = os.path.join（original_dataset_dir_rape，fname）
    dst = os.path.join（validation_rape_dir，fname）
    shutil.copyfile（src，dst）
# 将接下来 12 000 个油菜图像复制到 test_rape_dir
fnames = ['rape_{}.jpg'.format（i）for i in range（62 000，74 000）]
for fname in fnames:
    src = os.path.join（original_dataset_dir_rape，fname）
    dst = os.path.join（test_rape_dir，fname）
shutil.copyfile（src，dst）
```

3. 常规卷积神经网络实验

使用很少的数据来训练一个图像分类模型是很常见的情况，本节将通过搭建一个简单的卷积神经网络模型，不做任何特殊处理，为最后的模型设定一个基准。随后将通过使用数据增强技术来缓解过拟合的出现。

（1）基准实验方法。在前文中提到过，第一个卷积网络模型被称作 LeNet-5[196]，它使用了卷积层与汇聚层交替堆叠的方法。输入到输出网络中的特征图的尺寸不断减小，而特征图的深度却在不断增大。在这里将采用这种类似的模式。

在 Tensorflow 中图像张量的格式为（samples，height，width，color_depth），即图像高度位于第二位，图像宽度位于第三位，这与一般情况下图像尺寸的表达方式相反。本数据集的输入尺寸为 400×600，为了加快训练速度将其缩放为原尺寸的一半，所以要将第一个卷积层的输入形状设定为（none，200，300，3）。随后连接汇聚层，将网络的参数量有效降低。在后面连接三组卷积层与汇聚层，网络最后一共具有四组卷积层与汇聚层。然后在网络上连接一个展平层，将张量转换为一维张量，即向量。然后再连接一个全连接层。由于面对的是一个二分类问题，所以网络的最后一层将是大小为 1 并使用了 Sigmoid 激活的全连接层。这个完全连接层充当分类器，将输出预测的概率。

此时，神经网络模型的结构已经搭建完毕，只需要在设置好优化器和损失函数后编译模型。二分类问题最好使用二元交叉熵作为损失函数，并使用通用的 RMSprop 优化器，学习率设置为 0.0001（参见第 4 章）。当模型配置好后，调用 model.summary 方法，显示模型的整体结构，如图 2.34 所示。

Layer (type)	Output Shape	Param #
conv2d_1 (Conv2D)	(None, 198, 298, 32)	896
max_pooling2d_1 (MaxPooling2	(None, 99, 149, 32)	0
conv2d_2 (Conv2D)	(None, 97, 147, 64)	18496
max_pooling2d_2 (MaxPooling2	(None, 48, 73, 64)	0
conv2d_3 (Conv2D)	(None, 46, 71, 128)	73856
max_pooling2d_3 (MaxPooling2	(None, 23, 35, 128)	0
conv2d_4 (Conv2D)	(None, 21, 33, 128)	147584
max_pooling2d_4 (MaxPooling2	(None, 10, 16, 128)	0
flatten_1 (Flatten)	(None, 20480)	0
dense_1 (Dense)	(None, 512)	10486272
dense_2 (Dense)	(None, 1)	513

Total params: 10,727,617
Trainable params: 10,727,617
Non-trainable params: 0

图 2.34　基准模型的结构

之后便可以使用前述方法对数据进行预处理，从目录中批量读取图像。随后调用模型的 fit_generator 方法，使网络开始训练，训练过程如图 2.35 所示。

```
In [*]: history = model.fit_generator(
            train_generator,
            steps_per_epoch=100,
            epochs=30,
            validation_data=validation_generator,
            validation_steps=50)

WARNING:tensorflow:From /home/qqq/.local/lib/python3.6/site-packages/tensorflow/python/ops/math_ops.py:3066: to_int32 (from tensorflow.pytho
n.ops.math_ops) is deprecated and will be removed in a future version.
Instructions for updating:
Use tf.cast instead.
Epoch 1/30
100/100 [==============================] - 10s 96ms/step - loss: 0.6410 - acc: 0.6210 - val_loss: 0.5222 - val_acc: 0.7320
Epoch 2/30
100/100 [==============================] - 8s 77ms/step - loss: 0.4796 - acc: 0.7750 - val_loss: 0.4002 - val_acc: 0.8320
Epoch 3/30
100/100 [==============================] - 8s 76ms/step - loss: 0.3847 - acc: 0.8270 - val_loss: 0.4841 - val_acc: 0.7600
Epoch 4/30
100/100 [==============================] - 8s 77ms/step - loss: 0.3319 - acc: 0.8570 - val_loss: 0.3848 - val_acc: 0.8240
Epoch 5/30
100/100 [==============================] - 8s 76ms/step - loss: 0.2793 - acc: 0.8865 - val_loss: 0.3209 - val_acc: 0.8360
Epoch 6/30
100/100 [==============================] - 8s 76ms/step - loss: 0.2469 - acc: 0.8990 - val_loss: 0.2811 - val_acc: 0.8700
Epoch 7/30
100/100 [==============================] - 8s 75ms/step - loss: 0.2071 - acc: 0.9110 - val_loss: 0.2334 - val_acc: 0.9060
Epoch 8/30
100/100 [==============================] - 8s 77ms/step - loss: 0.1871 - acc: 0.9280 - val_loss: 0.2502 - val_acc: 0.8940
Epoch 9/30
100/100 [==============================] - 8s 75ms/step - loss: 0.1715 - acc: 0.9355 - val_loss: 0.2812 - val_acc: 0.8800
Epoch 10/30
100/100 [==============================] - 8s 76ms/step - loss: 0.1331 - acc: 0.9505 - val_loss: 0.2125 - val_acc: 0.9160
Epoch 11/30
100/100 [==============================] - 8s 77ms/step - loss: 0.1242 - acc: 0.9515 - val_loss: 0.2147 - val_acc: 0.9080
```

图 2.35　基准模型训练过程

在 Python 中有很多库便于绘图，在这里使用 Matplotlib 库绘制了训练过程中模型在训练样本和验证样本上的损失和准确度如图 2.36 所示。可以看见在训练到一定轮次后，模型在训练样本上的准确度和损失都在不断改善，而在验证模型上的表现反而出现了波动，此时便意味着模型出现了过拟合。

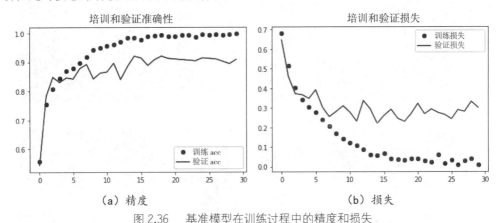

（a）精度　　　　　　　　　　　　　　（b）损失

图 2.36　基准模型在训练过程中的精度和损失

在最后，将模型在油菜杂草测试集上进行了验证，如图 2.37 所示，可以看到模型得到了 91.00% 的准确度，这是一个不错的结果，此时的主要问题在于如何解决过拟合问题。

```
In [11]: test_generator = test_datagen.flow_from_directory(
             test_dir,
             target_size=(200, 300),
             batch_size=20,
             class_mode='binary')

         test_loss, test_acc = model.evaluate_generator(test_generator, steps=50)
         print('test acc:', test_acc)

Found 500 images belonging to 2 classes.
test acc: 0.9099999952316284
```

图 2.37　基准模型测试结果

（2）改进后的实验方法。过拟合是限制模型表现的主要问题，在这一节中将使用数据增强与随机丢弃这两种有效限制过拟合的方法改进模型。数据增强（Data Augmentation）的含义就是在有限的输入数据上通过某种变换操作得到许多新数据的方法。在图像数据集中通常可以使用翻转、旋转、缩放、裁剪、平移、高斯噪声等方法对数据增强。

在 Keras 框架中可以使用 ImageGenerator 类对图像数据增强。图 2.38 所示便是对杂草训练集中的一幅图像进行随机变换生成的结果，此时在学习过程中几乎不会看到两幅同样的训练数据。尽管生成的图像与源图像是高度相关的，但这种做法仍能优化模型的表现。需要注意的是只能增强训练集，对于验证集和测试集而言，增强后的图像在真实世界中是不存在的，拿虚假的数据来检验模型的训练效果是没有价值的。

图 2.38　对训练集中杂草图片数据增强后的效果

随机丢弃[197]（Dropout）是指在训练过程中随机将某层的输出特征丢弃，其原理则是在神经网络中添加噪声，以防止网络学习某些偶然的模式。实验检测后发现，隐藏层的 Dropout 设置为 0.5 能达到最好的效果，原因是此时随机生成的网络结构最多。在 Keras 中，可以使用 model.add 方法调用 layers.Dropout 类完成 Dropout 的添加工作。在这里将 Dropout 层添加到了全连接层的上方。图 2.39 是改进的模型结构。

Layer (type)	Output Shape	Param #
conv2d_5 (Conv2D)	(None, 198, 298, 32)	896
max_pooling2d_5 (MaxPooling2	(None, 99, 149, 32)	0
conv2d_6 (Conv2D)	(None, 97, 147, 64)	18496
max_pooling2d_6 (MaxPooling2	(None, 48, 73, 64)	0
conv2d_7 (Conv2D)	(None, 46, 71, 128)	73856
max_pooling2d_7 (MaxPooling2	(None, 23, 35, 128)	0
conv2d_8 (Conv2D)	(None, 21, 33, 256)	295168
max_pooling2d_8 (MaxPooling2	(None, 10, 16, 256)	0
conv2d_9 (Conv2D)	(None, 8, 14, 512)	1180160

max_pooling2d_8 (MaxPooling2	(None, 10, 16, 256)	0
conv2d_9 (Conv2D)	(None, 8, 14, 512)	1180160
max_pooling2d_9 (MaxPooling2	(None, 4, 7, 512)	0
flatten_2 (Flatten)	(None, 14336)	0
dropout_1 (Dropout)	(None, 14336)	0
dense_3 (Dense)	(None, 1024)	14681088
dense_4 (Dense)	(None, 1)	1025

```
=================================================================
Total params: 16, 250, 689
Trainable params: 16, 250, 689
Non-trainable params: 0
```

图 2.39　改进的模型结构

在完成数据增强和随机丢弃的设置后，再次训练模型并绘制结果，如图 2.40 所示，模型的过拟合程度已经大大降低。验证曲线紧紧跟随着训练曲线。

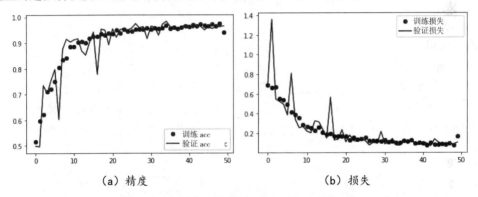

（a）精度　　　　　　　　　　　（b）损失

图 2.40　改进模型在训练过程中的精度和损失

在油菜杂草测试集上进行的测试，测试准确度为 93.00%，如图 2.41 所示，比没有使用数据增强和随机丢弃方法前提高了约 2.0% 个百分点。

```
In [19]: test_generator = test_datagen. flow_from_directory(
             test_dir,
             target_size=(200, 300),
             batch_size=20,
             class_mode='binary')

         test_loss, test_acc = model.evaluate_generator(test_generator, steps=50)
         print('test acc:', test_acc)

         Found 500 images belonging to 2 classes.
         test acc: 0.9299999952316285
```

图 2.41　改进模型测试结果

4. 卷积神经网络迁移学习实验

与传统机器学习相比，深度学习的缺点是它需要大量的数据样本，大量的运算时间和大量的计算资源，这限制了其应用场景。不过幸运的是，现在出现了迁移学习（Transfer Learning）的方法，能够以很小的代价重用他人训练过的模型。转移学习的确切含义是将训练好的模型参数迁移到全新模型上以进行下一步的训练。预训练网络则是指一个已经在大型数据集上训练好的网络，当这个数据集涵盖了各种通用的图像时，预训练网络所学习到的特征便可以有效地应用到其他图像类型上。使用预训练网络有两种方式：特征提取和微调模型。本节使用的是已经在 ImageNet 数据集上训练好的 VGG-16 模型。

（1）快速特征提取实验方法。特征提取是指使用网络之前学到的表示从新数据集中提取到不同的特征，然后利用这些特征重新训练后面的分类器。卷积神经网络由两个部分组成，第一部分是卷积基，它包括卷积层和汇聚层，第二部分是密集连接分类器，它将卷积基的输出识别为指定的分类类型。对于卷积神经网络，特征提取是重用卷积基的第一部分，并在卷积基之后添加新的密集连接分类器。

在 Keras 中，VGG-16 模型已经内置于 keras.applications 模块中，使用这部分模型只需要简单的导入。在导入模型后调用 conv_base.summary 方法，查看 VGG-16 模型的结构，如图 2.42 所示。

首先不使用数据增强，只是在数据集上运行卷积基，并将卷积基的输出暂时保存至数组中，然后将这组数据输入密集连接分类器中，图 2.43 为分类器的模型结构。这种运算的速度非常快，因为每张图片只需要经过一次卷积基。为了优化模型的训练过程，在这里使用了 Nadam 优化器，学习率设置为 0.000 02。

Layer (type)	Output Shape	Param #
input_1 (InputLayer)	(None, 400, 600, 3)	0
block1_conv1 (Conv2D)	(None, 400, 600, 64)	1792
block1_conv2 (Conv2D)	(None, 400, 600, 64)	36928
block1_pool (MaxPooling2D)	(None, 200, 300, 64)	0
block2_conv1 (Conv2D)	(None, 200, 300, 128)	73856
block2_conv2 (Conv2D)	(None, 200, 300, 128)	147584
block2_pool (MaxPooling2D)	(None, 100, 150, 128)	0
block3_conv1 (Conv2D)	(None, 100, 150, 256)	295168
block3_conv2 (Conv2D)	(None, 100, 150, 256)	590080
block3_conv3 (Conv2D)	(None, 100, 150, 256)	590080
block3_pool (MaxPooling2D)	(None, 50, 75, 256)	0

block4_conv1 (Conv2D)	(None, 50, 75, 512)	1180160
block4_conv2 (Conv2D)	(None, 50, 75, 512)	2359808
block4_conv3 (Conv2D)	(None, 50, 75, 512)	2359808
block4_pool (MaxPooling2D)	(None, 25, 37, 512)	0
block5_conv1 (Conv2D)	(None, 25, 37, 512)	2359808
block5_conv2 (Conv2D)	(None, 25, 37, 512)	2359808
block5_conv3 (Conv2D)	(None, 25, 37, 512)	2359808
block5_pool (MaxPooling2D)	(None, 12, 18, 512)	0

```
Total params: 14,714,688
Trainable params: 14,714,688
Non-trainable params: 0
```

图 2.42　VGG-16 模型的结构

Layer (type)	Output Shape	Param #
dense_1 (Dense)	(None, 256)	28311808
dropout_1 (Dropout)	(None, 256)	0
dense_2 (Dense)	(None, 1)	257

```
Total params: 28,312,065
Trainable params: 28,312,065
Non-trainable params: 0
```

图 2.43　分类器的模型结构

如图 2.44 所示，验证准确度达到了 90% 左右。如图 2.45 所示，测试准确度也达到了 93.20%，这个效果比前一节中所使用的方法要好一些。从图中可以看见，过拟合仍然是限制模型性能的主要因素。

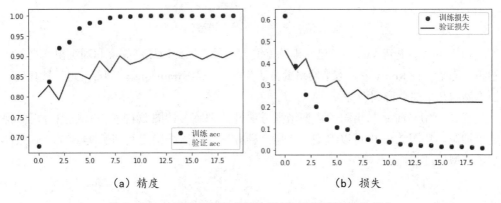

（a）精度　　　　　　　　　　（b）损失

图 2.44　快速特征提取模型在训练过程中的精度和损失

```
In [11]: test_loss, test_acc = model.evaluate(test_features, test_labels)
         print('test acc:', test_acc)

250/250 [==============================] - 0s 541us/step
test acc: 0.9319999976158142
```

图 2.45　快速特征提取模型测试结果

（2）改进特征提取实验方法。在这种方法中，将直接修改 VGG-16 模型，然后在输入数据中端到端地运行模型。为了解决之前的过拟合问题，将使用数据增强、随机丢弃以及权重正则化来抑制过拟合。

与之前一样，首先要导入 VGG-16 模型，随后添加一个展平（Flatten）层将四维张量转换为向量，紧接着添加一个全连接（Dense）层，同时为了降低过拟合的现象，添加一个随机丢弃（Dropout）层，最后添加一个使用 Sigmoid 激活大小为 1 的全连接层作为分类器。改进特征提取模型的结构如图 2.46 所示。

```
This is the number of trainable weights before freezing the conv base: 30
This is the number of trainable weights after freezing the conv base: 4

Layer (type)                Output Shape              Param #
=================================================================
vgg16 (Model)               (None, 12, 18, 512)       14714688

flatten_1 (Flatten)         (None, 110592)            0

dense_3 (Dense)             (None, 256)               28311808

dropout_2 (Dropout)         (None, 256)               0

dense_4 (Dense)             (None, 1)                 257
=================================================================
Total params: 43,026,753
Trainable params: 28,312,065
Non-trainable params: 14,714,688
```

图 2.46　改进特征提取模型的结构

由于不需要更新 VGG-16 已经训练好的卷积基，因此应该在编译和训练模型之前将卷积基冻结。在 Keras 中，冻结网络的方法为 conv_base.trainable = False。此时只有最后被添加的几个层会得到训练。

现在使用与前一节相同的数据增强方法开始训练。如图 2.47 所示，过拟合现象得到了抑制。从图 2.48 中可以看到，使用这种方法的测试准确度达到了 94.60%，有效抑制了模型的过拟合。

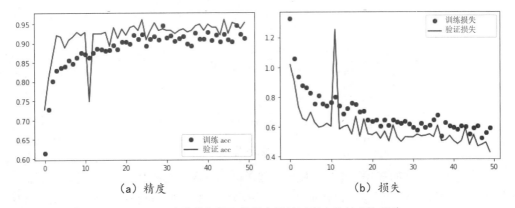

（a）精度　　　　　　　　　　　　　（b）损失

图 2.47　改进特征提取模型在训练过程中的精度和损失

```
In [40]:  test_generator = test_datagen.flow_from_directory(
            test_dir,
            target_size=(400, 600),
            batch_size=20,
            class_mode='binary')

test_loss, test_acc = model.evaluate_generator(test_generator, steps=50)
print('test acc:', test_acc)
```

```
Found 500 images belonging to 2 classes.
test acc: 0.9459999918937683
```

图 2.48　改进特征提取模型测试结果

（3）微调模型实验方法。微调模型（Fine-Tuning）是另外一种使用预训练网络的方法，它在特征提取的基础上训练模型顶部最后几个卷积层。在卷积神经网络模型中，靠近底部的卷积层学习到的是更加通用的图像特征，而靠近顶部的卷积层的特征则更贴近分类图像。因为底部通用的图像特征同样适合油菜杂草数据集，所以这部分卷积层不需要重新训练，只需要训练顶部一小部分卷积层即可使模型更贴合油菜杂草数据集。

为了训练这一部分卷积层，需要将其解冻，并将其与新增加的部分一起训练。由于在前一节中，已经训练好了最后添加的分类器，那么现在只需要做后面的几步。首先就是解冻卷积基的一些层，然后再将解冻后的层与添加的分类器一起训练。同时为了避免破坏预训练时学习到的特征，将把优化器的学习率调低，设置为 0.000 01。此时的模型结构如图 2.49 所示，在模型结构输出的最后，显示出在解冻模型后能够训练的卷积层数量为 10 层。

Layer (type)	Output Shape	Param #
vgg16 (Model)	(None, 12, 18, 512)	14714688
flatten_1 (Flatten)	(None, 110592)	0
dense_1 (Dense)	(None, 256)	28311808

```
dropout_1 (Dropout)          (None, 256)              0

dense_2 (Dense)              (None, 1)                257
=================================================================
Total params: 43,026,753
Trainable params: 35,391,489
Non-trainable params: 7,635,264
```

This is the number of trainable weights after freezing the conv base: 10

图 2.49　微调模型的结构

当完成了全部的准备工作后，便可以编译运行模型。此时为了提高图像的可读性，使用了指数移动平均值绘图以使曲线看上去更加平滑，训练过程中的精度与损失如图2.50 所示。

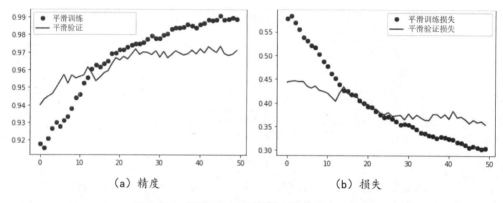

（a）精度　　　　　　　　　　　　　　（b）损失

图 2.50　微调模型在训练过程中的精度和损失

如图 2.51 所示，采用微调的卷积神经网络在油菜杂草图像数据集的测试准确度达到了 98.80%，这个结果相当有效，意味着该模型已经可以用于实际应用中。

```
In [47]:   test_generator = test_datagen.flow_from_directory(
               test_dir,
               target_size=(400, 600),
               batch_size=20,
               class_mode='binary')

           test_loss, test_acc = model.evaluate_generator(test_generator, steps=50)
           print('test acc:', test_acc)
```

Found 500 images belonging to 2 classes.
test acc: 0.987999997138977

图 2.51　微调模型结构

5. 卷积神经网络可视化

深度学习模型因为过于复杂而且不直观，常常不便于人们理解其中的原理，所以经常被称作"黑盒"。也有人觉得构建神经网络的过程似乎和"炼丹"差不多，因为很难知道怎样优化才能使模型的表现更好。不过对于卷积神经网络而言，却不一定是这样，因为卷积神经网络学习是视觉概念上的，十分适合可视化。

以下将使用可视化卷积神经网络的中间输出的方法来展示改进后训练好的模型。首先需要加载之前保存好的模型，然后从测试集中选择一个图像导入，并将其处理为 4 维张量。随机选出的图像如图 2.52 所示。

图 2.52　随机选出的测试集中的一幅原始杂草图像

要显示对应的特征图则需要创建一个以图像批量作为输入的模型，然后输出所有中间层的激活。现在将激活原始模型第一层的第一个通道，如图 2.53 所示，此通道似乎是一个颜色检测器。

图 2.53　激活模型第一层第一个通道

再来激活第一层的第 19 个通道，如图 2.54 所示，此通道应该是一个叶片边缘检测器。

图 2.54   激活模型第一层第十九个通道

　　最后将网络所有的激活都可视化，以便查看整个卷积神经网络学习到的视觉表示。图 2.55 中可以看出，随着层数的增加，层提取的特征变得越来越抽象。关于更高层中特定输入的信息越来越少，关于目标的信息也越来越多。这就意味着卷积神经网络遗忘了同一类别不同个体的特征差异，而只学习到了该类别物体的通用特征。

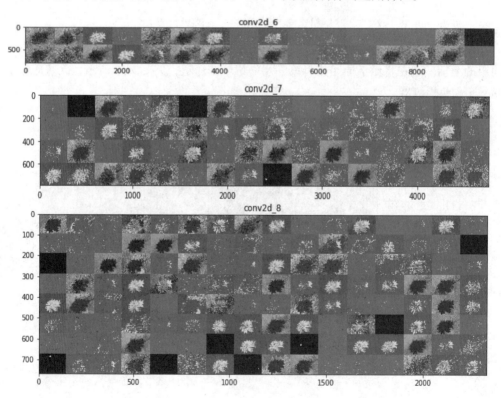

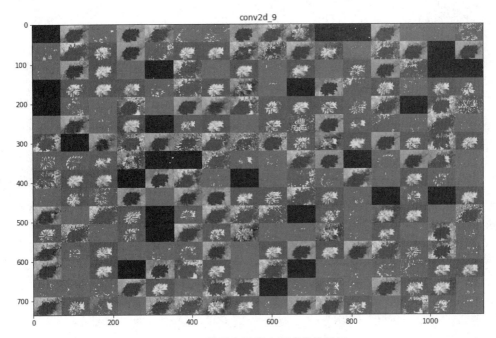

图 2.55　模型各层所有通道的激活图

6. 实验结果分析

本节共使用五种方法构建和训练卷积神经网络模型，其详细配置见表 2.15 所列，并在油菜杂草图像数据集上进行了实验。从表 2.16 中可以看出，随着网络深度的增加，正则化方法的应用以及预训练模型的使用，使测试准确度不断提高，这就意味着卷积神经网络的学习能力和抗过拟合能力都得到了增强，也就得到了更好的模型。

表 2.15　模型配置详情对比

模型名称	网络深度	总参数量 /M	可训练的参数量 /M	使用正则化减少过拟合	使用预训练的参数
基准模型	11	10.728	10.728	否	否
改进模型	14	16.250	16.250	是	否
快速特征提取模型	21	43.027	28.312	否	是
改进特征提取模型	22	43.027	28.312	是	是
改进特征提取 + 微调模型	22	43.027	35.391	是	是

表 2.16　模型性能对比

模型名称	测试准确度 / (%)
基准模型	91.00

模型名称	测试准确度 / (%)
改进模型	93.00
快速特征提取模型	93.20
改进特征提取模型	94.60
改进特征提取 + 微调模型	98.80

综上所述，使用了改进特征提取和微调模型的方法最好，测试准确度达到了98.80%。

第 3 章
卷积神经网络改进及应用框架构建

3.1 卷积神经网络在应用中存在的问题

卷积神经网络（Convolutional Neural Network，CNN）是一种专门用来处理具有类似网络结构的数据的神经网络，是深度学习方法的研究热点之一。其被看作人工智能发展的新动力，广泛应用于无人驾驶、人脸识别、目标检测等多个领域。本文对 CNN 在油菜大田监测和杂草识别中的应用进行了研究，对监测数据分析、杂草识别等具体问题构建模型时，发现 CNN 在具体应用场景中存在几个问题。

（1）图像标注。CNN 中主要有两个参数，一个输入参数，一个核函数参数。本书研究的输入参数为油菜大田环境和油菜杂草的图像。CNN 训练的这些图像集比较有限，虽然随着大田传感器采集的数据逐渐增加，油菜大田环境和杂草的图像集不断充实和扩大，但是这个数据集无法直接用于 CNN 训练，需要事先进行标注。目前小样本油菜大田环境和杂草数据标注工作主要手工完成，量少，工作强度大。为了增加训练样本数据集，一般会通过图像增强或补偿技术对现有的样本集进行扩充，但是卷积运算后的效果没有得到改善。输入一个合适的带标注的图像对 CNN 模型的性能影响显著，确定一个标注图像集是模型构建过程中的一个重要过程。影响图像标注的因素主要有图像的大小、尺寸、标注方法、相似度等，虽然已经找到了很多种图像自动标注方法，使构建的模型有良好的性能，但基于油菜大田环境和杂草的复杂性，现有的标注方法已难以满足研究人员的需要。

（2）图像模糊性处理。清晰度好的图像中的对象能够轻易为 CNN 所识别，模糊不清的图像难以检测到对象是否存在，尤其是场景非常拥挤时。图像的模糊性使 CNN 对图像进行分析与处理时变得较为复杂。构建建模时，需要对图像的模糊性进行预处理，达到识别的目的。

（3）池化层信息丢失。CNN 比较容易在池化层丢失大量的图像信息，降低了图像空间分辨率，使得对于输入图像的微小变化，其输出结果几乎不会变化，从而影响了模型的总体性能和效果。对此需要构建复杂的 CNN 架构来恢复这些损失的信息，使得处理工作量大而且变得更为复杂。

（4）识别能力不足。CNN 对于图像中对象的每个小部分识别还无法明确判断，需要另外设计相关的组件加入 CNN，以提高识别效果。

3.2　卷积神经网络在油菜大田监测与杂草识别中的应用架构

本节讨论对卷积神经网络存在的缺陷进行改进并依此构建 CNN 在油菜大田监测与杂草识别中应用的架构。依托该架构并结合其他的方法，基于 CNN 构建模型用于油菜大田种植领域信息化具体问题的解决。

3.2.1　油菜大田环境与杂草图像标注

图像自动标注是深度学习的前提，也是实现图像识别的前提。解决油菜大田传感器所采集的环境与杂草图像相似度，需要获得油菜大田环境和杂草图像的特殊深度特征。本节基于直觉模糊粗糙集对油菜大田环境和杂草图像进行划分，使得相似度比较高的图像划分到同一个图像数据集，并通过谱聚类法构建一个相似度矩阵作为卷积神经网络特征学习的输入参数，实现对油菜大田环境和杂草图像标注。图像相似度计算采用公式 3.1。

$$\mathrm{Simi\,larity\_Cal}(p_i, p_j) = \frac{1}{1 + \mathrm{dis}(p_i, p_j)} \tag{3.1}$$

其中，p_i 和 p_j 为不同类别的油菜大田环境和杂草图像，它们之间的相似度是通过两者之间的距离进行计算获得的。距离计算矩阵公式见 3.2，距离矩阵的对角线元素全为 0。

$$D = 1 - C \tag{3.2}$$

将距离矩阵变换即可获得相似矩阵 S，然后通过油菜大田杂草图连通技术对谱聚类算法进行改进，再利用改进的谱聚类对相似矩阵进行计算，从而将相似度高的环境与杂草图像划分到 m 个油菜环境与杂草图像集合中，m 为谱聚类数。通过谱聚类，高相似度的图像被分到同一个图像集，最后经卷积神经网络的特征抽取器获取并进行标注。

3.2.2　基于 Fast R-CNN 的油菜杂草检测法

油菜是我国重要的油料作物之一，其产量直接影响着我国油料种植业的发展，关系到农民收入和国民经济发展。近年来，全国油菜杂草状况比较严重，需要大量施用农药，给油菜生产质量造成很大影响，而且污染环境。因此控制油菜杂草是油菜生产很重要的一项工作。控制油菜杂草的核心问题是油菜杂草的目标检测。杂草不同姿态、种间相似、种类变化以及所处环境复杂等原因，给油菜杂草自动识别带来很大的难度。目前的研究主要侧重基于图像的杂草自动识别方法，其核心思想是采用机器视觉技术来实现杂草的计数和分类。这些方法的识别效果容易受到杂草图像复杂的背景信息、不同角度、不同姿态、不同光照等因素的影响。针对这些问题，本文提出了一种基于深度卷积神经网络的油菜杂草检测方法。该方法首先利用视觉几何群（Visual Geometry Group，VGG16）网络提取油菜杂草图像的特征，然后利用区域候选网络提取杂草目标的初步位置候选框，最后深度卷积神经网络（Fast regions with Convolutional Neural Network，Fast R-CNN）实现油菜杂草目标图像的快速识别和准确定位。

3.2.3　基于 CNN 的模糊图像复原法

油菜大田环境与杂草图像在采集、生成、传输过程中，传感器、天气、存储介质等因素导致图像模糊、局部信息缺失等现象，会影响图像特征提取，使杂草图像识别难度增加，甚至不能检测和识别。基于 CNN 的模糊图像复原法首先提取模糊图像，进行预处理，将预处理的结果作为 CNN 的输入；然后通过 CNN 不断学习模糊图像与清晰目标图像之间的相关参数，在这个过程中，CNN 通过误差传播算法不断进行调整网络参数，最后实现模糊图像复原。在这个过程中，为了提高 CNN 对油菜大田环境与杂草图像的训练速度和效果，选择线性修正单元（Rectified Linear Units，ReLU）作为 CNN 的激活函数。CNN 的池化过程中，往往会引起图像大小缩小的现象，导致图像信息丢失，因此改进 CNN，使 CNN 中排列紧密的卷积核松散化，即保持卷积核中可计算点数不变的情况下，将空位全部置 0。

3.2.4　基于 TensorFlow 的 CNN 架构

深度学习框架 TensorFlow 是一个用于研究和开发的开源卷积神经网络学习库，为深度学习的用户研究和开发人工智能产品提供了各种应用程序编程接口（Application Programming Interface，API）。TensorFlow 可以配备在桌面电脑、移动设备或云端环境，集成提供了 Keras、Eager Execution、Estimator 等工具来简化卷积神经网络建模。Keras 作为一类卷积神经网络接口，实现了最基本的分类和回归模型。Eager Execution 能构建定制化的神经网络，Estimator 可以构建大规模的深度学习等。

基于 TensorFlow 的 CNN 架构首先定义 CNN 网络结构，然后再进行数据输入。不需要关注数据的输入和输出逻辑，如图 3.1 所示。

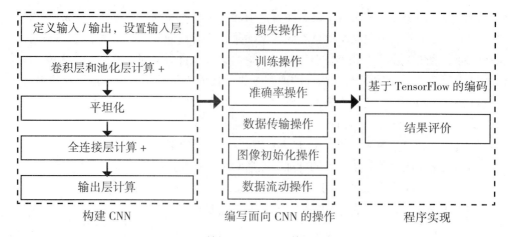

图 3.1   基于 TensorFlow 的 CNN 架构

3.3   框架流程图

本节讨论基于油菜大田环境和杂草相关数据采集、图像识别等关键技术及 CNN 改进方法，构建卷积神经网络在油菜大田监测与杂草识别中的应用架构在油菜大田环境和杂草识别应用中的基本框架：对通过传感器采集的数据，首先进行降噪技术处理；其次对图像进行标注，在标注过程中，发现模糊图像，则进行复原处理；然后构建一个明确的油菜杂草训练样本集，最后基于 TensorFlow 的 CNN 对采集的某一张图像进行识别。其基本流程如图 3.2 所示。

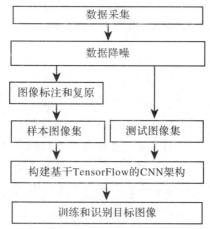

图 3.2   卷积神经网络应用于油菜大田监测与杂草识别的基本框架

本书所构建的油菜大田监测和杂草识别的框架具有很强的灵活性，可以具体的情况选择不同的 CNN 框架。

第4章
油菜大田监测体系与结构建模

科学合理的油菜种植大田监测体系是监测系统长期可靠运行的前提和基础。传统的油菜大田监测主要以人工取样、实验室分析为主要手段，存在人力物力消耗大、时效性差等缺陷。本章针对影响油菜产量和质量的主要生长环境参数进行分析，掌握监测对象油菜生长环境的特征和变化规律，借助系统科学理论，利用新一代物联网技术构建油菜大田监测体系，并引入采用时间自动机理论和卷积神经网络对油菜大田监测体系结构进行建模并验证，确保监测体系逻辑和时序的正确性，实现对油菜大田数据的精准采集和可靠传输，为油菜大田监测系统数据处理、预测预警和智能分析奠定基础。

4.1 引　　言

油菜大田是油菜赖以生存和生长发育的重要环境，水、空气、光照度、土壤温度、土壤湿度、土壤电导率等因素与油菜之间有着密切的关系，是油菜生长环境的重要组成部分，这些因素直接影响到油菜的生长发育。油菜种植要想达到高产、高效的目的，除了理想的肥料、优质的品种以及合理的种植密度外，还必须具备良好的生长环境。生长环境若能满足油菜生长的条件，油菜就能正常生长和发育，若某些指标超出油菜生长的忍耐范围，则油菜不能正常生长，甚至可能造成油菜大面积死亡，造成严重的经济损失。因此，油菜大田监测体系研究已成为油菜种植管理的关键。

近年来，我国在油菜种植监测体系建设方面得到了大力发展，但研究的重点主要集中在制定油菜田监测预报技术规范[200]、基于多时相遥感影像监测江汉平原油菜种植面积[201]、遥感技术结合GPS技术在油菜种植面积监测[202]、油菜冻害卫星遥感监测与评估方法[203]以及地块尺度冬油菜湿渍害遥感监测方法[204]等方面。虽然我国是油菜种植大国，产量占世界总产量近60%，位居世界第一位，但整个产业信息化生产模式还处在一个比较低的水平，对油菜种植大田监测指标体系分析方面的研究较少，监测方法及数据处理分析技术也相对比较落后，传统的油菜种植过程中对油菜大田的监测主要还是靠人工观察或采集土壤样本进行实验室化验，人工观察难以准确地判断生长环境的好坏，而实验室分析法存在时效性差等问题。

本章针对现有油菜大田监测体系存在的不足，对构建油菜大田监测体系进行研究，重点分析影响我国油菜大田种植的主要环境因子指标体系及其变化规律，研究基于现代物联网技术的监测方法和监测架构，构建基于时间自动机和卷积神经网络的油菜大田监测体系结构模型，以提高油菜大田监测系统的可靠性和可行性，为合理利用和改善油菜种植环境资源提供决策依据。

4.2　油菜大田环境参数体系分析

油菜大田环境质量是多种环境因子变化的综合反映，环境因子包括物理因子（水、土壤温度、土壤湿度、光照、空气、风速、风向等）、化学因子（土壤电导率、pH 值）以及生物因子（病害、虫害、杂草），因子之间相互作用机理复杂。通常，在油菜生长过程中，主要通过检测水、温度、pH 值、土壤、空气等关键参数来判断油菜大田环境的好坏，对油菜大田环境参数自身变化特征及其影响因素进行分析是油菜大田监测与预测预警的基础。

4.2.1　土壤养分参数分析

土壤养分是油菜大田质量的关键指标，直接影响油菜种植的产量、质量和抗病、虫、草能力。土壤中充足的养分能提供油菜生长活动所必需的营养，同时有助于提高油菜对其他不利环境因子的耐受能力。土壤养分对油菜大田质量的影响非常大。土壤养分高，有利于油菜生长繁殖，促进土壤有机物降解，为油菜生长提供营养。土壤养分低，对油菜生长有很大的抑制作用。需要指出的是，土壤养分并不是越高越好，栽培中化肥过量施用，往往会造成氮、磷、钾、磷、无机硫等养分过量，会引起土壤酸化、次生盐渍化、养分失衡和自毒物质积累，病虫杂草发生频率升高[205]，油菜产量和品质下降，甚至绝收。当土壤严重退化时，只能放弃种植，造成土壤破坏和经济损失。保持土壤养分平衡才能保障油菜健康生长，也才能满足油菜生长养分需求的客观需要。但是，针对油菜不同的生长阶段，维持土壤养分在何种比较合适的范围，土壤养分保持何种平衡才能满足油菜生长的需要，至今尚无文献报道。

为了提高油菜等农作物的产量，促进这些农作物的生长，大田被大量、长期施用氮、磷、钾肥，大田土壤中积累了硝态氮、磷、钾和硫等成分，并向超过大田土壤所能承受程度的趋势发展。土壤中的这些成分往往以硝酸盐和和硫酸盐的形态长期存在大田中，容易造成大田土壤次生盐渍化，将直接抑制油菜生长，诱发油菜病害、虫害和杂草，严重导致大田土壤与油菜生产、生长环境相矛盾。

土壤养分与氮肥、磷肥、钾肥等因素紧密相关。同时，大田土壤中存在的一系列复杂的生物、化学过程，也将影响土壤养分平衡，使土壤养分的分布与变化既呈现出复杂多变的态势，又具有相对的规律性。据研究[205]，若土壤 K 离子含量比例和数量过高，将造成 Ca^{2+} 大量解吸，从而导致土壤胶体稳定性降低及 K、Ca、Mg 三者比例严重失衡。肥料中的磷是油菜必需营养元素，但是容易与土壤中的 Zn、Fe 等反应而形成影响油菜生长的化合物。土壤中氮和硫含量与土壤养分对油菜生长有着重要的影响[206]。

4.2.2 土壤酸碱度参数分析

酸碱度（pH 值）是反映土壤质量状况的一个重要指标，也是直接影响油菜健康生长的重要因素[207]。研究表明，油菜种子萌发和幼苗生长的最适 pH 是 6，pH 在 6 ~ 7 之间影响不大，pH 大于 8 或小于 5 时，幼苗代谢降低，生长减慢[208]。pH 值异常还会影响大田土壤酸碱化，土壤 pH 值过低会造成土壤酸化，从而造成土壤中 Ca、Mg、P 等土壤营养元素流失，并且土壤中重金属化合物和金属元素 Al 的有效性提高而将抑制农作物生长和导致农作物减产[209-210]。

大田试验证明[211]：大田土壤 pH 值提高 1.15，平均增产油菜 11.1kg/667m²，增产率 7.8%。土壤 pH 值升高，土壤中的铵态氮含量将会降低，不同程度地抑制了土壤硝化作用[212]。

4.2.3 温度参数分析

土壤温度是大田农作物生长环境中最基本、最重要的因素之一，也是影响油菜生存和生长的一个重要因素。不同品系的油菜都有其自身生长的最适温度及适温范围，超过最低和最高限度都会导致油菜生理失调甚至死亡。

自然条件下，油菜种植一般在冬、春季，南、北方土壤温差昼夜变化十分明显。一般南方土壤温差较小，北方土壤温差较大，通常冬季大多数温度较低，光合作用弱，而此时土壤温度低，对油菜吸收土壤养分影响较小。当冬季温度高、光照强烈时，光合作用旺盛，油菜吸收土壤养分影响比较明显。

相关研究表明[213]：日平均气温低于 5℃时，油菜一般会停止生长。日平均气温低于 0℃时，将会对油菜造成轻微冻害。气温短时间在 –5 ~ –3℃时，油菜的叶片将会受冻。低温严重时，可能导致油菜大面积减产甚至绝收。

4.2.4 湿度参数分析

土壤湿度是土壤养分的一项重要指标，也是影响油菜等农作物生长发育的重要因素之一。不同的土壤湿度会影响油菜的生长、发育、结实和产量。油菜生长的不同期，土壤湿度也会有比较大的影响。

研究表明 [214]：油菜的生育期和物候期时，土壤湿度为 37%~47% 的，抽苔期延迟 2~7 天。盛花期后，土壤湿度保持在 78%~87% 的，推花期和成熟期较其他两处理延迟 2~3 天。这说明前期土壤水分不足将影响油菜营养积累，从而导致抽苔期延迟。生长后期，土壤湿度较大，油菜植株衰老会较慢，有利于结实。土壤湿度过大有利于促进油菜营养积累，促进油菜生长，使越冬期叶片增多、叶面增大。若整个生育期中土壤湿度过大，会引起枝叶徒长，根系不发达，成荚率和单株产量及千粒重均不高。若油菜生长的前期土壤湿度中等，盛花期后土壤湿度为 78%~87%，则籽粒干重增长较快。

4.2.5　盐分和电导率参数分析

土壤含盐量是确定土壤盐渍化程度的重要指标之一，也是研究土壤盐渍化的重要参数之一。油菜是一种适宜耐盐碱种植的农作物，其根系所分泌的有机酸可缓解盐碱逆境。研究表明 [215]：高盐土壤中油菜的初花期和成熟期时间较低盐土壤的推迟 3~4 天，产量、总生物量和氮素积累总量显著降低。与低盐土壤相比，高盐土壤油菜籽粒含油量显著降低，蛋白质含量显著增加。盐分含量对根系和叶片的氮素运转率影响较小。高盐土壤油菜茎枝中的氮素运转率和氮素籽粒生产效率较低盐土壤的低。因此，土壤中盐分含量对油菜的产量、含油量有比较显著的影响。

土壤电导率直接反映了土壤品质和物理性质，土壤中盐分、水分及有机质含量、压实度、质地结构和孔隙率等都不同程度地影响着土壤电导率。利用土壤电导率评价农作物的生长环境是开展精细农作物的重要前提条件。研究表明 [216]：土壤电导率都随土壤水分的增加而呈线性降低，土壤含盐量越小，土壤电导率随水分含量的变化速率越大。因此，研究土壤盐分含量与土壤电导率以及土壤水分含量之间的关系，对规模化普查土壤盐渍情况具有非常重要的意义。同时，为评估大田是否有种植油菜的前景具有重要的指导作用。

4.3　基于物联网的油菜大田监测体系架构

物联网是指按照约定协议，通过各种信息感知和传输设备，实现人与人、人与物、物与物之间泛在连接与信息交互，达到智能识别、定位追溯与远程监控。作为新一代信息技术和战略新兴产业，物联网一直受到各国政府的高度重视，社会各领域的应用日趋广泛和深入。农业物联网是指物联网技术在农业领域的应用，农业物联网的应用可以打破传统的行业界限，加快农业现代化进程，开创农业生产和管理新模式。农业物联网通过对农业生产过程环境因子的实时感知，采用预警预测与智能决策等理论与技术，实现农业生产精准化、决策智能化和管理可视化，是"互联网＋现代农业"的重要发展方向。

4.3.1　一体多翼的油菜大田监测软件架构模型

通过对湖南省 14 个州市多个油菜大田种植区域的需求调研，发现涉及油菜大田种植区域有些已有企业或政府投资，建设了大田监测系统，很多区域还是没有。已有的监测系统分散在企业、农业合作社、涉农管理机构等部门，各自为政服务于油菜大田监测。这些系统在一定程度上满足了油菜大田监测发展的需求，推动了油菜大田监测向智能化、智慧化发展，但同时面临一些困难和问题：一是城乡数字鸿沟比较大，无论从硬件设施还是农村物联网普及率，城乡都还有很大差距；二是油菜大田监测服务网络资源分散，亟需整合和集成；三是对油菜大田监测建设的紧迫感和必要性认识不足，尚需达成共识，形成合力；四是油菜大田种植生产的信息化人才队伍建设尚须加强，形成全方位的油菜大田种植生产信息服务队伍，构建新型的油菜大田种植生产科技服务体系。

将具有共同服务对象和利益的部门、企业、高校、科研院所等所拥有的油菜大田种植生产的资源整合起来，通过对整个油菜大田种植生产信息进行共享，从而实现和满足不断增长的油菜大田种植生产信息化发展的需求，同时也可满足提升政府相关各个部门服务油菜大田种植生产的活力和能力的需求。通过对各个相关部门、涉农企业、高校、科研院所及合作伙伴的油菜大田种植资源进行整合和集成，共同创造和获取油菜大田种植信息化的最大价值以及提供获利能力。提高政府相关部门、高校和科研院所服务油菜大田种植生产信息化的效率，降低油菜大田种植服务成本，节约社会资源。因此，需要研究一个统一的油菜大田监测体系软件结构模型，将分散在各个部门、高校、科研院所，涉农企业或合作社，农民、农村及相关合作单位、企业等以及与他们相关的油菜大田种植生产信息系统、所拥有的各种油菜大田种植生产资源整合和集成而形成一个统一有机的油菜大田监测信息生态系统，实现油菜大田种植生产信息的高度共享和业务的高度协调统一集成，从而为政府相关部门、油菜种植或生产企业合作社及合作伙伴提供油菜大田监测信息无偿或增值服务。

一个软件系统的架构模型描述了该系统由哪些构件（组件）构成以及构件（组件）之间的交互情况，软件体系架构有助于对软件系统行为进行分析和理解、指导软件系统的开发和维护，是在较高的层次上管理软件系统内部结构复杂性的有效工具。虽然传统软件架构模型能够使分散的软件资源通过网络连接起来形成物理上的服务中心，强调资源汇聚，为分布在不同地理位置上的用户提供各类服务。但是，目前支持 Web 应用开发的软件架构模型在实现以上需求时存在三个方面的问题：一是互操作的问题，即如何在 Web 上实现支持异构的、分布的软件构件或应用服务之间能够互相通信和协作，如何利用统一的信息表示手段 XML、基本通信协议 SOAP、Web 服务描述语言 WSDL 等将各种涉农资源、提供为农服务的信息系统集成整合在一起而实现它们之间的相互通信和合作；二是业务逻辑的集成问题，即需要支持在 Web 上进行跨部门、跨行业、跨专业的业务逻辑的集成（包括 B2B、B2C、C2C、C2B 等）等；三是 Web 应用服务的协同问题，即基于 Web 的各种应用服务的远程协同工作、大规模协同缓冲存储、数据协同计算等各种具有较为复杂的系统结构和内部构件交互。因此，有必要针对油菜大田监测信息化过程中存在的问题研究和开发一种新的软件架构模型，并以此为基础开发出基于物联网的油菜大田监测平台。这种软件架构模型须具有高度抽象性、动态性和灵活性。随着软件技术发展和软件系统规模扩大，特别是以 Web 服务为代表的技术的发展与成熟，使人们在开发软件系统中关注的重点，已经从各个功能的实现，逐渐转移到如何将实现具体功能的各个服务组装和集成起来从而形成一个完整的应用软件系统。

为了开发满足上述要求的应用软件系统，软件架构模型需要将对油菜大田种植生产信息需求不同的关联单位、农村、农民、油菜科技人员、企业员工、农业合作社、管理者等，集中到统一的一种能够动态合作和协同的虚拟组织中进行协同工作，整个虚拟组织通过各成员之间互动交流。这种集中不是简单的集中，而是通过科学的整体协作优化所产生的集中，能够提高油菜大田种植生产信息化整体性的协作能力，加快油菜大田种植生产信息的传递速度，提升油菜大田种植生产信息服务能力，从而节约成本，使油菜大田种植生产信息化价值达到一个更新的高度。同时，通过集成各个单位已有油菜大田种植生产信息系统并进行优化升级，将分散在不同的独立系统中的油菜大田数据所形成的信息膨胀和信息孤岛问题，通过模型的协同机制使得这些信息的互联程度得到加强，从而大幅提升油菜大田种植生产信息服务能力，为油菜大田种植生产信息化提供必备的数据支撑。

通过对油菜大田种植生产需求调查并对调查进行详细和多次的讨论分析，按照"平台上移、服务下延、资源整合、统一标准"的基本原则，支持"语音、短信、视频、广播、电视、网络、传感器自动采集"等多方式接入的要求，将全省甚至全国涉及油菜大田种植生产信息化的所有资源、部门、科研机构、农业合作社等进行整合和集成，形成一个基于"物联网 + 互联网 +"的公益性、服务型的油菜大田监测综合平台，并将油菜大田监测信息化的服务对象划分为油菜种植农户、合作社和油菜生产销售企业，通过平台提供的功能为油菜种植农户和油菜生产销售企业进行信息服务，服务对象中的油菜种植农户或合作社、生产销售企业少则 1 户多则百万千万户，服务平台提供的功能主要包括交互、应用服务、基础服务、业务数据库、云计算中心等五个子功能，所提供的功能涵盖了油菜大田种植生产各个方面的应用服务，支持网络、手机、电话、短信、广播多种方式接入，为所需用户，包括油菜种植生产销售的农户或合作社、企业以及消费者等，提供油菜大田监测应用服务，并且在各应用之间实现了统一身份认证，各系统均可接入共享油菜大田种植生产资源。因此，油菜大田监测的软件架构的实质就是一个要求面向服务的软件体系架构（Service Orien-ted Architecture，SOA），但是面向服务的传统软件架构的算法转换和数据库检索的时间复杂度偏高，稳定性和安全性偏低，尤其是缺乏服务组合自适应规约和调度模型，行为自动建模能力不足，并不能很好地验证软件系统演化过程中的自适应性、一致性、兼容性、灵活性和完整性等动态特征，这对基于云资源信息集成软件的开发产生了重要影响。

　　本书提出的支持动态演化、面向服务的、基于云计算的一体多翼软件架构模型正是基于以上需求和认识而提出来的，能够更好地满足自适应云资源的软件开发。基于云计算的一体多翼软件架构模型的出发点是在可运行系统中尽量多地保留设计时期的建模信息，集中反映了开发者的设计决策，提供了一种观察系统并推理系统行为和性质的方式，反映了不同用户角色的要求，提供给用户不同抽象级别的体系结构视图和管理方式，从软件资源集成云计算模型表示、架构行为规约以及服务组合调度等角度进行设计。这样的体系结构模型是一个在运行时刻有状态、有行为、可访问的对象，在系统实现中直接地、集中地反映软件体系结构规约，从而在最终实现中保留了体系结构决策，极大地提高了系统的构造性，为系统投入运行以后的演化行为提供了必要的依据和理论支持。利用这种思想的基于云计算的一体多翼软件架构模型如图 4.1 所示。

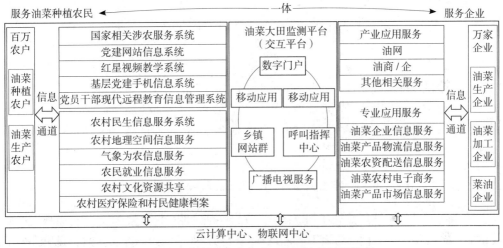

图 4.1　一体多翼的油菜大田监测软件架构模型

　　"一体"是指具有统一接入功能的油菜大田监测平台。"多翼"是指针对重点服务群体"百万油菜种植生产农户、万家油菜油商企业"而形成的相应油菜大田信息服务系统，包括面向"百万油菜种植生产农户"以公益化服务为主的油菜大田种植生产民生信息服务系统和面向"万家油菜油商企业"以社会化服务为主导的油菜油商信息服务系统、油菜产业信息服务系统。油菜大田监测平台与应用信息服务系统在统一应用集成框架的标准下实现无缝链接，形成了多部门联动、全程推送、一站式服务的新模式。

　　基于云计算的油菜大田一体多翼监测体系的软件架构模型的形式化描述如下：设 U 是一个用户数值表示的定量论域，C 是 U 上的定性概念，若定量值 $x \in U$ 是 C 的一次随机实现，x 对 C 的确定度 $\mu(x) \in [0, 1]$ 是有稳定倾向的随机数，且当 $\mu:U \rightarrow [0, 1]$，则 x 在论域 U 上的分布称为云，记为 $C(x)$，每一个 x 称为一个云滴。

　　同时，设 h、i、k、$r \leq n$，nN，软件组件集（油菜大田监测平台提供的各种应用信息系统所构成的集合）COM = { comi | i }；软件组件属性集 COMA = {comai | i}；软件资源

集 SR = {sri | i}；服务组件集（面向百万油菜种植生产农户和万家油菜油商企业的所提供的各种应用服务系统所构成的集合）S = {si | i}；DOM 表示定量论域，其定量值为 n，即 COM、COMA、SR、S 分别是论域 DOM（COM）、DOM（COMA）、DOM（SR）、DOM（S）上的定性概念；资源 sri 和 srj 是定性概念 SR 中的随机实现，其输入参数分别以 srhi、srki 表示，且互不相同，输入参数间的配对集记作 $P1(s) = \{\langle srh1,srk1\rangle,\cdots,\langle shr,skr\rangle\}$；服务组件 sh、sk 分别是定性概念 S 中的随机实现，其输入参数分别以 shi、ski 表示，且互不相同；输入参数之间的配对集合记作 $P2(s) = \{\langle sh1,sk1\rangle,\cdots\langle shr,skr\rangle\}$；con（$h$）是第 h 个服务提供给其他组件的随机活动集合，活动执行标记为 f；var（k）是第 k 个服务运行所需其他组件支持的随机活动集合，执行标记为 g。使得：

$$\begin{cases} COM_i \in [CON(COM_h) \wedge var(COM_h)] \\ SR_i \in [vAR(SR_k) \wedge CON(SR_k)]\cdots\cdots \\ COMA_i \in [vAR(COMA_k) \wedge CON(COMA_k)] \end{cases}$$

则称面向服务（主要是指面向百万油菜种植生产农户和万家油菜油商企业所提供的服务）的组件集 S 的软件资源集 SR 基于云计算模式进行了资源集成行为运算，记作 S $\oplus$ SR 或 $f \oplus g$。该运算实质是油菜大田资源信息被抽象虚拟化为云计算模式表示的过程，它是由服务组件 sh、sk 通过正向云算法对资源 srh、srk 进行连接规约运算行为而实现的。

4.3.2　基于物联网的油菜大田监测体系架构

农业物联网的发展仍然处于初级阶段，关于农业物联网的监测体系结构尚缺乏清晰化的界定。近年来，国内外学者对物联网体系架构开展了深入研究和探索，提出许多不同的监测体系结构。如美国麻省理工学院、英国剑桥大学、中国复旦大学等高校联合制定了基于产品电子标签（Electronic Product Code，EPC）的 EPCglobal 标准体系架构[217]；日本泛在识别中心制定了 Ubiquitous 标准体系[218]；韩国电子与通信技术研究所提出了基于泛在传感器网络的 USN 体系架构，欧盟第七框架计划专门设立了物联网体系结构项目 IoT-A，制定了物联网参考模型和物联网参考结构。随着物联网技术在各领域尤其是农业领域应用的不断深入，很难找到一种能完全满足油菜种植生产应用场景特定需求的普适型体系架构。

根据现有物联网体系架构，结合油菜大田监测应用场景实际需求，抽取油菜大田种植监测的各组成部分以及它们之间的组织关系，本文提出了油菜大田物联网监测四层体系架构，由下至上划分为感知层、传输层（网络层）、数据层和应用层，如图 4.2 所示。

（1）感知层。感知层位于物联网监测体系架构的最底端，由若干个监测节点和控制节点构成。油菜大田监测节点主要对油菜大田的环境进行监测，控制节点根据系统决策能够对油菜大田进行远程控制和管理。每个监测节点包含土壤 pH 值、土壤盐分、土壤湿度、土壤温度、土壤电导率等多个传感器，监测节点通过 RS485 总线读取各传感器采集的参数值，按照统一的协议进行数据封装，由节点通信模块上传至数据汇聚网关节点。小气候监测节点以同样的方式将采集到的空气温湿度、大气压、风速、光合辐射、空气二氧化碳、日照时数等环境参数传送至网关节点。油菜大田监测节点等感知终端的电源模块可以采用市电、电池以及太阳能等多种供电模式，鉴于油菜大田监测节点大多部署在野外且布局较为离散，市电供电布线困难，而电池供电又受电池寿命等因素制约，因此感知终端通常采用太阳能供电模式，太阳能电板与蓄电池之间采用太阳能控制器进行充、放电管理，可以满足感知终端昼夜不间断供电的需求。

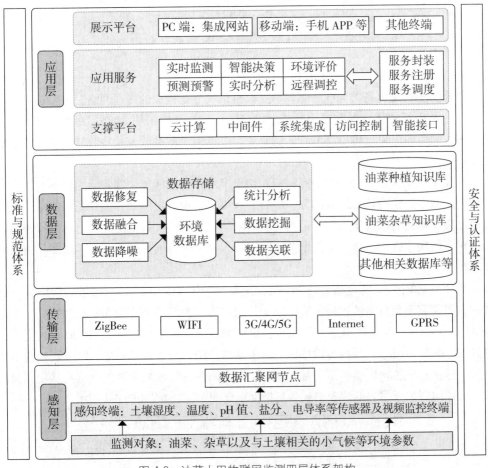

图 4.2　油菜大田物联网监测四层体系架构

（2）传输层。传输层为油菜大田监测体系构建了一个可靠、稳定的传输通道，结合本文试点基地（浏阳基地）种植规模大、分散等具体要求，传输层采用由无线传感器子网、数据汇聚网和远距离传输网络构成的三层组网体系，如图 4.3 所示，分层组网体系具有良好的可扩展性，能满足大规模油菜大田监测网络体系架构的需求。

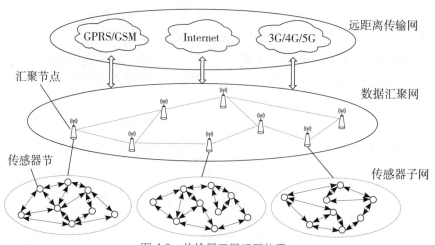

图 4.3　传输层三层组网体系

传感器子网是由各类无线传感器节点以自组织方式构成的传输网络，主要负责采集大田因子及小气候环境参数等原始数据信息。传感器子网采用 ZigBee 无线通信技术实现网内数据传输，通过传感器节点通信模块，以单跳或多跳的方式将数据上传至数据汇聚节点。

数据汇聚网由若干个汇聚节点构成，汇聚节点在传输网络中起着承上启下的作用，是传输层网络架构的核心组成部分。汇聚节点可以实现下层多个传感器子网的接入，同时通过集成网关的形式实现与远距离传输网络的互联互通。数据汇聚网与传感器子网构成多对多的接入方式，即一个汇聚节点可以接入多个传感器子网，一个传感器子网也可以连接多个汇聚节点。

远距离传输网主要包括 GPRS/GSM、互联网、3G/4G/5G 等长距离承载网络，负责文本、图像及视频数据的远程传输。对于传感器等监测终端采集的文本监测数据，采用 GPRS 方式传输，对于数据量大的图像、视频等数据，采用 3G、4G、5G 或有线宽带传输方式。为提高图像、视频传输性能，减少网络开销，在发送端和接收端分别构建基于分块图像信息的感知压缩模型和基于字典学习的图像视频恢复和增强模型，从而实现图像和视频的高效压缩、低能源消耗和高精度重建 [219]，其流程如图 4.4 所示。

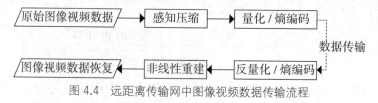

图 4.4　远距离传输网中图像视频数据传输流程

（3）数据处理层。数据处理是油菜大田物联网监测体系的重要环节，高质量的数据是大田实时监测、预测预警、智能决策等物联网应用服务的前提和重要保障。基于物联网的油菜大田监测数据处理主要包括：

①异常数据识别与处理。异常数据是指显然严重偏离样本集合中其他观测值的观测值，油菜大田物联网工作环境恶劣，由于传感设备故障、网络传输错误等因素不可避免地会产生数据失真等异常数据。异常数据的存在会造成监测数据质量下降，无法保障数据的有效分析和设备的自动控制，并可能导致决策失误而造成重大的生产损失。异常数据的识别与处理是指从采集的大量数据中找出明显区别于其他数据的数据进行剔除、修复等，以保证数据的有效性，对提高油菜大田环境监测具有重要意义。

②同质传感器数据融合。随着油菜大田种植规模的不断扩大，单点监测已不能满足对大面积种植环境参数识别的要求。因此，通常需要在监测大田区域的不同位置部署多个同质传感器，并利用融合算法对各同质传感器进行数据合成，得到同一大田区域环境参数的一致性描述，增强环境数据的可信度。

③数据降噪与特征信息提取。油菜大田是一个复杂的系统，存在多种环境参数相互影响以及排水、气候等突发事件干扰的情况，使得监测的大田环境数据出现异常波动，同时，数据在网络传输尤其是无线网络传输过程中，因为天气、电磁等因素也会造成不可忽视的噪声，因此必须采用合适的数据降噪方法以消除噪声干扰并提取特征信息，提高油菜大田监测的精度和可靠性。

④异构数据集成与存储。油菜大田物联网监测涉及的传感器种类繁多，且各种新型感知设备不断涌现，使得其数据具有多源异构的显著特征。探究底层数据存储和异构数据对象特征的映射关系，建立具有智能接口的数据适配模型，屏蔽异构数据源差异，从而可为应用层提供统一的数据结构和数据透明访问机制，提高数据的利用率。

在此基础上，进一步开展数据关联规则分析、数据挖掘、数据统计分析以及实现与外部油菜相关数据库的数据交换等。

（4）应用层。应用层以云计算、中间件、操作系统、分布式数据库等为支撑，以业务逻辑为中心，以 XML 作为数据交换的中间载体，构建面向服务的技术架构 SOA。SOA 采用服务提供和服务请求分离的方式，可以对模块化封装的各类松耦合服务进行分布式部署、服务集成与重构，为油菜大田提供实时监测、预测预警、智能决策和远程调控等物联网服务，通过 Web Service、数据可视化等实现油菜大田监测动态服务调度以及监测平台和用户的智能交互。

4.4　基于时间自动机的监测体系结构建模与验证

油菜大田监测具有复杂性和实时性特征，监测系统设计和布局的不合理将直接影响监测精度和效果，并将导致系统的不稳定。构建基于分层体系的油菜大田监测物联网模型，可以降低监测系统设计缺陷，规避设计和运行风险，同时提升系统的可靠性和稳定性。基于时间自动机的系统建模技术已经广泛应用于实时系统，并形成了比较完整的理论体系。通过对油菜大田监测体系结构进行分析，利用时间自动机对各层次进行抽象规约，可以检验监测体系结构设计的可行性和合理性，确保系统结构设计过程中逻辑与时序的正确性。

4.4.1 时间自动机与 UPPAAL 验证工具

Alur 和 Dill 提出的时间自动机（Timed Automata，TA）理论是一种对实时系统进行描述和分析的形式化模型，是在有限状态自动机基础上引入了时钟变量和时钟约束。时间自动机状态之间的转换必须满足时间约束才能发生，同时，这些发生时间又要受到状态转换所允许的时间间隔制约 [220-224]。

定义 1 时钟约束。给定非空时钟集合 X，则时钟约束 δ 的集合 $\Phi(X)$ 定义如下：

$$\delta := x \leqslant c \mid x \geqslant c \mid \neg\delta \mid \delta_1 \wedge \delta_2 \tag{4.1}$$

其中，x 是 X 中的一个时钟，c 为非负有理数，时间约束可以是时钟与时间常量的比较，也可以是时间约束的组合 [225, 226]。

定义 2 时钟解释。时钟集合 X 上的一个时钟解释 v 是指为 X 中每个时钟赋予一个非负实数值，它是集合 X 到非负实数集 $\mathbf{R}$ 的一个映射，记为 $v: X \to \mathbf{R}^+$。若依照时钟解释 v，时钟约束 δ 的布尔值为 true，则称 X 上的时钟解释 v 满足 X 上的一个时钟约束 δ。

定义 3 时间自动机。时间自动机 T 可以用一个七元组来表示：

$$(S, S_0, S_u, \Sigma_T, X, I, E) \tag{4.2}$$

其中：S 表示有限状态的集合；S_0 表示初始状态的集合，且 $S_0 \subseteq S$；S_u 表示终止状态的集合，且 $S_u \subseteq S$；Σ_T 为有限动作（或输入事件）的集合；X 为非空时钟集合；I 为 $S \to \Phi(X)$ 的映射，为 S 中每个状态指定一个位置不变式 $I(s)$，且 $I(s) \in \Phi(X)$；$E \subseteq S \times \Sigma_T \times \Phi(X) \times 2^X \times S$ 是有向边的集合，表示从一个状态到另一个状态的转换过程，元素 $(s, a, \delta, \lambda, s')$ 是指在事件 a 发生且时钟约束 δ 被满足的情况下，由状态 s 转移到状态 s' 的过程，时间集合 $\lambda \subseteq X$ 表示状态转移过程中被复位清零的时钟变量，记为 $s \xrightarrow{a, \delta, \lambda} s'$。

一个时间自动机的语义由一个与之相关的转移系统来定义，时间自动机的一个状态由二元组 (s, v) 表示，$s \in S, v \in I(s)$，d 为时间增量，$d \in R^+$，转换规则定义为：

① 当 $(v + d) \in I(s)$ 时，$(s, v) \xrightarrow{d} (s, v + d)$；

② 对于状态 (s, v) 和 $(s, a, \delta, \lambda, s')$，当满足 $s' \in X$，$v' \in I(s)$，$s \xrightarrow{a, \delta, \lambda} s'$ 时，$(s, v) \xrightarrow{a} (s', v')$，满足转换条件，状态发生改变，$\lambda$ 时间变量复位置零 [227, 228]。

定义 4 积自动机。一个复杂的系统可能由多个并行的、相互通信的时间自动机组成时间自动机网络，为了描述系统中多个时间自动机之间的相互作用，可以用积自动机的形式合成一个时间自动机。设 $A_1=(S_1, S_{01}, S_{u1}, \Sigma_1, X_1, I_1, E_1)$ 和 $A_2=(S_2, S_{02}, S_{u2}, \Sigma_2, X_2, I_2, E_2)$ 为两个时间自动机，且集合 X_1 和 X_2 不相交，则 A_1 和 A_2 的积自动机表示为 $A_1 \parallel A_2$，且有：

$$A_1 \parallel A_2=(S_1 \times S_2, S_{01} \times S_{02}, S_{u1} \times S_{u2}, \Sigma_1 \times \Sigma_2, X_1 \cup X_2, I_1 \wedge I_2, E)$$

积的状态转移 E 定义如下：

（1）若 $a \in \Sigma_1 \cap \Sigma_2$，$(s_1, a, \delta_1, \lambda_1, s_1^{'}) \in E_1$，$(s_2, a, \delta_2, \lambda_2, s_2^{'}) \in E_2$，则积的状态转移 E 有 $(<s_1, s_2>, a, \delta_1 \wedge \delta_2, \lambda_1 \cup \lambda_2, <s_1^{'}, s_2^{'}>)$；

（2）若 $a \in \Sigma_1 \setminus \Sigma_2$，对于 E_1 中转换 $(s_1, a, \delta_1, \lambda_1, s_1^{'})$ 与 E_2 中的每个位置 s_2，积的状态转移 E 有 $(<s_1, s_2>, a, \delta_1, \lambda_1, <s_1^{'}, s_2^{'}>)$；

（3）若 $a \in \Sigma_2 \setminus \Sigma_1$，对于 E_2 中转换 $(s_2, a, \delta_2, \lambda_2, s_2^{'})$ 与 E_2 中的每个位置 s_1，积的状态转移 E 有 $(<s_1, s_2>, a, \delta_2, \lambda_2, <s_1^{'}, s_2^{'}>)$；

同理，可以将多个时间自动机组合成自动机网络，表示为 $A_1 \parallel A_2 \parallel \cdots \parallel A_n$，构建方法与两个时间自动机类似。

建模与验证工具 UPPAAL 是一个集成的工具环境，被用来对被转换时间自动机网络模型的实时系统进行建模、校验和验证。UPPAAL 由瑞典 Uppsala 大学与丹麦 Aalborg 大学共同开发，是时间自动机建模与验证的主要工具[229-230]。UPPAAL 结合时间自动机建模理论与时序逻辑检测理论，通过输入相关验证语句，验证时间自动机模型的状态可达性、系统安全性、系统活性和时间约束是否满足要求。

UPPAAL 利用 BNF 语法对时间自动机进行验证，其语法形式描述如下：

$$\text{Prop} := E <> p \mid A[]p \mid E[]p \mid A <> p \mid p \rightarrow q \qquad （4.3）$$

其中，E 表示在转换关系中至少有一条路径满足给定的性质，A 表示转换关系中所有路径都满足给定的性质，$<>$ 表示路径中至少有一个状态满足给定性质，$[]$ 表示路径中所有状态均满足给定性质[231]。例如：$E <> p$ 表示存在一条路径，该路径的状态序列中存在某一状态满足逻辑表达式 p；$A[]p$ 表示对所有路径中的每个状态均能满足逻辑表达式 p，$p \rightarrow q$ 表示引导性，当表达式 p 满足时最终 q 也会得到满足。

4.4.2　感知层建模与验证

感知层主要负责获取油菜大田环境信息，监测系统每隔一段时间（采样周期）采集一次环境数据。在采样过程中，感知设备的状态可分为待机状态（Ready）、工作状态（Running）、休眠状态（Dormant）以及异常状态（Error）四种，定义如下：

待机状态用于感知设备完成初始化，为进入工作状态做好准备。

工作状态是指感知设备与被测物理实体进行信息交互，获取所需的环境参数并存入存储单元，同时将数据发送至汇聚节点。

休眠状态是指油菜大田部署的感知设备大多在野外，电源主要采用电池供电或太阳能供电，降低功耗是保障感知设备长时间持续运行的重要因素，休眠后感知设备处于极低功耗状态，休眠状态可以由系统时钟或外部信号唤醒而进入待机状态。

异常状态是指感知设备采集超时、读取数据错误或者发送数据不成功。引发错误的原因很多，可能是设备故障，也可能是感知设备电源不足等，进入异常状态后，感知设备可采取复位自动纠错或由人工处理，消除错误后进入待机状态。

系统感知设备从 Ready 状态开始，进入 Running 状态后，在规定时间内采集并发送数据，接收到网关返回的发送成功 Send_Succ 信号后转换到休眠状态，否则进入异常状态，休眠状态可以由系统时钟或外部信号事件 Wake_Event 唤醒而进入 Dormant 状态。设 T 为采样周期，D 为工作状态下传感器正确采集并发送数据的最大时间限制，M 为最长休眠时间限制，满足 $D < T, M < T$。

基于感知设备工作流程，构建六元组感知设备时间自动模型 TSR 如下：

$$TSR = (S\_SNR, S_0\_SNR, \Sigma_{TSR}, X\_SNR, I\_SNR, E\_SNR) \quad (4.4)$$

其中，$S\_SNR = \{Ready, Running, Dormant, Error\}$，$S_0\_SNR = \{Ready\}$，$\Sigma_{TSR} = \{Send\_succ, Wake\_event\}$，$X\_SNR = \{y\}$。

Ready、Running、Dormant 和 Error 分别代表感知设备待机、工作、休眠和异常四种状态，初始状态为 Ready，y 为时钟变量，在满足时间约束 $y \leqslant D$ 时，Send_succ 触发 Running → Dormant 状态转换，$y > D$ 时，进入 Error 状态。Sync_sign！为同步信号，用来与其他感知设备进行同步，I_SNR 为节点时间约束关系，E_SNR 为节点转换关系，具体描述如图 4.5 所示。

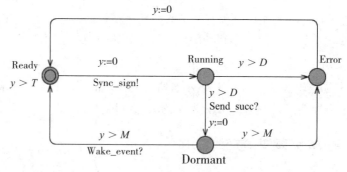

图 4.5　TSR 模型示意图

以土壤 pH 值传感器为例，传感器时间自动机模式实例化表示为 Dosensor，设定采样周期为 10min，为计数方便设置为 100 个时间单位（下文均采用同样方式处理），即 $T=100$；传感器正确采集并发送数据的最大时间限制为 10 个时间单位，即 $D=10$；最长休眠时间限制为 80 个时间单位，即 $M=80$。利用 UPPALL 工具验证如下：

死锁验证的 BNF 表达式为 A[] not deadlock，经验证满足该性质；

传感器存在四种状态，工作过程中传感器必须运行在某个状态上，验证的 BNF 表达式为 E<>Dosensor.Ready or Dosensor. Running or Dosensor.Dormant or Dosensor. Error，经验证，满足该性质；

选取典型时序验证，传感器数据大于 10 个时间单位，未成功采集数据并发送，BNF 表示式为 A[]Dosensor. Error imply Dosensor.$y>10$，系统进入 Error 状态，满足时序要求。

4.4.3　网络层建模与验证

网络层在油菜大田监测体系中承担桥梁作用，由短距离通信的传感网络和远距离传输的通信网络构成。汇聚节点中的网关是网络层的核心设备，一方面要接收感知设备采集的数据，并将预处理后的数据经数据处理层上传至应用层，另一方面又要接收应用层下达的控制指令，并将控制指令下达到执行设备，因此，网络层建模主要以网关作为实例开展建模。

网关数据端口通过无线传感网络接收感知层采集的环境数据，并对数据进行简单的预处理（异常数据识别与剔除、同质传感器数据融合等），再将数据通过远距离传输网络上传至应用层；同样，网关在接收到应用层下发的控制指令后，通过相关端口发送到控制设备。网关运行过程包括五个运行状态：待机状态（Ready）、接收数据状态（Acception）、上传数据状态（Upload）、下发指令状态（Download）和异常状态（Error）。

根据网关设备工作流程构建的六元组网关时间自动模型TNET如下：

$$\text{TNET} = (S\_\text{NET}, S_0\_\text{NET}, \Sigma_{\text{TNET}}, X\_\text{NET}, I\_\text{NET}, E\_\text{NET}) \tag{4.5}$$

其中，$S\_\text{NET} = \{\text{Ready,Acception,Upload,Download,Error}\}$；

$$S_0\_\text{NET}=\{\text{Ready}\};$$

$$\Sigma_{\text{TNET}}=\{\text{Data\_Flag}\};$$

$$X\_\text{NET} = \{y\}$$

在网络层自动机模型中，T 为采样周期，Ready 为初始状态，完成网关运行的初始化，Acception状态下收集油菜大田环境数据，失败返回至Ready状态，成功则进入数据上传状态Upload，Upload状态下调用聚合节点数据处理模块完成数据预处理并向应用层传输数据，Data_Flag为数据预处理完成标识变量，值为 1 时表示预处理完成。接收的控制指令无需进行处理和存储操作，网关只负责向相应控制设备发送，网络传输超时设定为ot，y 为时钟变量，Trans_overtime为超时信号，TNET状态转换如图 4.6 所示。

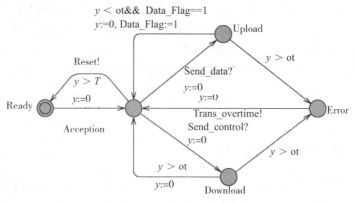

图 4.6 *TNET*状态转换

网络层对物联网网关建模，网关时间自动机模式实例化表示为Net，设定网关超时为 1min（10 个时间单位），即置 ot=5，利用 UPPALL 工具验证如下：

死锁验证的 BNF 表达式为 A[] not deadlock，经验证满足该性质；

网关工作正常验证的 BNF 表达式为 E<>Net.Ready or Net.Acception or Net.Upload or Net.Download or Net.Error，经验证，满足该性质；

选取典型时序验证，网关在 10 个时间单位内未完成数据传输，从而进入出错状态，BNF 表示式为 A[]Net. Error imply Net.y>10，经验证，满足时序要求。

4.4.4 数据处理层建模与验证

构建数据处理时间自动机能确保油菜大田监测系统数据处理逻辑与时序的正确性，数据处理层依次包括数据采集（Dcollect）、异常数据处理（Erdeal）、数据融合（Dfusi）、数据降噪（Ddenoise）、数据存储（Dstore）和错误（Error）六个状态。根据油菜大田监测体系数据处理流程构建的七元组数据处理时间自动机模型TDA如下：

$$\text{TDA} = (S\_\text{DATA}, S_0\_\text{DATA}, S_u\_\text{DATA}, \Sigma_{\text{TDA}}, X\_\text{DATA}, I\_\text{DATA}, E\_\text{DATA}) \quad (4.6)$$

其中，S_DATA={Dcollect,Erdeal,Dfusi,Ddenoise,Dstore,Error}；

$$S_0\_\text{DATA}\text{=\{Dcollect\}；}$$

$$S_u\_\text{DATA}\text{=\{Dstore\}；}$$

$$\Sigma_{\text{TDA}} = \{\text{Coll\_succ,Edea\_succ,Fusi\_succ,Deno\_succ}\}；$$

$$X\_\text{DATA} = \{y\}$$

TDA状态转换如图 4.7 所示，Coll_succ、Edea_succ、Fusi_succ和Deno_succ分别为油菜大田环境数据采集完毕、异常数据识别和剔除完成、数据融合完成以及数据降噪完成的触发事件，y为时钟变量，tc为异常数据处理最大限制时间，tf为同质传感器数据融合最大限制时间。

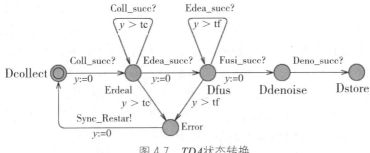

图 4.7 TDA状态转换

数据层时间自动机模型实例化表示为Datadeal，设定异常数据最大时间限制 tc=5（时间单位），同质传感器数据融合最大时间限制 tf=5（时间单位），数据降噪和存储在服务器中完成，不作时间限制。利用 UPPALL 工具验证如下：

死锁验证的 BNF 表达式为 A[] not deadlock，经验证满足该性质；

Datadeal 工作正常的验证 BNF 表达式为 E<>Datadeal.Dcollect or Datadeal.Erdeal or Datadeal.Dfusi or Datadeal.Ddenoise or Datadeal.Dstore or Datadeal. Error，经验证，满足该性质；

选取典型时序验证，数据预处理时间 tc>5，BNF 表示式为 A[]Datadeal. Error imply Erdeal.y>5，系统进入 Error 状态，数据融合 tf<5，BNF 表示式为 A[]Datadeal. Error imply Dfusi.y>5，系统不进入 Error 状态，满足时序要求。

4.4.5 应用层物联网服务建模与验证

油菜大田物联网监测体系的应用层包含实时监测、预测预警以及远程调控等各项服务功能，随着应用需求的深入，应用层的物联网服务项目将不断扩展，这些功能型服务均可以由各类细粒度的粒子服务组成。一个油菜大田物联网粒子服务可以形式化描述为一个三元组（Pid, Pset, PTA），其中Pid为服务标志符，Pset为粒子服务类型集合，PTA为粒子时间自动机。粒子服务按功能主要分为感知型服务、数据分析与处理型服务以及控制型服务，这些粒子服务通过组合可以构成应用层的各类物联网服务。例如油菜大田土壤 pH 值实时监测可以由土壤 pH 值感知服务、数据分析服务和远程控制服务三类粒子服务组合而成，图 4.8 中（a）（b）（c）分别为三类 pH 值粒子服务时间自动机描述。

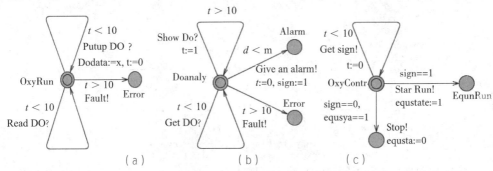

图 4.8 三种粒子服务时间自动机描述

图 4.8（a）为土壤 pH 值感知粒子服务时间自动机描述，该服务每 10 个时间单位读取一次实体土壤 pH 值（DO），并可将土壤 pH 值数据发送给其他服务，若连续 10 个单位时间没有读到有效数据则进入 Error 状态；图 4.8（b）为数据分析粒子服务，每 10 个时间单位获取一次感知粒子服务推送的土壤 pH 值数据，m 为报警阈值，sign 为报警标记，当土壤 pH 值低于阈值 sign 值置 1；图 4.8（c）为远程控制粒子服务，每 10 个单位读取报警状态标记 sign，若 sign 为 1 则启动预警设备，将预警设备运行状态标记 equstat 置为 1，表示设备已处于运行状态，报警解除且设备处于运行状态（equstat=1），停止预警设备。

油菜大田监测应用层物联网服均可采用上述同样方式由粒子服务组成完成。根据应用层物联网服务工作过程，仅以实时监测、预测预警、远程调控、数据可视化等典型服务为例，应用层时间自动机模型表示为：

$$TAP = (S\_APSV, S_0\_APSV, \Sigma_{TAP}, X\_APSV, I\_APSV, E\_APSV) \qquad (4.7)$$

其中，S_APSV = {Start,Rltmoni,Prewarn,Farcontr,Visual,Err_Rlt,Err_Pre,Err_Farc, Err_Visu,Overtime}；S_0_APSV={Start}；Σ_{TAP}={Tco}；$X\_DATA = \{y\}$。

模型中 Start、Rltmoni、Prewarn、Farcontr 和 Visual 分别代表开始状态、实时监测状态、预测预警状态、远程调控状态和数据可视化状态，Err_Rlt、Err_Pre、Err_Farc 和 Err_Visu 为对应的错误状态，Overtime 为超时状态，通常在出现错误状态时，多数状态会转移至超时状态，y 为时钟变量，Tco 为服务控制变量，针对不同 Runcontr 值启动相应的服务，状态转换如图 4.9 所示，其中 T 为一次采样周期，$y<=ts$ 为物联网服务状态的位置不变式（实际运行过程中，不同物联网服务的 ts 可以根据需要设置不同值），通常情况下 ts<T。

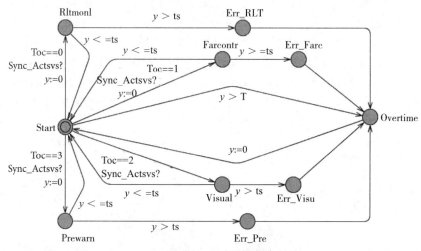

图 4.9　应用层时间自动机的状态转换图

应用层物联网服务时间自动机模型实例化表示为 Service，设定转换图中 T=100，各种物联网服务处理时间 ts 限制相同，ts=20。利用 UPPALL 工具验证如下：

死锁验证的 BNF 表达式为 A[] not deadlock，经验证，满足该性质；

物联网服务工作正常的验证 BNF 表达式为 E<>Service.Start or Service.Rltmoni or Service.Prewarn or Service. Farcontr or Service.Visual or Service.Err_Rlt or Service.Err_Pre or Service.Err_Farc or Service.Err_Visu or Service.Overtime，经验证，满足该性质；

选取典型时序验证，当 Toc 值为 1 时，远程调控在 20 个时间单位成功启动了相应设备，系统不进入错误和超时状态，BNF 表示式为 A[]Service.Err_Farc imply Dosensor.y<20，满足时序要求。

第 5 章
油菜大田监测系统设计与实现

本章在上一章油菜大田监测体系和结构建模的基础上，采用 SOA 技术架构，设计并实现了油菜大田监测系统。系统满足油菜大田环境数据精准采集、可靠传输、智能处理和预测预警等功能需求，解决了传统油菜大田监测费时费力、时效性和可靠性差等问题，为规模化油菜大田监测提供决策支持。

5.1 油菜大田监测系统逻辑架构

油菜大田监测系统能满足油菜大田种植全过程的油菜生长、环境连续监测和远程监控的要求，并对预防极端气候造成极端环境物理指标及土壤环境因子、气候环境因子等具有预测预警功能。根据前述的油菜大田监测体系，系统采用面向服务的 SOA 和业务总线（Eenterprise Service Bus，ESB）分层技术架构，将油菜大田监测系统中各类物联网服务通过良好的接口和契约连接起来，实现不同功能单元（服务）的互联互通，其总体逻辑结构如图 5.1 所示。

感知层的感知节点通过 RS485 接口接入各类传感器，采用基于 ZigBee 的无线传感网络（Wireless Sensor Networks，WSN）实现短距离通信；汇聚节点集成了协调器、路由器和网关功能，支持 2.4G 免许可证 ISM 频段。

传输层支持 Internet、GPRS、3G/4G/5G 无缝接入，有条件的地方采用宽带有线接入，野外布线困难的位置通过 GPRS 和 3G/4G/5G 等移动通信网实现远距离无线传输。

数据层在完成异常数据处理、同质传感器融合等预处理后，采用 WAVELET-RNN 模型进行数据降噪，并通过 XML 异构数据适配器接入数据总线（Data Swap Bus，DSB）。DSB 支持 ODBC/JDBC/ADO 等读写方式，能自适应各类主流的关系数据库。DSB 总线按照实际需求采用服务封装和注册的方式构建各类数据处理服务，实现应用层对数据中心访问控制服务。

应用层采用基于 Web 和 ESB 统一服务框架的 SOA 自适应软件架构。在 SOA 环境下，ESB 采用松散耦合的总线式架构，实现粒子服务的业务重组，完成物联网服务请求者和服务提供者之间的连接，并负责服务之间的协调和调用；Web 使用 WSDL 进行服务描述，使用标准的网络协议（如 HTTP、SOAP 等）来传递数据，支持同步调用和异步调用。

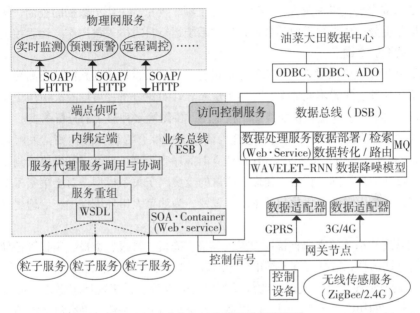

图 5.1　油菜大田监测系统逻辑架构

5.2　油菜大田监测系统功能设计

油菜大田监测系统在湖南农业大学基地进行示范并得到应用，系统平台采用 B/S 架构模式，能满足用户实时监测、数据分析、预测预警、远程调控等功能，用户可以通过 PC 浏览器或手机等移动客户端 App 在任何有网络的地方登录系统实现油菜大田实时监控。系统软件应用功能设计如图 5.2 所示。

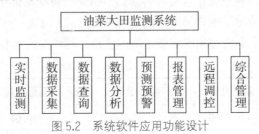

图 5.2　系统软件应用功能设计

实时监测与数据采集主要通过各种土壤传感器等设备实时采集油菜大田因子（包括土壤 pH 值、土壤湿度、土壤温度、土壤盐分、土壤电导率等）；通过农业微气象站采集油菜大田区域的气压、空气温度、空气湿度、降雨量、风速、风向等小气候信息；通过摄像头或照相机实时获取油菜大田视频和图像信息。该模块采集的数据经过数据处理后加载到相关数据库，为数据分析、预测预警、智能决策提供依据。

数据查询主要提供油菜大田环境因子（土壤、气象等）历史数据的查询、检索，为油菜种植业主分析总结提供原始数据；提供系统运行日志、人员操作、远程控制设备运行历史等数据的查询。

数据分析模块可以对不同大田的土壤进行对比分析，得出在相同油菜品种、不同大田下土壤差异性，或者不同油菜品种间土壤差异性对比分析；可以对大田历史年度同期数据进行比对分析；并能提供曲线图、柱状图、饼图等多种形式的分析图表。

预警预测模块通过决策级数据融合为油菜大田综合提供预测预警；采用基于堆叠 LSTM 技术对油菜大田土壤养分、pH 值建立时间序列预测模型，进行准确预测，提前预警；采用贝叶斯平均网络算法构建影响氨氮的土壤因子关系模型，对土壤氨氮参数进行预警处理，防范大田环境恶化与油菜病虫爆发，为油菜大田环境保护与治理提供科学决策依据。

报表管理为油菜研究和种植用户提供日报、周报、月报、季报、年报等各种报表，可以进行日期选择、数据查询、导出，导出数据为 Excel 文件格式。

远程调控实现对每块大田的监测设备进行远程管理，实现远程操作。可以进行自动、手动模式的切换，当手动时，可以通过系统页面上的按钮，进行设备操控。当切换到自动模式时，系统根据控制的参数因子和设定值进行联合控制。

综合管理主要包括用户管理、系统参数设置、运行日志、数据备份与导出以及系统运行维护等功能。

5.3 感知层主要终端设备选型与部署

感知层终端设备是油菜大田环境监测的感知核心，精确、可靠、稳定的数据感知和数据采集是油菜大田监测系统正常运行的基础。感知层终端设备主要包括各类土壤传感器和微气象站。土壤传感器的选择既要满足高精度、高稳定性，又要兼顾经济实用，同时能适合不同大田。本系统选用的智能土壤传感器，其详细技术参数见表 5.1。

表 5.1 土壤传感器技术参数

传感器类型	产品型号	测量原理	测量精度	测量范围
pH 传感器	ZNCX-pH-3000	Ag/AgcL 玻璃电极法	±0.01	0 ～ 14

续表

传感器类型	产品型号	测量原理	测量精度	测量范围
温度传感器	CAU-WT-1000	热敏电阻法	±0.01° C	−20 ～ 80° C
电导率传感器	CAU-EC-4000	四电极法	±0.5%	0 ～ 70ms/cm
叶绿素传感器	ZNCX-CHY-9000	荧光法	±3%	0 ～ 500μg/L

油菜大田无线传感器采集节点主要为油菜大田各类智能传感器提供能量，存储传感器数据，控制传感器定时工作，并将传感器数据通过无线路由节点发送到系统监控中心。本系统设计了多元无线大田环境采集节点，节点构成如图 5.3 所示。无线采集节点采用太阳能电池供电，传感器和节点通过 RS485 总线连接，每个采集节点可同时连接 4 ～ 6 个智能大田环境传感器。采集节点的所有电路板均密封在太阳能电池板下面的一个密封盒内，保证节点设备可以在室外恶劣环境中长期工作。

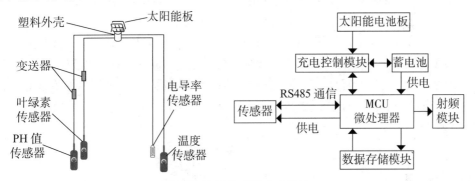

图 5.3　大田传感器节点结构

微气象站选用农用无线气象站，采用便携式结构设计，功耗不超过 2W，放在各种现场环境的随意位置监测使用，测量精度高，可采集温度、空气湿度、风向、风速、太阳辐射、降雨量、大气压、光照度等多项数据。其主要技术参数如下：

工作温度：−20 ～ +70℃；

空气温湿度：测量范围 0 ～ 100%RH；精度 2%，分辨率 ±0.2℃；

风速：测量范围 1 ～ 67 m/s；精度 5%；分辨率 ±5%；

风向：测量范围 0 ～ 360°；精度 ±7°；分辨率 1°；

雨量：测量范围 0 ～ 9999 mm；精度 ±4%；分辨率 0.2 mm；

太阳辐射：波段 300 ～ 1 100 nm；测量范围 0 ～ 1 800 W/m²；精度 ±5%；分辨率 1 W/m²。

农用无线微气象站可放在各种现场环境的任意位置监测使用，传输器固定在支撑杆上，包括数据采集模块和无线发射模块，各传感器与采集模块相连，采集测量的气象参数通过信号传输器进行无线发射。

5.4 网络层设计与实现

无线传输网络负责上传系统感知层采集的油菜大田环境数据至应用层，同时将应用层发出的控制信号下传至感知层。系统采用 ZigBee 近距离无线传感网和 GPRS 无线广域网的异构网络融合方式，解决大面积油菜大田区域布线困难、通信距离受限等问题。

ZigBee 是基于 IEEE802.15.4 协议的开放式近距离局域网标准，具有低功耗、低成本、节点容量大、组网方式灵活、数据交换安全可靠等特点，并具有高度的可扩展性，可满足水产养殖近距离 WSN 的要求；GPRS 选用分组交换方式来获取网络资源，可以快速、无缝地与无线传感网络建立连接，入网时间短，采用流量计费方式，成本相对较低。

5.4.1 无线传感网络设计与实现

无线传输网络架构最底层是无线传感网络 WSN，在 WSN 中油菜大田各类传感器节点以各种方式部署在大田区域中。传感器采集节点通过多路传感器采集大田土壤 pH 值、土壤电导率、土壤盐分、土壤温度、土壤湿度等油菜大田环境参数并转换为数字信号，传感器节点之间可以相互通信，通过自组织方式构成网状无线网络，并利用节点内 ZigBee 通信模块采用多跳传输方式将数据上传至汇聚节点（多跳是指与汇聚节点不相邻的传感器节点通过附近采集节点，选择一定的路由路径，将数据逐级地传送至汇聚节点），再通过 Internet、GPRS、3G/4G 等远距离通信网络实现与应用层的信息交互，如图 5.4 所示。

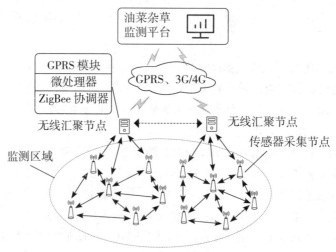

图 5.4　无线传感网络结构

针对油菜大田监测传感器节点部署后相对固定、节点类型相同等特征，系统采用基于分簇的层次路由协议 LEACH，LEACH 是一个具有周期性过程的协议（每一个周期称为"轮"），其基本思想是根据传感器节点区域范围将无线传感网络划分为一个一个的簇，每一轮选取一个或多个簇头，负责收集、处理簇内成员数据并承担与汇聚节点的通信，其实现过程分为两步。

第一步，构建簇结构。簇内节点在建簇阶段均会产生一个 0 到 1 的随机数，若节点随机数小于本轮设置的阈值 $T(n)$，则该节点设定为簇头，同时将该节点阈值设置为 0，在后续过程中不再选为簇头。这种方式使每个节点都有可能成为簇头，可以保证节点能量均衡。阈值 $T(n)$ 表示如下：

$$T(n) = \begin{cases} \dfrac{p}{1 - p\left(r \bmod \dfrac{1}{p}\right)}, & n \in S \\ 0, & \text{其他} \end{cases}$$

其中，r 是循环轮数，p 为簇头数量占节点总数百分比，S 为到目前为止尚未担任簇头的节点集合。当选为簇头的节点向网络发布簇头信息，普通节点按接收信号强弱加入举例最近的簇。

第二步，稳定传输。簇头为本簇所有成员分配时隙，簇内成员节点在分配给自己的时隙内将数据发送给簇头，簇头将采集到的数据发送给汇聚节点。

无线传感网络在运行过程中，由于传感器失效或者监测传感器节点的增加，无线传感器网络中的数据采集节点个数会发生动态变化，从而迫使网络拓扑结构重构，无线传感网络的构建和动态调整由 ZigBee 协调器（独立或集成在汇聚节点）来完成。ZigBee 协调器构建及接受传感节点入网流程如下：

（1）发起 NLME_NETWORK_FORMATION.request，请求设备初始化；

（2）发起 NLME_SCAN. Request，执行能量扫描和信道扫描；

（3）通过 NLME_SCAN.confirm 请求扫描结果；

（4）选择信道，获取 PANId 及网络地址；

（5）通过 MLME–START.request 新建网络运行开始；

（6）接收传感器节点入网请求，为新加入节点分配短地址；

（7）发送入网响应信号，子节点成功加入网络。

无线传感网络运行过程中若需要增加新的传感器节点，新节点上电后首先扫描寻找是否有已存在的网络，若存在，则发送 NLME–PERMIT–JOINING.request 请求入网，得到响应后发送绑定请求，绑定入网成功后即可与其他节点进行通信。ZigBee 协调器在探测传感器节点失效（或不存在）时，将发送断开网络命令，传感器节点也可以通过发送 NLME–LEAVE.request 主动离开网络。

5.4.2　GPRS 远距离数据传输设计与实现

汇聚节点是 WSN 与管理节点的接口，负责 WSN 的组建和重构，同时可以连接 WSN 与外部网络。汇聚节点集成了 WSN 网络协调器、微处理器、GPRS 模块，微处理器负责 GPRS 模块与 ZigBee 协调器之间的数据接收、处理和发送，具有较强的数据传输、数据处理和运算能力。汇聚节点结构如图 5.5 所示。

图 5.5　汇聚节点结构

GRPS 采用分组交换和分组传输无线通信技术，通过在 GSM 网络上增加 GGSN（GPRS 网关支持节点）和 SGSN（GPRS 服务支持节点）来实现数据传输与交互，具有接入时间短、连接费用较低、永远在线等特点，特别适合油菜大田远程监控系统这种频发小数据量的实时传输系统。GPRS 通信模块主要通过串口与无线传感网络进行通信，并且实现与远程服务器端的数据通信。GPRS 远程数据传输实现过程如下：

第一步，检测串口状态。使用 AT 指令（"AT\r\n"）检查微处理器与远程通信模块之间的串口是否处于正常状态，若返回"OK"，则关闭回显；

第二步，设置波特率（传输速率）。通过 AT 指令"AT+IPR=0\r\n"设置自动波特率适配；

第三步，检测信号。通过指令"AT+CSQ\r\n"检测环境信号强度是否达到连接要求；

第四步，查询 GPRS 注册状态。通过指令"AT+CREG=?\r\n"检查 GPRS 网络是否注册成功，返回"OK"表示注册成功；

第五步，配置 APN。通过指令"AT+CGDCONT=1，IP，cmnet\r\n"，传输通信协议设定为 TCP/IP；

第六步，激活 TCP/IP 功能。通过指令"AT%ETCPIP"激活并确认 TCP/IP 功能是否已经打开；

第七步，建立传输链接。在确认传输模块 TCP/IP 协议激活后，以"AT%IPOPEN"指令打开一条 TCP/IP 链接，并指定链接 IP 以及端口号。

执行完上述步骤后，TCP/IP 传输链接即已建立，可以通过 GPRS 模块实现汇聚节点和应用层的数据传输与信息交互。

5.5　应用层主要功能模块实现及可视化

油菜大田监测系统采用 SOA 设计模式，基于 eclipse 开发环境进行框架整合与集成，开发语言采用 Java 语言，与 Java Servlet、JSP、JSF、AJAX、Hibernate、Spring、Struts、JDBC 数据库连接工具等技术无缝连接；数据库采用 Oracle Database 11G R2 RAC 版本，应用服务器采用 tomcat6.0，代码编译环境采用 jdk 1.6 版本。

系统登录界面如图 5.6 所示。

图 5.6　系统登录界面

5.5.1　实时监控

用户进入该模块后，能实时监测油菜大田环境参数，包括土壤湿度、土壤温度、土壤酸碱度（pH 值）、土壤养分等，实时显示各大田环境因子预警状态（绿灯为正常、黄灯为预警、红灯为报警），进入报警状态后，系统将自动将报警信息发送到用户预设的手机。该模块在自动模式下能实时监控大田区域的设备运行状态，手动模式下可以通过界面开启、关闭相关设备。大田环境参数实时监测如图 5.7 所示。

图 5.7　大田环境参数实时监测

5.5.2　数据查询

用户可以通过选择某一块大田来查询该大田的历史数据（一个采集点代表一个池塘，用户可以在系统管理中修改采集点名称），选择需要查询的大田环境参数，输入查询的时间范围，点击提交即可显示查询结果，并可导出相关数据（Excel 格式）。pH 值数据查询如图 5.8 所示。

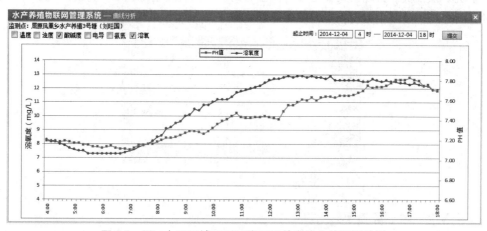

图 5.8　pH 值数据查询

5.5.3　曲线分析

在该功能模块中用户可以选择不同大田区域的相同环境因子进行历史曲线比较，也可以选择同一大田区域不同环境因子的变化曲线。用户选择好大田区域、环境参数以及起止时间，即可显示相关曲线。该功能为油菜研究和种植用户了解不同环境对油菜品质和产量的影响提供帮助，为多层次油菜种植数据分析提供依据。同一大田区域不同环境因子的变化曲线运行效果如图 5.9 所示，手机端油菜大田数据对比如图 5.10 所示。

图 5.9　同一大田区域不同环境因子的变化曲线运行效果

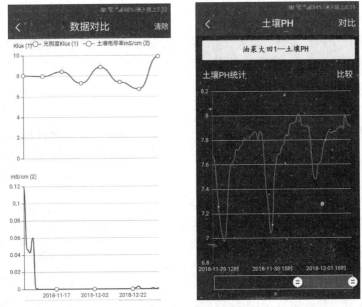

图 5.10　手机端油菜大田数据对比

5.5.4　预测预警

油菜大田参数预测预警能帮助油菜研究和种植户提前预知油菜大田环境因子变化趋势，及时采取措施规避风险。系统根据不同大田环境因子的变化规律采用了多种预测模型，并将预测情况向用户展示，为用户提前进行生长环境调控提供科学依据。预警时间可以通过综合管理设置为 5min、10min、30min、1h 等不同时间间隔，其运行效果如图 5.11 所示。

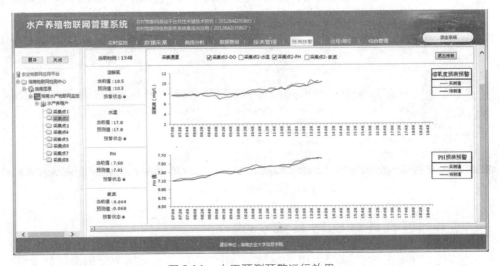

图 5.11　大田预测预警运行效果

5.5.5 综合管理与运行维护

综合管理包括用户管理、日志管理、配置管理、系统管理、运维管理几个方面。其中，配置管理主要包括用户配置、报警配置、短信配置，如图 5.12 所示。

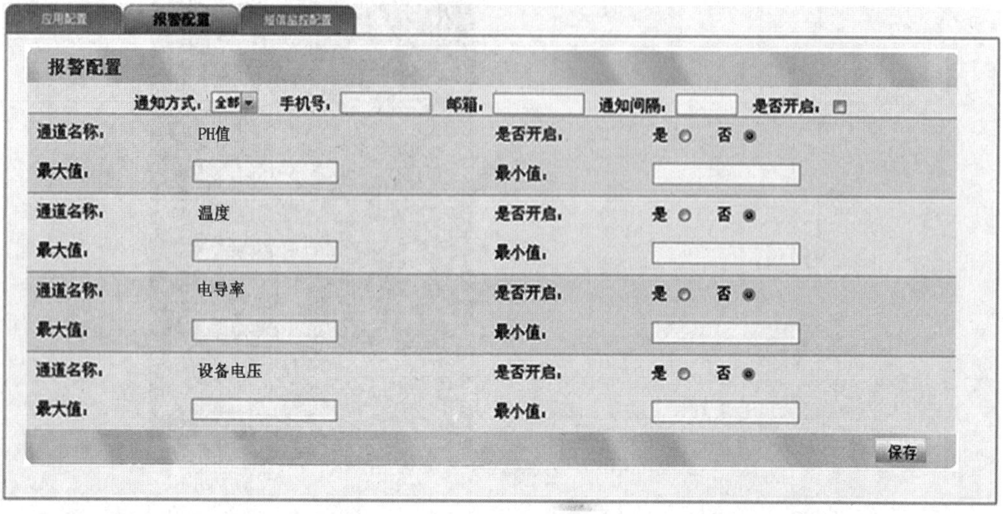

图 5.12 系统配置管理

油菜大田监测系统运行维护实现了与物联网监控平台的无缝集成，运维模块既可以在油菜大田监测系统中单独运行，也可以通过物联网监控平台进行，如图 5.13 所示，二者实现了数据共享和互联互通。

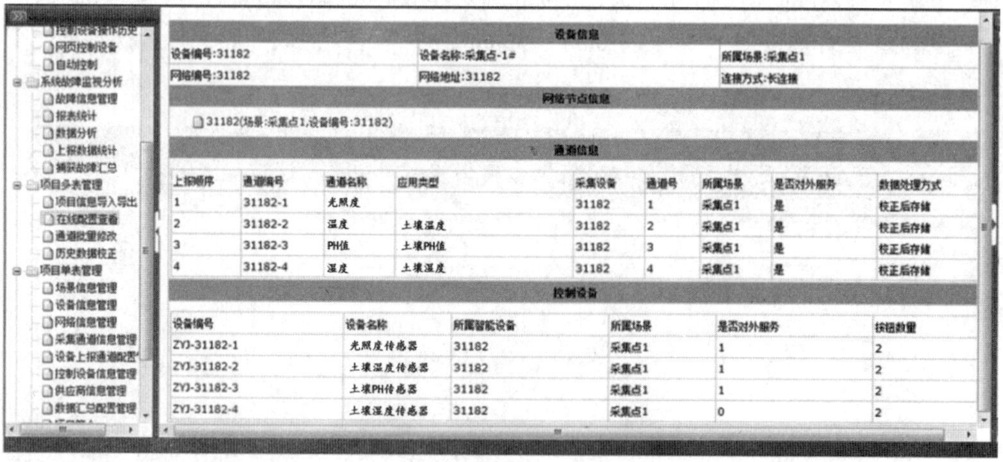

图 5.13 系统综合管理与运行维护

5.5.6 手机终端实时监控

用户可以下载并安装油菜大田监测 app，通过手机实现对油菜大田区域的实时监控、环境预测、数据查询、曲线分析等监控功能，手机用户与 PC 监控的用户名和密码保持一致，并提供了油菜种植技术、政策资讯等其他服务功能，如图 5.14 所示。

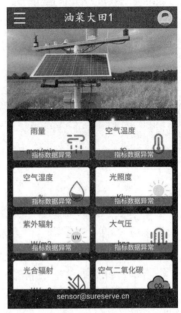

图 5.14   手机终端远程监控

第6章　基于卷积神经网络的油菜杂草智能识别系统

随着社会的快速发展，人们日常生活日益对菜籽油的需求越来越大，油菜种植也成为保障国家粮油安全的重要举措。但是油菜大田种植受菌草、播娘蒿、牛繁缕、繁缕、苘麻、稻槎菜、看麦娘、通泉草、一年蓬、狗尾草、酢浆草、猪殃殃、珠芽景天、婆婆纳、马唐、棒头草、野燕麦等杂草的影响和干扰，严重影响油菜生长和产量[232]。油菜大田中的杂草也是油菜病虫害寄生场所，为油菜病虫害提供了生长空间。杂草使油菜生长受到严重的抑制，植株变得瘦弱。目前，油菜杂草识别和防除的研究也比较多[233-237]，但是以深度学习为主要的方法还鲜有报道[62]，油菜大田杂草识别和防控主要还是依靠人工。因此，在今后相当长的时期内，研究并构建基于 CNN 的油菜杂草识别模型，设计一套基于深度学习的油菜杂草智能识别系统，对防止油菜杂草的危害具有十分重要的意义。

6.1　油菜杂草智能识别系统方案

本节针对目前油菜大田杂草识别方法和过程存在的问题进行详细分析。油菜杂草智能识别过程是一个强耦合、纯滞后和显著不确定性的复杂过程，传统的仅仅基于数学模型、专家系统等方法难以获得精确的识别效果，因而提出基于 CNN 的油菜杂草智能识别系统的设计方案。

6.1.1　油菜杂草识别流程分析

目前，油菜杂草识别流程的特点决定了油菜杂草识别过程中会存在许多问题，这些问题是这种识别流程不可避免的。油菜杂草识别一般都是采取图像作为初始样本数据进行识别的。如图 6.1 所示，油菜杂草识别流程可简要描述为将各种不同的杂草图像经过图像增强、降噪或复原等预处理后得到初步满足要求的图像，然后通过相应的检测与分割、表示与描述等方法进行模式识别，获得具有明显特征的、能识别的图像。油菜杂草图像获取，是通过将油菜大田中的杂草由摄像机和数码相机拍摄后转换成计算机能处理的格式，形成一组测量值。油菜杂草图像变换是对油菜杂草原始图像做离散傅里叶变换、沃尔什变换、离散余弦变换等，将油菜杂草的特征在图像变换域中表现出来，以便在变换中对油菜杂草图像进行图像增强、图像降噪、图像复原或图像编码等相应的处理。

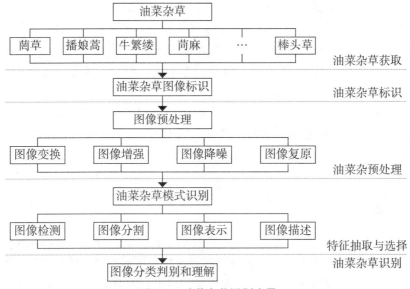

图 6.1　油菜杂草识别流程

杂草图像处理分为预处理、特征抽取和特征选择。预处理就是通过图像变换技术改善油菜杂草图像质量，消除图像中的噪声等，来提高机器分析处理的效果。特征抽取是油菜杂草图像中提取一组反映油菜杂草图像特性的基本元素或数字值。特征选择是从抽取的特征中选择能更好完成油菜杂草分类识别的特征来表示油菜杂草原始图像。油菜杂草图像特征抽取和特征选择的过程是杂草图像检测与分割、表示和描述的过程。这个过程涉及各种图像算法，如高斯－拉普拉斯法、分水岭算法、图像差分法、基于光流的分割方法、傅里叶描述法、纹理描述法、形态学描述法、统计模式识别法、模糊图像识别法、神经网络识别等。

油菜杂草识别研究主要分为两类：基于机器视觉的油菜杂草识别和基于光谱的油菜杂草识别，都是以图像对象作为样本初始数据。总之，这种油菜杂草识别过程非常复杂、数据训练量大时长、投入工作精力多，这不仅给整个识别过程带来一定的难度，而且造成劳动强度大、识别效率低、所识别的油菜杂草图像质量波动大。

6.1.2　识别存在的问题描述

针对油菜杂草识别流程的复杂性，很多研究采取了一定措施以提高油菜杂草识别质量，但结果不尽人意，因为存在一些技术上难以解决的问题。

（1）油菜杂草种类多，数据采取量大。由于油菜杂草种类繁多，油菜杂草识别过程中所要用到的图像数据量巨大，自动确定杂草图像时，需要对这些图像数据进行大量且复杂的处理，给识别带来很大的难度，结果增加了油菜领域专家和种植户的工作量。在杂草识别过程中，主要考虑以下三个因素。

①油菜杂草种类。油菜杂草在不同的种植区域，由于地势环境、土壤、气候、栽培、管理等各种自然因素和人为因素的干扰，不同类型的油菜大田生长的杂草往往不同。菊科和禾本科是稻茬油菜田杂草的主要优势种群，主要有牛繁缕、酢浆草、看麦娘、通泉草、一年蓬、早熟禾、婆婆纳、茼草、珠芽景天、繁缕、稻槎菜等，旱地油菜田的杂草主要有繁缕、卷耳、一年蓬、益母、婆婆纳、早熟禾、碎米荠、酸模、猪殃殃等耐旱杂草[232]。

②油菜杂草特征。不同种类的油菜杂草具有不同的特征，应根据油菜领域专家的研究，从中获得这些杂草的知识，掌握它们的特征，如颜色、大小、形状、叶绿素、纹理等，以便识别。

③油菜杂草生长环境。油菜杂草有些喜湿，有些耐旱。在不同的生长环境中，有不同的油菜杂草。获取它们的生长环境信息并构建油菜杂草知识库，是识别油菜杂草的重要前提条件。

（2）油菜杂草图像采集波动大。油菜杂草原始图像是后续识别、充实油菜杂草知识库知识的基础，图像质量关系到最终识别效果。油菜大田中的杂草连续图像的空间样本是空间采样函数与杂草连续图像相乘的结果。油菜杂草图像的空间采样函数

$$s(x, y) = \sum_{m=-\infty}^{\infty} \sum_{n=-\infty}^{\infty} \delta(x - m\triangle x, y - n\triangle y)$$ 。其中 $s(x, y)$ 是一个二维单位的冲激函数，排列在间

隔为 $(\triangle x, \triangle y)$ 的网格上，用于构成油菜杂草采样栅格；$\triangle x$ 和 $\triangle y$ 是空间采样周期。当 $\triangle x$ 和 $\triangle y$ 小于或大于奈奎斯特准则时，往往造成图像过采样或欠采样的现象。油菜杂草连续图像经过采样所得到的样本图像需要经过量化处理才能转换为数字图像供计算机识别，量化误差由空间分割的取值和信号概率分布决定。量化后的图像能否成为被计算机可识别的图像，主要由图像空间分辨率和灰度级分辨率两个重要指标衡量。在油菜杂草图像实际采集和预处理过程中，过采样、欠采样、量化误差、图像空间分辨率和灰度级分辨率等因素都会给油菜杂草图像采样带来难度，最终给采集的样本带来较大的波动。

（3）油菜杂草识别的准确率受图像识别算法制约。油菜杂草从获取到最后识别，经过采样、处理和判别分类这几个阶段，需要用到很多算法，如统计模式识别法、纹理特征提取算法、形状特征提取算法、稀疏性特征选择算法、纹理特征选择算法、神经网络算法等。不同算法对图像的标注效率、性能、识别率、检索等方面都有一定的影响，目前油菜杂草识别过程中对图像识别算法的选择一般都是传统常见的算法，针对性不强，取得效果也不是很理想。

（4）人为或机器因素影响大。采用现有的识别方式，由于识别流程受到图像数据获取者（人工操作或无人机获取）操作的影响，得到的原始杂草图像数据不清晰、曝

光、过暗等现象，从而给油菜杂草识别带来一定的波动性，有时候这种波动还很大，比如：无人机在油菜大田上飞行时，机翼产生的风会改变杂草的形状或飞行过高获取的图像过小等因素，都会影响油菜杂草图像识别。

（5）专家经验知识丰富，但信息不确定性因素多。由于油菜杂草识别过程经历了相当长的时间，从人工识别到机器识别，经过长时间的探索，已经积累了丰富的油菜杂草识别经验知识，但这些经验知识不但具有很强的模糊性，而且充满了各种不确定性的因素。例如，如果需要提高杂草识别率，就要拍摄清晰的杂草图像，但究竟如何拍摄才符合要求，即拍摄的图像多大，曝光率、分辨率多少才合适，这是一个很模糊的、不确定的量。

在实际油菜杂草图像识别过程中，往往几种问题同时并存，相互耦合在一起，给油菜杂草识别增加不少难度。

由上可知，油菜杂草识别过程是一个具有模糊性、强耦合和不确定性的复杂过程，普通的数学模型难以精确地描述油菜识别过程和油菜杂草知识库相关知识规则、事实知识等复杂的关系。

6.1.3　系统总体设计方案

本节针对目前实际油菜杂草识别过程存在的问题，基于油菜杂草识别原理、长期积累的油菜领域专家经验和深度学习的卷积神经网络，设计了油菜杂草识别系统的总体方案。

1. 油菜杂草智能识别系统的总体结构

影响杂草识别的因素很多，凭借经验来识别杂草很难保证识别的杂草的图像质量，鉴于深度学习在其他领域得到了成功应用的经验，故在本节研发了一套基于深度学习的智能识别系统来实现油菜杂草自动识别和防除。

本系统构架是应用程序基于物联网平台这个运行环境中的最高层次的一种抽象描述，是油菜杂草智能识别系统的体系结构，描述系统整个设计、协作构件之间的一种相互依赖关系、权责分配以及控制方式，为系统开发、组装和部署提供了一种宏观上的指导方法。为了从不同的角度描述一个本系统的体系结构，采用了统一建模语言（Unified Modeling Language，UML）方法来构建油菜杂草智能识别系统，如图 6.2 所示。系统是以质量预测模型为基础、杂草智能识别为核心的识别系统。杂草智能识别系统进行杂草智能识别时，首先将油菜各种类型的杂草（包括从后续过程返回的杂草）输入基于油菜杂草特征原理建立的质量预测模型中，预测结果与给定的油菜相对应的杂草指标进行比较，其结果作为智能识别系统的输入；然后智能识别系统根据输入的误差进行推理和决策。若输入误差在合理范围，则输出结果，并作为杂草识别质量控制的给定值；否则，继续推理并将推理获得的识别结果再次输入质量预测模型以获得新的预测指标，重复上述过程，直至得到最佳的识别结果。

系统是根据油菜杂草识别的图像质量指标、杂草知识以及预测模型，通过"预测—对比—推理—再预测—再对比—再推理"这样一个不断循环的过程来最终确定满足每种类型的杂草识别质量的指标要求。根据不同的杂草识别要求，油菜杂草智能识别系统将会给出既能满足杂草识别质量的指标要求，又能满足杂草防除要求的配套措施。此外，随着杂草以及生长环境的变化，油菜杂草智能识别系统能够根据杂草识别过程中的领域经验数据和专业知识，对杂草质量预测模型进行在线及时修正，从而达到对油菜杂草知识库进行不断地补充和更新的目的，以保证油菜杂草识别和质量预测的精确性。

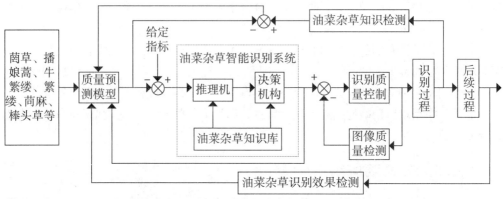

图 6.2 油菜杂草智能识别系统的总体结构

2. 油菜杂草智能识别系统的组成

油菜杂草智能识别系统的主要功能是利用深度学习识别出杂草，并利用油菜杂草知识库所提供的杂草知识进行推理，以获得各杂草的准确情况，同时提供一个合理的基于物联网平台的人机交互界面以便于油菜杂草知识的管理、维护、编辑等操作，最后采取相应的措施，实现油菜杂草的去除。图 6.3 设计了油菜杂草智能识别系统的组成结构。

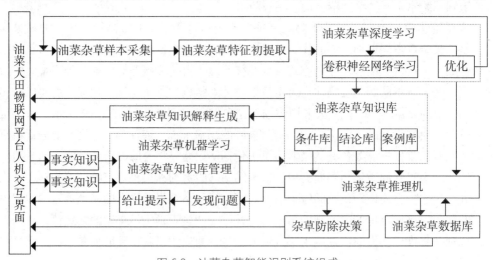

图 6.3 油菜杂草智能识别系统组成

油菜杂草智能识别系统主要由油菜杂草知识获取、知识库、知识库管理、推理机、决策机构、油菜杂草数据库以及知识解释等组成。

（1）油菜杂草知识获取。知识获取是通过领域专家或行业专家获取有关油菜杂草的知识，分为油菜杂草事实知识获取和油菜杂草规则知识获取，前者是指有关油菜杂草的对象、属性、类型、颜色、状态、形状等特征参数，后者是指由油菜杂草事实知识所组成的规则。

（2）油菜杂草知识库。油菜杂草知识库是存储油菜杂草知识并为推理机提供推理所用的领域经验知识。该库包括油菜各种杂草的条件库和结论库，前者是油菜杂草相关规则前件的集合，后者是对应杂草规则结论的集合。

（3）油菜杂草知识库管理。油菜杂草知识库管理主要是对油菜杂草的领域知识进行添加、修改、检索、删除等操作以及对领域知识进行准确度的检测与求精。

（4）油菜杂草推理机。油菜杂草推理机首先是利用油菜杂草的有关特征、各杂草领域知识等检测数据计算获得当前油菜杂草的启发式信息，然后依据该信息在油菜杂草知识库中调用相对应的油菜杂草知识进行推理以获得合适的识别效果，以便供杂草防除决策使用。若推理过程出现错误的知识，识别系统会给出相关的提示，然后领域知识专家或行业专家根据提示，对这条知识进行校正并修改。

（5）油菜杂草决策机构。油菜杂草决策机构是对油菜杂草推理机推理相应的杂草之后所得到的杂草识别结果进行有效性判断，如果该杂草识别结果符合期望的杂草识别质量指标，则输出该杂草识别结果，同时保存该识别结果到油菜杂草数据库，否则继续进行识别。

（6）油菜杂草数据库与知识解释。油菜杂草数据库为油菜杂草推理机提供原始的数据，并保存识别结果。油菜杂草知识解释对油菜杂草知识库中的杂草知识进行相应的解释，以方便普通用户理解，从而提高油菜杂草知识的可接受性。

（7）油菜杂草深度学习。油菜杂草深度学习是本系统实现智能识别的前提，对来自物联网平台采集过来的杂草图像信息，经过初步特征提取之后，通过卷积神经网络学习，为整个系统提供自动识别杂草图像的能力，学习的结果保存到杂草知识库并提供给推理机，为最终杂草防除决策提供更加准确的启发式信息。这个过程有一个图像质量效果优化的过程，使得学习的结果更加准确，满足本系统知识库的需要。

在油菜杂草智能识别系统中，油菜杂草深度学习是整个识别系统的关键；油菜杂草知识库是整个识别系统的核心，它为推理机提供了推理的油菜杂草知识，杂草领域知识的质量直接影响杂草识别的准确性。建立油菜杂草数据库的基础和前提条件是油菜杂草知识获取。在杂草识别推理过程中，为了保证油菜杂草推理的灵活性、快速获得油菜杂草的识别结果，推理机所采取的推理机制是重中之重。

6.2 油菜杂草知识获取与知识库设计

知识库是油菜杂草智能识别系统的核心内容，而油菜杂草知识获取是建立油菜杂草知识库的基础。知识获取需要解决的关键问题是智能识别系统采取哪种方式或方法获取相关的领域知识。油菜杂草智能识别系统采用的是半自动知识获取方式。在油菜杂草获取知识之后，以产生式的方式来表示该知识并采用形式化符号工具——巴科斯范式（Backus Normal Form，BNF）描述。由于油菜杂草知识可能存在模糊、冗余、矛盾等各种现象，本文通过对油菜杂草知识进行研究，提出了冲突消解的方法对冗余、矛盾、模糊等现象进行相应的处理。同时，根据获取的领域知识及其知识表示形式，设计了油菜杂草知识库的物理结构，并阐述了油菜杂草知识。

6.2.1 油菜杂草知识获取

本书讨论建立油菜杂草知识库获得领域杂草知识的相关内容，为智能识别油菜杂草和进行杂草防除提供基础数据信息来源。

1. 油菜杂草知识获取方式

智能信息处理要解决的关键问题是知识获取，也是当前智能信息处理的瓶颈。知识获取是指，人工智能领域中研究如何从各种知识源中得到问题求解所需要的知识，并将其通过某一种或几种方式转换成计算机可识别的信息的过程。知识获取实质就是把问题求解的各种专门知识从领域专家或行业专家的头脑中或其他知识源（如案例、文档资料、规则、谓词等）转移到专门的领域知识库中。知识获取是人工智能领域发展的一个瓶颈，严重制约了智能专家系统的发展，决定了知识库的质量[238-239]。随着物联网、云计算和大数据等技术的快速发展和广泛应用，知识获取面临新的机遇与挑战。依据人工智能理论以及知识获取过程的形式，知识获取主要有自动获取、半自动获取和人工获取（非自动获取）等三种较典型的方式。

知识自动获取是指本身具有取得并加工知识的能力。深度学习技术是一个自动获取知识的典型技术之一。虽然在理论上仍然在进一步进行探索研究，但是在人脸识别、医疗诊断等领域已取得了比较成功的应用。知识自动获取适合于单一的知识来源。

知识半自动获取是将人和机器获取相结合的一种知识获取方式，即一部分知识获取功能由领域知识工程师完成，另外一部分知识获取由机器完成。这种方式一定程度上减轻了领域知识工程师的工作量，同时降低了人为因素所造成的影响，尤其是图像识别方面，是目前智能系统中最为常见的知识获取方式。

知识人工获取方式完全依靠人工来获取相关领域知识，并依靠领域知识工程师对知识进行冗余、矛盾、准确性等问题判断，从而将知识输入系统的知识库中。这种方式不但工作量大、烦琐，而且易出问题。

基于油菜杂草知识的多样性和来源的复杂性，本系统采用半自动获取方式来获得油菜杂草领域知识。

2. 油菜杂草知识半自动获取

油菜杂草知识库是油菜杂草智能识别系统的核心部分，存储和管理了油菜杂草领域内的原理性知识、领域专家或行业专家的经验知识以及有关的事实等内容，是推理机所需要的油菜杂草规则知识的来源。知识获取的基本任务是为油菜杂草智能识别系统获取知识，建立起健全、高效的油菜杂草知识库来求解油菜杂草领域的问题。油菜杂草知识半自动获取分为知识抽取、知识转换、知识编辑等几个环节，如图6.4所示。

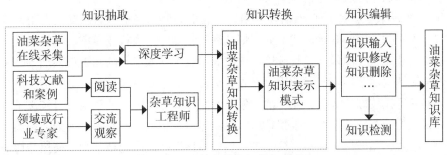

图6.4　油菜杂草知识获取流程

（1）知识抽取。油菜杂草知识抽取是指将蕴含或隐藏在各种知识源（杂草图像、领域或行业专家、油菜杂草相关的科技文献、案例等）中的油菜杂草知识，经辨识、理解、筛选、归纳、学习等加工分解出来，形成机器可以识别的知识，以便构建一个实用的油菜杂草知识库。油菜杂草知识的来源一般有三种方式。

一是领域或行业专家的经验知识及油菜杂草相关的各种专业科技文献。这些知识一般不会以某种显性的方式存在知识源中，大多数是以隐性的方式存在。因此，要获得符合要求的油菜杂草知识，前期需要完成的工作量大且烦琐。例如油菜领域专家或行业专家，他们往往能够游刃有余地处理领域内的各种油菜杂草问题，并能够大量列举出与这类问题相关的详尽实例，但他们很难有条理性地总结或归纳处理这些问题的方式、方法、原理等，更难做到深层次去分析解决这些问题的方式、方法和原理之间的相互联系，建立起知识之间的纽带，甚至出现只可意会不可言传的情况。同时，这些领域或行业专家一般不熟悉甚至不懂计算机智能系统的有关知识和技术，不知道如何对他们所掌握的领域知识进行有效表达以方便系统可识别。因此，油菜杂草知识抽取难度不小，困难不少，需要反复多次地与油菜领域或行业专家进行访谈和观察他们处理问题的过程，引导他们说出油菜杂草知识的内涵，然后反复分析、提炼综合、去粗存精、去伪存真和归纳总结，获得清晰、有效的油菜杂草知识。

二是来自系统自身学习。通常一个初步构建的智能识别系统需要通过上线运行才能发现领域知识存在的问题，根据这些问题有针对性地补充新的领域知识来充实知识库，进一步完善、健全领域知识，从而提高系统的智能识别效果。①由领域或行业专家进一步提供更具有内涵的知识，要求他们提供更加精准的领域知识补充到领域知识库；②由系统自身学习提供，系统根据测试的经验从系统已有的知识或实例中，通过学习来演绎和归纳出新的知识，并补充到领域知识库。

三是来自传感器和智能移动终端远程在线智能采集。通过各种高精度传感器和智能移动终端远程在线采集油菜杂草实时数据，实现对油菜杂草生长环境数据的实时监测，定时将监测到的杂草生长的土壤、环境、气象等数据以及各种类型的油菜杂草图像通过无线网络发送到监测平台上，通过深度学习对该知识进行深度抽取，形成方便的、精准的油菜杂草知识，然后补充到油菜杂草知识库中。

（2）知识转换。将用自然语言、图形、表格等形式表示的知识变换为用计算机能够理解、识别并运用的表示形式。为了把从油菜领域专家或行业专家、相关科技文献及在线采集的油菜杂草图像、生长环境、气象等信息中抽取出来的知识送入油菜杂草知识库，供系统解决油菜杂草问题使用，必须要对油菜杂草知识表示形式进行转换。为了使知识转换获得比较好的效果，先将油菜领域专家或行业专家、油菜杂草科技文献资料以及在线采集的油菜杂草图像、生长环境、气象等信息中抽取的知识转换为某种油菜杂草知识表示模式，如产生式规则、框架等；然后将该模式表示的杂草知识转换为智能系统可直接使用的内部表示形式。

（3）知识编辑。油菜杂草知识编辑包括杂草知识输入、修改、删除、检测等操作。知识输入是将转换好的油菜杂草知识经过校正、编译后送入油菜杂草知识库的过程。知识检测是对油菜杂草知识抽取、转换、输入等环节中的知识进行检测的过程，以免这些环节上的失误使错误的油菜杂草知识进入知识库，影响系统的性能和识别效果。对油菜杂草知识进行检测的目的是尽早发现并纠正可能出现的知识错误，提高系统的智能程度。例如，输入知识时，经常会发现油菜杂草知识存在不一致、不完善等问题，经过检测就可以采取相应的修正措施，防止将错误知识输入知识库。

油菜杂草知识获取需要解决的问题是杂草知识来源，即这些知识从哪获得，包括事实知识和规则知识。知识一方面来源于传感器和智能移动终端远程在线智能采集以及有关的科技文献资料等，另一方面，由于油菜杂草研究一直持续到现在，油菜研究人员和油菜技术人员、种植人员都积累了丰富的油菜杂草识别实践经验，为系统的知识提供了深厚的领域专家和行业专家知识。

6.2.2　油菜杂草知识抽取

知识抽取是构建智能识别系统的前提条件，是一项繁杂、量大的工作。知识抽取的主要任务是与领域专家或行业专家进行交流甚至观察他们处理问题的过程，研读相关科技文献资料，通过传感器和智能移动终端远程在线智能采集信息，获取智能识别系统所需要的原始领域知识，对获取的原始领域知识进行加工、分析、诠释、归纳、整理和总结，形成自然语言能描述或表述的知识。油菜杂草智能识别系统的知识抽取主要是通过以事实为基础的知识抽取和以规则为前提的知识抽取两种方式来实现。

1. 油菜杂草的事实知识抽取

事实知识抽取的关键是根据油菜及油菜杂草生长机理确定与油菜杂草识别有关的杂草种类、特征以及生长环境数据、油菜品种、油菜耕作制度等事实。本智能识别系统的事实知识包括以下内容：

（1）受莴草、播娘蒿、牛繁缕、繁缕、苘麻、稻槎菜、看麦娘、通泉草、一年蓬、狗尾草、酢浆草、猪殃殃、珠芽景天、婆婆纳、马唐、棒头草、野燕麦等油菜杂草的种类、所属科目；

（2）受莴草、播娘蒿、牛繁缕、繁缕、苘麻、稻槎菜、看麦娘、通泉草、一年蓬、狗尾草、酢浆草、猪殃殃、珠芽景天、婆婆纳、马唐、棒头草、野燕麦等杂草等油菜杂草的形状特征；

（3）受莴草、播娘蒿、牛繁缕、繁缕、苘麻、稻槎菜、看麦娘、通泉草、一年蓬、狗尾草、酢浆草、猪殃殃、珠芽景天、婆婆纳、马唐、棒头草、野燕麦等杂草等油菜杂草的颜色特征；

（4）受莴草、播娘蒿、牛繁缕、繁缕、苘麻、稻槎菜、看麦娘、通泉草、一年蓬、狗尾草、酢浆草、猪殃殃、珠芽景天、婆婆纳、马唐、棒头草、野燕麦等杂草等油菜杂草的纹理特征；

（5）受莴草、播娘蒿、牛繁缕、繁缕、苘麻、稻槎菜、看麦娘、通泉草、一年蓬、狗尾草、酢浆草、猪殃殃、珠芽景天、婆婆纳、马唐、棒头草、野燕麦等杂草等油菜杂草的位置特征；

（6）受莴草、播娘蒿、牛繁缕、繁缕、苘麻、稻槎菜、看麦娘、通泉草、一年蓬、狗尾草、酢浆草、猪殃殃、珠芽景天、婆婆纳、马唐、棒头草、野燕麦等杂草等油菜杂草的生长环境习性；

（7）油菜生长环境：土壤温湿度、土壤 pH 值、电导率、盐分等，电导率等；

（8）油菜大田气象：空气温湿度、雨量、风速 / 风向、光照强度、日照时数、大气压、紫外辐射、光合辐射等，氨气、硫化氢、二氧化碳、二氧化硫等；

（9）油菜栽培方式；

（10）油菜耕作制度；

（11）油菜杂草的除草剂类型；

（12）油菜品种及特征。

2. 油菜杂草的规则知识抽取

规则知识抽取的关键是先将油菜领域专家或行业专家的经验知识归纳、总结和整理成断言形式，再将断言变换成规则。例如，"提高识别棒头草的途径之一是添加棒头草图像的数量"这句话给出了提高识别棒头草的途径之一，但信息比较模糊，提高棒头草的识别率与添加棒头草图像的量都明确，那么棒头草的规则知识获取的任务就是把这个领域专家或行业专家的知识细化，直至内涵明确、具体。根据棒头草的图像数量整理成规则，假设系统在线采集棒头草图像共有 n 张，初步整理成如下 n 条断言规则形式：

rule1：如果棒头草识别率需要提高，且它的叶鞘光滑无毛，大都短于或下部长于节间，则 1 层深度学习和知识库棒头草推理；

rule2：如果棒头草识别率需要提高，且它的叶片长 5～15cm，宽 4～9mm，则 2 层深度学习和知识库棒头草推理；

rule$n$：如果棒头草识别率需要提高，且它的叶舌膜质，常 2 裂或先端不整齐地齿裂，则 n 层深度学习和知识库棒头草推理；

其中 rule1，rule2，…，rule$n$ 表示规则数。

根据智能识别系统的实际识别情况，可以大致确定棒头草的情况，但是对棒头草准确识别。棒头草的准确识别需要考虑到期望的棒头草准确值和实际进入系统的棒头草的识别值误差。识别误差值越大，需要调整的幅度就越大。

设用 Eb 表示期望棒头草的识别率值 b 与系统实际所识别的 b 误差值，设 M 为一个比较小的正数，表示识别率值 b 的合格范围，即以 |Eb| ≤ M 为合格，则 Eb > M 为棒头草识别率的值需要提高；同时，设 N 为一个正数，且是 N > M 的一个合理经验值，即在任何识别情况下，某次智能识别系统的油菜杂草仅为棒头草时，对杂草识别率 b 影响的最大值。当 Eb > N 时，表示智能识别系统识别的棒头草就需要所有棒头草知识，当 N ≥ Eb > M 时，以步长 step 添加棒头草图像数量。因此，棒头草的规则知识可以细化为 2 个部分。

第 1 部分，棒头草图像识别正常的情况。

rule1：若当 Eb > N 时，1 张棒头草图像，1 层深度学习和调用知识库中所有棒头草知识；

rule2：若当 Eb > N 时，2 张棒头草图像，2 层深度学习和调用知识库中所有棒头草知识；

rule$n$：若当 Eb > N 时，n 张棒头草图像，n 层深度学习和调用知识库中所有棒头草知识。

第 2 部分，棒头草以步长 step 添加图像的情况。

rule1：若 N ≥ Eb > M 时，1 张棒头草图像，1 层深度学习和以步长 step 调用知识库中棒头草知识；

rule2：若 N ≥ Eb > M 时，1 张棒头草图像，2 层深度学习和以步长 step 调用知识库中棒头草知识；

rule$n$：若 N ≥ Eb > M 时，n 张棒头草图像，n 层深度学习和以步长 step 调用知识库中棒头草知识；

综上所述，对所有的油菜领域专家或杂草行业专家的经验规则进行类似的归纳、整理和总结成断言规则形式，为知识表示做准备。

6.2.3　油菜杂草知识转换

油菜杂草知识转换是将用自然语言、图形或表格等形式表示的油菜杂草知识变换为计算机能够识别的表示形式。油菜杂草知识来源于油菜领域专家或行业专家、科技文献以及在线采集系统，计算机系统不能直接识别，必须进行转换才能为系统知识库所接受。一个好的知识表示方法对智能识别系统理解知识非常重要。

1. 知识表示方法的描述

人工智能常用知识表示方法有一阶谓词逻辑表示法、问题归纳表示法、状态空间法、产生式表示法、剧本表示法、框架表示法、语义网络表示法等几种 [240-241]。

（1）一阶谓词逻辑表示法。一个或真或假而不能两者都是的陈述句为命题，命题分为原子命题和复合命题。原子命题是不能分解为更简单的陈述语句。复合命题是由联结词、标点符号和原子命题复合构成的命题。命题是反映判断的句子，由主语和谓语两部分组成。主语一般是客体，客体可以独立存在，既可以是具体的事物，也可以是抽象的事物。谓词是刻画客体的性质或关系的模式。例如，油菜会开花。其中，"油菜"是客体，而"会开花"是谓词。只有一个客体的命题称为一阶谓词。通常，一阶谓词用于表达客体的性质，如客体的状态、属性、规则等。一阶谓词逻辑表示法是人工智能领域最早使用的一种知识表示方法，具有简单、精确且易实现等优点。但是，一阶谓词逻辑表示法也有一些不足之处：一是难以表达不确定性知识和启发性知识；二是当事实较多时，易出现组合爆裂；三是推理过程冗长，效率较低。

（2）框架表示法。框架（Frame）是将以往的经验知识按照一定的结构组织在一起的一种通用数据结构，描述了所研究对象的各种属性。为了尽可能详细地刻画事物，往往从不同的角度来描述事物，每个角度构建一个框架。这些框架通过彼此之间的属性建立相互关系。框架知识库是一种典型的层次模型，是通过"抽象—具体"理念来构造，一般分为三层：上层为抽象的信息，中层为具体信息，三层为相应的实例。分层使得框架之间的关系清晰，管理框架知识库方便、容易。由于框架的推理完全模拟人自然认识事物的过程，因此框架知识表示法适合于描述比较复杂的问题，尤其是结构性的知识。但是，框架式表示法也有一定的不足：一是过程性的知识表达不清；二是用户必须设计推理机；三是知识库设计因知识层次化和知识属性的继承性而增加了难度。

（3）语义网络表示法。语义网络表示法是通过概念、实体、情况及其语义关系所构成一种结构化网络图来表达知识的一种方法。实质是一个用来描述知识关系的有向图。其中，图中的结点用于描述一个物体或一组物体、情况、动作、概念、属性、状态等；结点间的有向边用于表示两个结点之间存在的偏序关系——某种语义关系。一个语义网络一般是一个二元的偏序关系：$R=\{(P_i, P_j) | P_i, P_j$ 之间存在某种语义关系 $\}$，如

图 6.5 所示，P_i、P_j 分别代表两个节点；RP_iP_j 表示 P_i 与 P_j 之间的某种语义关系。语义网络已经发展成为知识图谱的重要内容之一，目的是使机器能够模拟人的思维，理解句子的内涵。

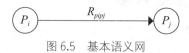

图 6.5 基本语义网

语义网络表示法将知识结构化、联想化、自然化地描述出来，但是语义的表示形式尚未有统一的格式，对语义的分析仍处于初级阶段；知识描述在逻辑上显示出二义性，对知识的表示显得不够严谨；并且由于语义关系的复杂性，处理时显得很复杂。

（4）产生式表示法。产生式系统（Production System）由美国著名的数学家埃米尔·里昂·波斯特（Emil Leon Post）于 1943 年首次提出，根据串代替规则提出了一种称为波斯特机的计算模型，模型中的每条规则称为产生式[204]。一般用于表示具有因果关系的知识。产生式系统是用来描述若干不同的，基于产生式规则或产生式条件和操作对为基础的系统。其中，论域的知识分为静态知识和产生式规则，静态知识即事实，或者某一具体事物或事件之间的相互关系等；产生式规则表示推理过程和行为。产生式系统一般由三个基本要素组成：一个综合数据库、一组产生式规则和一个控制系统，如图6.6 所示。

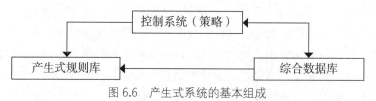

图 6.6 产生式系统的基本组成

规则库用于描述相应领域内的知识集合，主要存放过程性知识，用于实现对问题的求解。合理组织和管理规则库中的知识可使推理避免访问那些与当前问题求解无关的知识，提高求解问题的效率。综合数据库即事实库，是一个存放各种当前信息的数据结构。当一条产生式的前提与综合数据库中的一些已知事实匹配时，将激活产生式并将它推出的结论存入综合数据库，作为后面推理的已知事实。控制系统即推理机构，由一组程序实现对问题的求解，控制和管理整个产生式系统的运行。

一个产生式的基本形式为：$P \rightarrow Q$ 或 IF P THEN Q。其含义是：当 P 满足时，则能得到结论 Q 或执行 Q 所规定的操作或动作。其中，P 是产生式的前提，是表示产生式是否可用的条件；Q 是一组结论、动作或操作。例如：IF 油菜田杂草多 and 数量多 THEN 油菜成苗数会减少 and 油菜苗形成高脚苗。

产生式系统容易理解、控制和操作，模块化，表层知识表达效率高，但是规则关系不透明，知识处理效率低，灵活性差，不能表达结构性的知识。

2. 油菜杂草知识表示方法的选择

由于油菜杂草种类较多、形态各异，所以智能识别系统的规则知识的数量多而杂。常规推理机制处理复杂的规则知识一般速度慢、效率低，要确保推理的高效、灵活，必须采用一个好的知识表示方法[242]。油菜杂草智能识别系统是针对油菜科研人员和行业专家以及油菜种植户等设计的，因此油菜杂草知识库中的知识应该简单、明了、易理解，方便用户对知识进行添加、修改和删除操作。

一阶谓词逻辑表示法需要深厚的数理逻辑基础，具有科学性强、易于自然表达等优点，但是当存在海量知识时，容易出现知识的爆炸，将显著降低知识处理效率。框架表示法要求用户自己设计推理机，增加了用户的使用难度，难以获得满意的知识。考虑到油菜杂草智能识别是整个系统的基础，对每一种杂草的识别要求准确率高，推理速度快而高效，语义网络表示法的非严格性易导致准确率降低，其推理的复杂性又影响推理速度和效率。油菜杂草类型多，又牵涉生长环境、气象、油菜品种、除草剂等，智能识别系统在线采集的信息量巨大，形成的油菜杂草知识也是海量，所以上述知识表示方法都适合表示油菜杂草知识。产生式表示法的表现形式直观、明了，容易从海量数据中提取有用知识并将其形式化，并按人的认识过程对问题进行求解。因此本系统选择这种方法来表示油菜杂草知识，通过深度学习来掌握油菜杂草知识，更容易提高油菜杂草识别率，从而推荐更合适的杂草防除方案。

3. 油菜杂草知识描述

油菜杂草知识采用巴科斯范式（Backus-Naur For，BNF）描述。BNF 是由 John Backus 和 Peter Naur 首次引入的一种形式化符号，用以描述给定语言的语法规则。因此，在人工智能领域，BNF 可以认为是产生式规则的集合，写为：

< 符号 > ::= < 使用符号的表达式 >

其中，< 符号 > 是非终结符；表达式由一个符号序列或用指示选择的竖杠"|"分隔的多个符号序列构成，每个符号序列整体都是左端符号的一种可能替代。从未在左端出现的符号叫做终结符。"::="表示定义；竖杠"|"表示左右两边任选一项，即"或"；尖括号"< >"内为必选项，是非终结符；方括号"[ ]"内包含的为可选项；大括号"{ }"内为可重复 0 至无数次的项[243]。

依据上述知识表示方法的描述，采用产生式规则来描述油菜杂草知识的 BNF 表示形式的模型如下：

< 产生式规则 >：：=< 油菜杂草知识的规则集名 >< 油菜杂草知识的规则号 >IF< 油菜杂草知识的规则前提 >THEN< 油菜杂草知识的规则结论 >< 油菜杂草知识的规则解释 >

< 油菜杂草知识的规则集名 >：：=< 字符串类型字符 >

< 油菜杂草知识的规则号 >：：=< 整型 >|< 字符型 >

< 油菜杂草知识规则前提 >：：=< 运算符集 >

< 运算符集 >：：=< 运算符 >< 标志符 >{< 运算符 >< 标志符 >}

< 运算符 >：：=< 属性名称 >< 逻辑运算符 >< 值 >

< 属性名称 >：：=< 字符串 >

< 逻辑运算符 >：：= "and" | "or" | "not" | ">" | "<" | " ≤ " | " ≥ " | " ∈ " | "=" | "<>"

< 值 >：：=< 常量 >|< 区间数 >|< 变量值 >

< 常量 >：：=< 数值 >（整型或实型）|< 字符 >|< 字符串 >

< 区间数 >：：=[属性值，常量值]

< 变量值 >：：=< 整型 >|< 实型 >|< 字符型 >

< 标识符 >：：=< 布尔类型 >

< 规则结论 >：：=< 操作编号 >< 操作单元集 >

< 操作编号 >：：=< 整型 >|< 字符串型 >

< 操作单元集 >：：=< 操作单元 >{< 操作单元 >}

< 操作单元 >：：=< 属性名称 >< 操作符 >（< 属性名称 >|< 值 >）

< 属性名称 >：：=< 字符串 >

< 操作符 >：：= "＋" | "－" | "*" | "/" | "\" | "函数"

< 规则解释 >：：=< 字符串 >|NULL

其中，规则集名主要解决油菜杂草规则数目多所导致规则之间相互彼此约束，以便系统提高理解油菜杂草知识的效果和处理效率。实际油菜杂草识别是"以油菜杂草在线采集的图像为主线，该杂草的文本描述为辅"的深度学习思路，为油菜杂草的规则集分类提供了依据。根据油菜杂草识别的质量设置分类：设以 Eb 表示给定指标或由智能识别系统推理出的结果与实际油菜杂草的误差值，再设 M 为一个比较小的正数，则可依据以下方式对规则进行分类：

$$Eb < -M \tag{6.1}$$

$$Eb \leq M \tag{6.2}$$

$$Eb > M \tag{6.3}$$

将符合公式（6.1）的规则集中放在一起，组成一个规则集，用于油菜杂草识别率降低的情况，先调整油菜杂草图像数量（大幅度增加），再调整该杂草相应文本描述的规则知识。将符合公式（6.2）的规则放在一起，组成一个规则集，用于油菜杂草识别率正常情况，调整该杂草相应文本描述的规则知识。将符合公式（6.3）的规则放在一起，组成一个规则集，用于油菜杂草识别率提高的情况，先调整油菜杂草图像数量（小幅度增加），再调整该杂草相应文本描述的规则知识。

运算符集由运算符和标志符组成，以便于方便规则的前提设计。若一条规则的前提有若干个类似"A and B"的条件组成，这些条件之间的相互关系是逻辑与的关系，而其中的单个条件即为一个运算单元。依据知识获取规则可知：每一条规则前提的条件数目是不确定的。为了解决这个问题，系统增设了一个标识符，用于标识对应的规则的前提条件是否结束。这个标识符一般定义为布尔类型的值，若其值为真，则可判断条件未结束，说明这条规则的某个条件后面还有其他的条件；若其值为假，则可判断条件部分已结束。

操作单元。在具体调整油菜杂草识别率时，由于油菜杂草识别自身可以智能学习，完成很多封装的知识的复杂计算，规则的结论部分往往也需要利用逻辑运算和数学运算知识，这些计算操作在本系统知识描述中被看作操作单元。

6.2.4　油菜杂草知识求精

油菜杂草知识的求精是油菜杂草智能识别系统中的知识编辑功能的一部分，是一项烦琐、专业性较强的工作，受油菜杂草信息在线采集和人为的杂草文本信息描述等因素影响，尽可能通过系统自动完成，以减少人为错误造成的影响。

通过自动或人工的方式将所有油菜杂草的规则知识录到相应的数据库中，即可形成油菜杂草规则知识库 Rule。规则知识库是油菜杂草智能识别系统的核心组成部分，其性能直接影响到整个系统的识别效果。规则库知识求精就是对规则知识库中的油菜杂草规则，按照一定的要求、依据相应的规则进行修改、删除、插入和补充等操作来缩小规则知识库的知识规模，提高规则知识库的推理效率、质量和准确性。但是，在这个过程中，对油菜杂草规则知识的操作易出现规则冗余、不一致性等问题，严重影响规则知识库的质量，尤其是规则知识库的存储效率。基于此，尽可能将规则知识库进行提炼和压缩，使知识趋于精简，以降低规则冗余度。基于等价关系原理，方便规则应用，本系统规定：油菜杂草规则知识库中的所有规则都是霍恩（Horn）子句，即仅有一个结论的规则或事实，要求每条规则的形式必须满足两个条件，一是规则的前提是若干原子公式或原子公式的否定的合取，且一条规则的前提中只能有一次相同的原子公式或原子公式的否定，二是规则的结论是一个原子公式或原子公式的否定。实际推理过程中，任何一条规则都可以通过适当的等价变换变成一条或多条满足这两个条件的规则。利用 Horn 子句推理可以消除语义上无关紧要的顺序性，从而得到确定的推理结论。为了方便消除系统中出现的规则冗余，将系统中出现的冗余规则划分为蕴涵规则冗余、死规则冗余和基于规则库的抽象规则冗余等三类，以便采取相对应的措施。

1. 油菜杂草蕴涵规则冗余消除

蕴含规则是指规则 p 由规则知识库 Q 中的规则推导获得，记为 $Q \Rightarrow p$，称为 Q 蕴涵 p。同理，若一个规则库 Q 中的所有规则被规则库 RULE 蕴涵，则称规则库 RULE 蕴涵规则库 Q，记为 RULE $\Rightarrow Q$。例如：$Q=\{v \rightarrow u\}$，RULE$=\{v \rightarrow w, w \rightarrow u\}$，规则 $v \rightarrow u$ 由规则知识库 *RULE* 中的 2 条规则推出，则 RULE $\Rightarrow (v \rightarrow u)$；同理，规则知识库 Q 中仅有一条规则 $v \rightarrow u$，因此 RULE $\Rightarrow Q$。

若存在规则库知识 RULE 中的一条规则 rule$i$ 能由规则知识库中的其他规则所蕴

涵，并且 RULE1={rule1，rule2，…，rule$i$，…，rule$n$|i=1，2，…，n}，那么 RULE1 $\Rightarrow$ rule$i$，i=1，2，…，n。由此可知，规则 rule$i$ 的功能可由规则知识库 RULE1 中的其他一条或多条规则所替代，因此消除规则 rule$i$ 后的规则知识库 RULE1 具有与规则知识库 RULE 完全相同的的功能。即规则 rule$i$ 在规则知识库 RULE 中是冗余的，rule$i$ 称为规则知识库 RULE 的蕴涵冗余规则。

规则知识库的闭包是规则知识库上的一元运算，它将给出的规则知识库 *RULE* 扩充成一个新的规则知识库 RULE' ={r | RULE $\Rightarrow$ r}，即为规则知识库 RULE 蕴涵的所有规则集，使得 RULE' 具有一定的性质，且所进行的扩充是最小的规则知识库。因此，对于这种具有自反、对称和传递关系的规则知识库，若规则知识库 RULE_A 和 RULE_B 的闭包完全相同，即 RULE _ A' = RULE _ B'，则规则知识库 RULE_A 和 RULE_B 等价，即两者功能上可相互替代。

定理 1 两个规则知识库 RULE_A 和 RULE_B 等价当且仅当 RULE_$A \subseteq$ RULE _ B' 且 RULE_$B \subseteq$ RULE _ A'。

证：必要性。已知规则知识库 RULE_A 和 RULE_B 等价，根据等价关系的性质，则有 RULE _ A' = RULE _ B'，RULE_$A \subseteq$ RULE _ A'，RULE_$B \subseteq$ RULE _ B'。所以，RULE_$A \subseteq$ RULE _ B' 且 RULE_$B \subseteq$ RULE _ A'。

充分性。因为 RULE_$A \subseteq$ RULE _ B'，那么对规则知识库 RULE _ B' 中的任意规则 r，就有 RULE_$B \Rightarrow r$，且 RULE_$B \subseteq$ RULE _ A'，可知 RULE _ $A' \Rightarrow r$，因此 RULE _ $B' \subseteq$ RULE _ A'；类似可证明 RULE _ $A' \subseteq$ RULE _ B'。所以 RULE _ A' = RULE _ B'。

这样，通过对规则知识库的等价关系运算，消除了蕴含规则冗余，保持了规则知识库求精后的功能等价。

定义 1 给定非空规则知识库 A 和非空规则知识库族 π={A_1，A_2，…，A_m}，若 $A=\bigcup\limits_{i=1}^{m}A_i$，则称规则知识库族 π 是 A 的覆盖。

定义 2 给定规则知识库 RULE_B 是规则知识库 RULE_A 的最小覆盖，是指 RULE_B 满足以下条件：

（1）RULE _ B' = RULE _ A'；

（2）RULE_B 中不存在规则 r，使 {RULE _ $B-r$}' = RULE _ B'。

由此可知，对于任何一个规则知识库，若没有蕴涵冗余规则，则它即为一个最小覆盖；若含有蕴涵冗余规则，通过变换可将其冗余消除，得到它的一个最小覆盖。由此可证明，任何一个规则知识库都可以通过变换获得一个最小覆盖，并且一个规则库的最小覆盖可能不唯一。

定理 2 任何一个规则知识库等价于一个最小覆盖。

实际上，从规则蕴涵的角度看，规则库求精的过程就是规则库的最小覆盖的求解过程。

一个文字是指一个原子公式或者一个原子公式的否定，又称为比较单元。若干个文字的集合构成一个文字集。文字集关于规则知识库的闭包是指对于给定的文字集和规则知识库，通过推理获得一个以文字集为前提并描述了文字集和规则知识库可能得到的所有结果的结论集 [244]。

定义 3 给定文字集 $W=\{w_1, w_2, \cdots, w_i, \cdots, w_n\}$，RULE 为一个规则知识库，基于规则知识库 RULE 的文字集 W 的闭包 CRULE（W）定义为：

（1）CRULE 中包含 $w_1, w_2, \cdots, w_i, \cdots, w_n$；

（2）若规则知识库 RULE 中存在规则 $r_1, r_2, \cdots, r_m \rightarrow q$，且 $r_1, r_2, \cdots, r_m$ 都在 CRULE 中，则 CRULE 包含 q 所有由 1）和 2）生成的文字构成的集合。

定理 3 若一条规则 r 是一个规则知识库 RULE 的蕴涵规则，当且仅当由规则 r 的前提组成的文字集 W 关于规则知识库 RULE 的闭包 CRULE（W）中含有 r 的结论。

证：假定 r 的形式为 $r_1 \wedge r_2 \wedge \cdots \wedge r_m \rightarrow q$，记做 $R=\{r_1, r_2, \cdots, r_m\}$。

必要性。假若规则知识库 RULE 蕴涵规则 r，那么规则 r 能由规则知识库 RULE 中相关规则推导出来，即 $r \in RULE'$。由定义 3 可知，CRULE（W）包含了 $r_1, r_2, \cdots, r_m$，故 $q \in$ CRULE（W）。

充分性。因为 $q \in$ CRULE（W），给定一个有限集合的论域，CRULE（R）为其一个子集，构造文字集 W 的闭包如下：

第一步，设 $R_0=\{r_1, r_2, \cdots, r_m\}$，若 $\nexists r_i$ 满足定义 3，则 CRULE（R）=R_0。反之，若 $\exists r_i$ 满足定义 3，$\forall r_1 \in R$，$\exists q_1$ 为结论。因为 r_1 的前提均来自于 R_0，所以根据 r_1 推出 $R_0 \rightarrow q_1$。

第二步，令 $R_1=R_0 \cup \{q_1\}$，故 $R_0 \rightarrow R_1$。若 $\nexists R_1$ 满足定义 3，则 CRULE（R）=R_1。反之，若 $\exists r_2$ 满足定义 3，$\forall r_2 \in R$，$\exists q_2$ 为结论。因为 r_2 的前提均来自于 R_1，所以根据 r_2 推出 $R_1 \rightarrow q_2$。

第三步，重复第二步，直得到规则知识库 R_k，使得 CRULE（R）=R_k，且 $R_{k-1} \rightarrow R_k$，$R_k \rightarrow q_k$。

第四步，因为 $q \in$ CRULE（W），所以 $q \in \{r_1, r_2, \cdots, r_m\}$ 或 $q \in \{q_1, q_2, \cdots, q_k\}$。若 $q \in \{q_1, q_2, \cdots, q_k\}$，设 $q=q_i$，可知 $R_0 \rightarrow R_1$，$R_1 \rightarrow R_2$，$\cdots$，$R_{i-1} \rightarrow R_i$ 且 $R_i \rightarrow q_i$，所以 $R_0 \rightarrow q_i$，即 $R_0 \rightarrow q$。同理可知，$R_0 \rightarrow R_1$，$R_1 \rightarrow R_2$，$\cdots$，$R_{i-1} \rightarrow R_i$ 且 $R_i \rightarrow q_i$ 在规则知识库 RULE 闭包中，所以由 $RULE$ 闭包中的规则逻辑推出 $R_0 \rightarrow q$，即 RULE$\Rightarrow r$。

根据定理 3 可确定规则知识库是否含有蕴涵冗余规则，算法如图 6.7 所示。

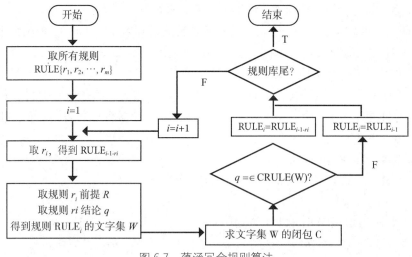

图 6.7　蕴涵冗余规则算法

2.油菜杂草死规则冗余消除

油菜杂草规则知识库中的杂草知识冗余就是死规则冗余。死规则是指无法满足规则的前提，即系统推理过程中永不激活的规则，分为内部矛盾规则和无矛盾规则。内部矛盾规则是指规则本身条件内部存在相应的矛盾，例如 $r \wedge (\neg r) \to s$。对这类规则的处理方法是先由系统自动检测出来，然后将其从规则知识库中删除，并根据该规则是否满足结论及油菜领域专家的意见，将其结论作为油菜杂草经验事实纳入事实知识库。无矛盾规则是指规则本身条件不存在矛盾，而系统中其前提永不会被满足。这类规则系统一般无法自动检测出来，须由系统根据长期测试和利用情况进行统计记录来发现始终未用的规则，然后交给油菜领域知识专家从规则知识库中删除或移到一个备用规则知识库以备以后所需。

3.油菜杂草规则知识库不一致性问题的判定与消除

油菜杂草规则知识库除了存在蕴涵冗余规则、死规则冗余等问题，也存在知识规则不一致性问题，导致系统有时出现运行不正常及识别结果不准确等情况。规则知识库不一致性问题主要体现以下几个方面。

（1）规则结论不一致。结论不一致性是指由条件相同或相容的两条规则推导出来的结论相互矛盾。例如，结论 $r \to s$ 和 $r \to \neg s$ 就是一对相互矛盾的规则。处理方法是先将规则知识库中所有结论相互矛盾的规则对按序列出理清，然后逐条检查其条件是否相容，若相容，则可认为其构成矛盾规则，根据实际情况删减或修改这些规则，或交给领域专家根据其经验进行处理。

（2）规则条件不一致性。规则条件不一致性是指结论相同而推导该结论的部分前提条件相互矛盾，例如：$r \wedge s \to k$，$r \wedge \neg s \to k$，条件出现不一致性，而推导出来的结论却相同。这类不一致性问题会降低规则知识库的推导效率。一般需要对这类规则进一步进行约简，方法如下：

第一步，对规则知识库 RULE 中的规则依据结论异同划分为不同类 RULE1、RULE2、…、RULEn；

第二步，依次约简这些类，即对 RULEi 中任意两条规则 RULE1 和 RULE2，检查它们的条件是否存在不一致性，存在则继续确认其他条件是否完全相同，若完全相同，则认为它们构成条件不一致性问题，然后进行相应的约简计算，消除这个矛盾。

（3）规则循环链矛盾。规则循环链矛盾是指一组规则形成一条循环链，例如：$r \rightarrow s \rightarrow k \rightarrow p$。如果规则知识库中存在规则循环链矛盾，容易造成推理时的死循环而无法得到结果。判断和消除规则循环链可保证规则知识库的一致性，具体方法如下：

第一步，构建一个文字集 W={ 以 r_i 为前提或前提的一部分作为前提的所有规则的结论 |$r_i \in$ RULE（规则知识库）}；

第二步，依次计算 CRULEj（W）的闭包，直到 C_j 包含了规则 r_i 所有前提或 j 达到最大值，其中 RULE$_j$={ r_1，r_2，…，r_j |j=1，2，…，i-1，i+1，n}；

第三步，若 $\exists C_j$={ 包含了 r_i 的所有前提 }，则规则知识库集RULE$^{'}$={ r_1，r_2，…，r_j，r_i } 中含有规则循环链；

第四步，消除RULE$^{'}$-r_i 中一条规则并重新计算 CRULE$_j$（W）的闭包。若 $\exists C_j$={ 包含了 r_i 的所有前提 }，则删除RULE$^{'}$中该规则，反之保留该规则；

第五步，对 $\forall$RULE$^{'}$-r_i 规则，重复第四步，直到找不到这样的规则为止；

第六步，若规则知识库集RULE$^{'}$=∅，输出 False，否则输出 True，RULE$^{'}$是包含 r_i 的规则链。

6.2.5　油菜杂草知识设计

油菜杂草知识的质量和数量、知识的组织与管理、推理策略以及控制方法等因素决定了油菜杂草智能识别系统的性能。对油菜杂草知识进行科学的设计，对系统识别杂草有重要的影响。

1.油菜杂草知识的组织原则

当系统将获取的油菜杂草知识输入油菜杂草知识库时，需要对这些知识建立高效的组织方式，以便于系统对知识进行物理存储和逻辑组织管理。油菜杂草知识组织是指揭示油菜杂草知识单元，挖掘油菜杂草知识关联的过程或行为，快捷、方便地为用户提供有效油菜杂草知识或信息。

油菜杂草知识的组织方式主要依赖于知识的表示形式和计算机系统中的数据组织方法，例如顺序文件、索引文件、顺序索引文件、直接存取文件（散列文件）、多重表文件、倒排文件等。通常，油菜杂草知识的组织方式由杂草知识的逻辑表示形式和杂草知识的使用方式决定，遵循如下原则：

（1）知识的独立性。智能识别系统中，知识库与推理机构是两个独立部分。进行油菜杂草知识组织时，应确保当油菜杂草知识发生变化时不会影响推理机构。

（2）知识搜索的高效性。知识搜索是知识推理过程最为常见的操作，知识组织方式直接影响知识搜索的效率、速度等。组织方式好，知识搜索的速度快，效果好。确定知识的组织方式时，同时要对知识所采用的搜索方法进行评估，以便提高知识搜索的效率。

（3）知识管理的方便性。知识管理是油菜杂草知识库构建之后的一项日常性操作，对油菜杂草知识进行增加、维护、更新、修改、删除、冗余检测、不一致性检测等操作。知识的组织方式应便于用户对油菜杂草知识进行科学的管理。

（4）知识传输的快速性。油菜杂草知识库以非结构化的文件或结构化数据库文件的形式存储于硬盘等存储介质上，当用户需要的时候，从存储介质上调入内存，供用户使用。知识的组织方式应该利于知识的读写操作，以提高知识的传输速度。

（5）知识存储的多样性。油菜杂草知识表现一般以文字、图像、图片、视频以及它们的组合等形式在知识库中出现。知识的组织方式应该有效支持这些表现方式，方便实现知识在介质上的存储以及利用。

在实际应用的过程中，知识的组织方式各种各样，须去除不必要的影响因素，以上述原则为基本，设计高效的知识组织方式。

2. 油菜杂草知识库的逻辑结构设计

为了真实、准确和形象地描述油菜杂草知识，通过对油菜杂草的实地调查和分析，并详细分析油菜杂草各知识之间的关系，遵循上述知识的组织原则以及油菜杂草知识的表示形式——产生式表示法，按照数据库提供的功能和描述工具，规划并设计规模适当、冗余较少、存取效率高的油菜杂草知识库的逻辑结构，见表 6.1 ~表 6.7。

表 6.1　知识库规则前提

字段名	类　型	说　明
RuleNo	long	知识规则编号
RuleName	string	知识规则集名
ComName1	string	文字 1 的比较变量名
ComSign1	string	文字 1 的比较符
ComValue1	string	文字 1 的比较值
ComLabel1	string	标志符 1
...	...	...
ComNameN	string	文字 n 的比较变量名

字段名	类　型	说　明
ComSignN	string	文字 n 的比较符
ComValueN	string	文字 n 的比较值
ComLabelN	string	标志符 n
ConclusionNo	long	结论编号
NoteNo	long	解释编号

表 6.2 知识库结论

字段名	类　型	说　明
ConclusionNo	long	结论编号
ConclusionAttribute1	string	结论属性名 1
ConclusionOperation1	string	结论操作符 1
ConclusionAttribute2	string	结论属性名 2
ConclusionOperation2	string	结论操作符 2
ConclusionAttribute3	string	结论属性名 3
ConclusionOperation3	string	结论操作符 3
ConclusionAttribute4	string	结论属性名 4
ConclusionOperation4	string	结论操作符 4

表 6.3 油菜杂草

字段名	类　型	说　明
GrassNo	long	油菜杂草编号
GrassName	string	油菜杂草名称
GrassClass	string	油菜杂草科目名称
GrassLatinName	string	油菜杂草拉丁学名称
GrassLeafDescNo	long	油菜杂草叶描述编号
GrassStemDescNo	long	油菜杂草茎描述编号
GrassFlowerDescNo	long	油菜杂草花描述编号
GrassFruitDescNo	long	油菜杂草果描述编号
GrassSeedDescNo	long	油菜杂草种子描述编号
GrassStatus	string	油菜杂草状态
GrassImageDescNo	long	油菜杂草图描述编号
GrassWeedingProjNo	long	油菜杂草防除方案编号

表 6.4　油菜杂草叶描述

字段名	类　型	说　明
GrassLeafDescNo	long	叶描述编号
GrassNo	long	油菜杂草编号
GrasLaminaDesc	string	叶片描述
GrasPetioleDesc	string	叶柄描述
GrassStipuleDesc	string	托叶描述
GrassLeafColorDesc	string	叶的颜色描述
GrassLeafShapeDescNo	long	叶形状描述编号
GrassLeafCrackedDesc	string	叶缺裂现象描述
GrassSingle_DoubleLeaf	string	单叶与双叶描述
GrassLeafCharaDesc	string	叶质地描述
GrasspHyllotaxDescNo	string	叶序描述
GrassleafAppearanceDesc	string	叶外表描述

表 6.5　油菜杂草叶形状描述

字段名	类　型	说　明
GrassLeafShapeDescNo	long	叶形状描述编号
GrassLeafDescNo	long	叶描述编号
GrassLeafFormDesc	string	叶形描述
GrasLeafTipDesc	string	叶端描述
GrassLeafBaseDesc	string	叶基描述
GrassLeafVeinDesc	string	叶脉描述

表 6.6　油菜杂草图描述

字段名	类　型	说　明
GrassImageDescNo	long	油菜杂草图描述编号
GrassLeafDescNo	long	叶描述编号
GrassLeafImagePath	string	叶图访问路径

表 6.7　油菜杂草防除方案描述

字段名	类　型	说　明
GrassWeedingProjNo	long	油菜杂草防除方案编号

字　段　名	类　　型	说　　明
GrassNo	long	油菜杂草编号
GrassWeedingProjName	string	防除方案名称
ProjSetDate	date	方案构建日期
ProjUseDate	string	方案使用日期
ProjUsePlace	string	方案使用地
ProjUsePeople	long	方案使用人
ProjSetPeople	string	方案构建人
ProjUseMode	string	方案实施方式
ProjEffectDesc	string	方案防除效果

3. 油菜杂草知识库中的知识组织

从油菜杂草知识的 BNF 形式可知，本智能识别系统的规则被分为多个知识规则集。知识规则集并没有对知识的组织方式进行说明，油菜杂草知识规则可能随机存储，这将会影响推理机的推理效果，降低系统的知识搜索效率。因此，对每个知识规则集中的规则来说，输入知识库时，先分类，将同类知识规则集的规则排列在一起，然后依据杂草智能识别的机理和长期积累的领域专家或行业专家经验赋予一个优先级，优先级降序对规则进行排序，高者在前，低者在后，相同优先级的按输入日期排。优先级是利用 0 ~ 255 或 0 ~ 7 中的一个整数来表示。规则的优先级确定方法：当确定一条规则的优先级时，先通过领域专家或行业专家确定该规则对应的油菜杂草出现的频率，若频率高，赋予高的优先级值，否则赋予一个低的优先级值。

规则按类排序后，一个规则集的所有规则将会被排放在一起，在知识库中的排列顺序如下：

RuleName1(规则集名1)，RuleNo(规则编号)，Rule1(规则1)；
RuleName1(规则集名1)，RuleNo(规则编号)，Rule2(规则2)；
……
RuleName1(规则集名1)，RuleNo(规则编号)，Rulek_1(规则k_1)；
……
RuleName$n$(规则集名n)，RuleNo(规则编号)，Rule1(规则1)；
RuleName$n$(规则集名n)，RuleNo(规则编号)，Rule2(规则2)；
……
RuleName$n$(规则集名n)，RuleNo(规则编号)，Rulek_m(规则k_m)；

6.2.6 油菜杂草知识整体描述

油菜杂草知识经过知识获取、知识抽取、知识转换和知识求精等过程后，得到了整个油菜杂草智能识别的规则知识。这些规则知识经过相应的组织后，人工或自动输入油菜杂草知识库，逐步构建了油菜杂草智能识别知识库。

1. 油菜杂草智能识别知识库构建原理

油菜杂草智能识别知识库的构建原理如图 6.8 所示，首先根据油菜杂草智能识别原理和油菜领域或行业专家的经验知识抽取油菜杂草事实知识，将满足知识库要求的事实知识直接录入油菜杂草知识库，对于不能直接进入油菜杂草知识库的事实知识，将其与油菜杂草智能识别原理和油菜领域或行业专家的经验知识相结合，进行油菜杂草规则知识抽取，并将获得的油菜杂草规则知识用 BNF 范式进行描述，得到按油菜杂草科目分类的规则集，如禾本科杂草规则集 R_1、十字花科杂草规则集 R_2、茜草科杂草规则集 R_3、石竹科杂草规则集 R_4、锦葵科杂草规则集 R_5 等，最后再对相应的规则集 R_1、R_2、R_3、R_4、R_5、…，分别采用优先级排序法则 p_1、p_2、p_3、p_4、p_5、…对每个规则集内部的规则排序，并将结果输入油菜杂草知识库。

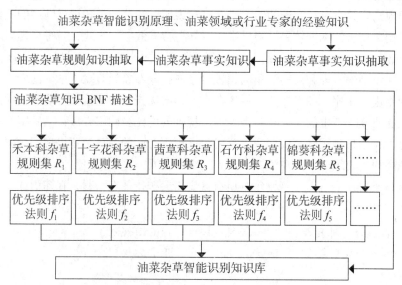

图 6.8　油菜杂草智能识别知识库的构建原理

2. 油菜杂草智能识别的规则知识描述

油菜杂草智能识别系统识别杂草的质量，是通过油菜杂草的图像质量、叶特征（包括叶片、颜色、形状、叶柄、托叶等）等指标来衡量。这些指标针对不同类科目油菜杂草，而油菜杂草规则知识的调整和优化，是为了保证所要识别的油菜杂草的质量指标满足要求。依据油菜杂草科目的类别，将油菜杂草规则知识分成规则集 R_1、R_2、…、R_n（n

为油菜杂草科目类别数）。

这些规则集 R_i（$i=1$，2，$\cdots$，n）的内部规则如图 6.9 所示。对任意规则集 R_i，它存放的是提高对应科目杂草识别率的规则知识，提高该科目杂草识别率的原则是"以科目杂草图像质量为主，添加科目杂草文字事实知识（经验知识）为辅"，即识别某科目杂草时尽量使用该科目杂草的图像，少使用文字事实知识，当杂草图像不能满足当前识别的需求时，根据具体情况使用该杂草对应的文字事实知识。如果当前科目杂草识别环境不能将要识别的杂草调整到符合要求，那么应该调整该杂草的样本图像数量，重新识别，当调整值达到系统提供的最大样本值时，再增加该杂草的文字事实知识以达到目的。

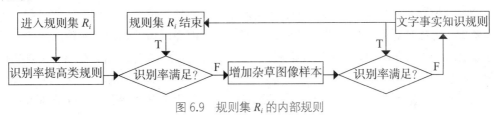

图 6.9　规则集 R_i 的内部规则

这些规则知识需要综合油菜杂草智能识别的质量指标间的各种关联关系及约束条件等，以保证油菜杂草智能识别的各项质量指标满足要求。当期望的油菜杂草识别质量指标与实际识别的油菜杂草质量指标不同时，需要用这类知识来调整识别率以确保实际识别的油菜杂草质量指标尽可能达到期望值。

6.3　油菜杂草智能推理机制

油菜杂草知识录入杂草智能识别系统后，即完成了油菜杂草知识库构建，为推理机高效利用油菜杂草知识奠定了数据基础。

6.3.1　智能推理概述

推理是从前提出发，按照科学的或公认的推理规则，推导出结论的思维过程，是一种人类思考问题的思维过程，也就是说利用科学或公认的知识，从已知事实出发，推导出已知事实所蕴含的内在事实或知识，并总结、归纳或创新出新事实或知识的过程。智能推理是指系统能够利用人工智能的方法实现的推理。推理机制是采取何种推理方式和控制策略来实现推理的机制。目前，在智能系统中，经典的推理机制就是 2016 年的 AlPHaGo 围棋对弈系统采用的蒙特卡洛算法[245]。

1. 智能推理的类型

智能推理过程是一个模拟人思维的过程，是针对特定问题采用相应的策略对该问题进行求解的过程。通常解决问题的质量和成效除了受知识表示方式影响之外，也与推理策略紧密相关。人的思维方式有多种，因此推理方式也有多种。

（1）按智能推理途径划分。智能推理可分为演绎推理、归纳推理和缺省推理。演绎推理是从由一般到特殊的推理方法，即从一般的前提知识演绎出适合于具体情况或个别的特殊结论的过程。归纳推理是从个别到一般的推理方法，即由特殊的事实推导出一般原理、原则的解释方法。缺省推理又称为默认推理，是在已知知识不完全的情况下，对提出的假设条件所进行的推理，即认为若无足够的证据证明结论不成立，则认为结论成立的一种推理。

（2）按推理知识的确定性划分。按照推理过程所用知识的确定性，智能推理可分为确定性推理与不确定性推理。确定性推理是指以数理逻辑的有关理论、方法和技术为基础，可在计算机上实现的、机械式推理方法。推理所用的知识是明确已知的，推导出的结论要么真么假。确定性推理的方法主要有图搜索策略、盲目搜索、启发式搜索、消解原理、规则演绎系统、产生式系统等。不确定性推理是指从不确定性初始证据出发，通过运用不确定性的知识，最终推出具有一定程度的不确定性但却是合理或近乎合理的结论的方法。推理所用知识相对不确定的，推导出的结论可能介于真与假之间，无明确的真假值。不确定性推理需要解决推理方向、控制策略以及不确定性的表示与度量、不确定性的匹配、不确定性的传递算法以及不确定性的合成等问题。不确定性推理方法主要有逻辑法、证据理论、贝叶斯网络法、模糊推理法、启发性方法、可信度法和概率法等。

（3）按智能推理的结论划分。按照智能推理过程中推导出来的结论是否单调地增加，将智能推理分为单调推理和非单调推理。单调推理是指若能从已知信息得到结论且已知信息内涵包含于新信息内涵，则可得出新信息能推导出某一结论。即随着前提中条件的增加所得结论也必然增加，至少不会减少结论或者修改结论。非单调推理是指在推理过程中，增加一个正确的知识反而使预先所得到的一些结论无效，使得推理退回到以前某一步，重新开始推理。单调推理和非单调推理作为一种推理模式，都是希望从前提中推导出相应的结论。单调推理一般比非单调推理强，但是常识推理中的应用范围低于非单调推理。

（4）按智能推理启发性划分。智能推理可分为启发式推理与非启发式推理。启发式推理是指在推理过程中使用了有关具体问题领域的特征信息，即启发性信息，以估计它对尽快找到目标结点的重要性，从中选择重要性较高的结点来快速推导出结论。非启发式推理是指在推理过程中没有使用启发性信息而获结论。

2. 常见的智能推荐机制

常见推理机制包括搜索推理技术、卷积神经网络推理、推理方向、确定性推理和不确定性推理、模糊推理、单调推理和非单调推理、冲突消解推理策略等。比较成熟的推理算法主要有蒙特卡洛算法、规则推理算法、神经网络推理算法、卷积神经网络推理算法、经验实例推理算法、支持向量机算法、证据理论推理算法、模糊推理算法、贝叶斯网络推理算法、基于采样的推理算法、云推理算法等。

问题表示是对求解问题的一种描述，是为了进一步解决问题。从问题表示到问题解决是一个求解的过程，这个过程就是知识的搜索过程。知识的搜索就是寻找解决问题的关联知识。搜索问题求解作为人工智能领域的核心问题，一般是先将问题转换为某一个可供搜索的空间，然后根据问题的实际情况在该空间不断寻找可利用的知识形成这个问题的最优解。搜索推理技术是根据问题的目标，在搜索空间上以较快时间发现最优的解，是搜索问题求解的关键，影响寻找知识的路线、时间、效率等。常见的搜索技术主要有图搜索策略、启发式搜索、爬山搜索、模拟退火搜索等。

卷积神经网络推理是利用卷积神经网络算法进行的智能推理。它将进入系统中的每一张二维图像 I 作为输入，然后利用一个二维的核 K，构造一个卷积推理函数，实现图像的推理。这种推理的准确率取决于样本图像、卷积层数量、卷积核的大小和数量等因素，这些因素往往影响了图像的特征提取和特征抽象。

推理方向是指构建某种知识推理的方向。根据不同的推理出发点，将推理方向分为前向推理、反向推理和混合推理等三种。前向推理又称为演绎推理或正向推理，从一组已知的事实出发，利用现有的推理规则，由已知事实推出结论的方向进行的推理方式。这种推理方式的优点是用户可以主动地提供问题的相关信息（新事实）并及时给出反应，缺点是求解有一定的盲目性，效率较低。反向推理又称为目标驱动推理或逆向推理，它的推理方式和正向推理正好相反，是由结论出发，逐级验证该结论的正确性，直至已知事实。这种推理方式的优点是目的性强，排除了那些无用信息和知识，缺点是初始目标选择比较盲目，适合验证某一特定知识的推理。混合推理又称双向推理，是指先根据给定的已知事实向前推理得到可能结论，然后利用这个结论进行反向推理，寻找所支持这个结论的证据。这种方式集合了正向和反向推理的优点，但方法较复杂，适合复杂问题求解。

模糊推理是不确定推理的一种，以模糊集合论为基础，从不精确的前提集合中得出可能的不精确结论的推理。模糊推理最常见的模式是基于模糊规则的推理，模糊规则的前提是模糊命题的逻辑组合作为推理的条件，结论是表示推理结构的模糊命题。模糊推理的过程是由给定的输入值根据模糊规则产生清晰的输出值的推理过程。这种推理方法是以模糊判断为前提，利用模糊规则推导出一个近似的模糊判断结论。这个结论是一个模糊集合或隶属函数，需要从该模糊集合中选取一个最能代表该集合的单值作为最终结论。

冲突消解推理策略是在推理过程中，系统根据当前所要搜索的目标，对知识库进行搜索，寻找与事实匹配的知识规则知识。当匹配的规则有很多条时，根据某种策略从中选择一条规则进行推理的策略。该策略是本系统针对以下两种情况所采取的措施：一是已知油菜杂草事实无法与油菜杂草知识库中的任何知识相匹配；二是已知油菜杂草事实可能会与油菜杂草知识库中的多个知识相匹配。常见的消除策略主要有优先度排序、规则条件详细排序、匹配度排序和根据领域问题的特点排序等。

本系统根据油菜杂草智能识别知识的原理和特征，采用启发式搜索、卷积神经网络推理、前向推理和改进的哈希算法相结合的策略来实现系统智能推理。

6.3.2 智能推理的基本原理

推理机是由一组程序来控制、协调整个系统完成智能推理的过程，即利用已有知识来智能阐释输入系统的各种数据（包括文本、图像、视频等）或未知事实，自动推导出满足条件的结论并说明依据的程序。知识表示和组织方式往往会影响推理机的构造和性能，但是知识内容的变化不会影响推理机。要实现推理机的高效推理，关键问题是要解决推理机的搜索策略，一个脱离具体领域实际问题的搜索策略往往会导致推理机的推理低效，而且随着问题规模的增加，其效率越低。因此推理机的搜索策略既要能处理使用某些与具体领域实际问题相关的启发性知识，又要对启发性知识表示方法进行筛选以获得很好的知识表示方法和组织方式。为了不影响推理机与知识库，采用元知识对启发性知识进行表示和组织。

通过对油菜杂草的分析，依据油菜杂草知识的特征，油菜杂草智能识别系统的推理采用启发式推理、确定性推理、演绎推理以及非单调性推理等方式更能满足智能推理的要求。

油菜杂草领域知识长期研究积累下来的知识是通过领域专家抽象化后的一般性知识，而实际识别过程中需要根据具体的杂草形状、颜色、纹理、长势等特征，采取由一般到具体、一般到个别的策略对识别对象进行相应的调整，以达到识别杂草的目的。一般情况，油菜杂草知识都是经过领域专家长期、精心整理出来的知识。因此，这些知识都很精确，根据这些知识所推导出的相应结论也是很明确的，不会出现模糊不清的知识情况。因为推导的过程是对若干个步骤的计算，是通过确定的数学公式来完成的，对每一个数学公式，都会得到一个明确的值。

由于油菜不同杂草所对应的特征指标具有很强的相似度，例如颜色、纹理、形状等特征，其中某类杂草的一个特征指标可能与其同源甚至不同源的杂草具有相同的颜色、高度相似的形状或纹理等特征。因此，不同的油菜杂草知识之间存在很强的相似度，油菜杂草推理过程中所要用到的相关知识需要根据这些情况做相应调整。例如，当颜色相似需要调整的时候，调整颜色相关的知识；当颜色合格后，由于纹理相似，造成不同类的杂草识别结果相同，这样需要调整相应的杂草纹理知识；当纹理合格后，可能又会因颜色引起相似度发生变化，故又要调整颜色，因此需要反反复复来回多次推理，才可能得到比较准确的结果，即推理可能反复退回到前面推理过程中的某一步后重新开始推理，这是一种非单调性推理。

油菜杂草智能识别系统的核心是速度快、效率高的推理机制，并且必须保证推理机制应与前述的油菜杂草知识库及数据库的表示方法保持一致。基于油菜杂草识别的特征和前述的推理方式，本系统的推理控制策略如图 6.10 所示：油菜杂草规则集相互之间采用启发式搜索，油菜杂草规则集内部采用卷积神经网络推理和前向推理，油菜杂草规则前提和结论之间采用改进的哈希算法等三者相结合的方式进行智能推理。为了加快推理速度，减少推理步骤，油菜杂草规则知识被分成规则集 R_1、R_2、$\cdots$、R_n（n 为油菜杂草科目类别数），这个规则集的划分提供了进入其中一个规则集的启发式信息。

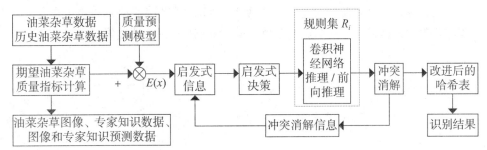

图 6.10　智能推理机制

油菜杂草智能推理机首先根据油菜杂草数据和历史油菜杂草数据、油菜杂草图像和油菜专家知识数据、当前正待识别油菜杂草的预测值进行计算，获得一个油菜杂草图像期望图像识别的质量指标，用这个指标减去当前识别值，在杂草质量预测模型中预测的杂草图像质量指标得到偏差 $E(x)$。$E(e)$ 中包含油菜杂草相关的启发式信息，通过这些启发式信息进行启发式决策，进入某个油菜杂草的规则集 R_i，然后在这个规则集 R_i 内部根据识别对象的知识采取卷积神经网络推理和前向推理。若因当前的油菜杂草知识环境等因素造成智能推理产生冲突，则需要进行相关的冲突消解。冲突消解的信息反馈且修正的启发式信息用于下一次智能推理。若当前油菜杂草知识环境等因素没有造成智能推理产生冲突时，则通过改进的哈希表调用识别结果。

1. 油菜杂草启发式搜索

盲目搜索知识的效率一般都比较低、耗费大，寻求一个目标解因节点的扩展次序的随意性，容易造成所需要扩展的节点数目往往很大。因此，利用已有的历史油菜杂草领域的信息，尤其是油菜专家信息和杂草专家信息等，可以进行简化搜索，避免盲目搜索。油菜杂草启发式搜索是利用已知的油菜杂草信息和相关油菜杂草的控制性知识（例如形状、颜色等），对将要搜索节点的下一步扩展节点进行预先估计，将最有希望的节点作为下一个扩展节点进行优先搜索来避免无效的盲目搜索，以加快智能推理的速度，提高智能推理的效率。这个过程的关键是确定最有希望的节点，这个节点往往与所要识别的杂草特征信息和控制性信息紧密相关，依靠这些信息才能确定这个节点，将这些信息统称为油菜杂草启发式信息。

本文利用的油菜杂草启发式信息的方法是：应用油菜杂草智能识别相似度，将未扩展节点表中所有节点根据它们对应的估价函数值的递增顺序重新排列。这个排序过程需要估算节点是否是最有希望的节点，通过一个估价函数来实现。这个估价函数的一般形式为：$F(x)=G(x)+E(x)$，其中 $G(x)$ 为从开始节点到当前节点 x 所付出的实际代价；$E(x)$ 是从当前节点 x 到目标节点的最小代价路径的估算代价。这个估价函数的最终值是节点 x 到目标节点的距离或是节点 x 处于最优路径上的概率所决定的。

油菜杂草的规则集是按杂草科目属性进行划分的，对任意给定的一个规则集与另外一个规则集不存在交集。即对给定非空规则集合 S，设有非空规则集合 $A=\{A_1，A_2，A_3，\cdots，A_n\}$，存在集合 A 是集合 S 的一个划分。每次推理都是依据这些规则集合中一条规则或数条规则进行最有希望节点的选择，最终形成一棵启发式搜索节点树，如图 6.11 所示。

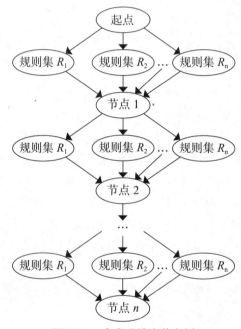

图 6.11　启发式搜索节点树

每个被确定为扩展的节点是估价函数最小的节点，推理机的搜索算法如下：

第一步，将开始节点 x_0 放到未扩展节点表 T_1 中，计算 $F(x_0)$ 并将其值与节点 x_0 联系起来；

第二步，若表 $T_1=\{\}$，则退出，显示无解，否则转第三步；

第三步，从表 T_1 中选择一个 F 值最小节点 x_i。若有多个节点符合要求，当其中一个节点为目标节点时，则选择此目标节点，否则任选其中一个节点为节点 x_i；

第四步，将节点 x_i 从表 T_1 中移出，并将其放入已扩展节点表 T_2 中；

第五步，若 x_i 是一个目标节点，则退出，显示找到一个最有希望的节点，否则转第六步；

第六步，扩展节点 x_i，生成其全部后继节点。对 x_i 的每一个后继节点 x_i+1：

首先，计算 $F(x_i+1)$；

其次，若 x_i+1 既不在 T_1 表中，也不在 T_2 表中，则用估价函数 F 将其加入 T_1 表。从 y 加一指向其父节点 x_i 的指针，以便找到目标节点时记录一个最优路径；

最后，若 x_i+1 已在 T_1 或 T_2 表中，则比较刚对 x_i+1 计算过的 F 值和前面计算过得该节点在表中的 F 值。如果新的 F 值较小，则

①以此新值取代旧值；

②从 x_i+1 指向 xi，而不是指向它的父节点；

③若节点 x_i+1 在 T_2 表中，则将它放回 T_1 表。

第七步，转第二步，直到找到满足或不满足条件的节点为止。

当 $x=0$ 时，只需要一级推理即可确定最有希望的节点，即启发式搜索为只有一级的根到叶节点的树，此时 $G(x)=0$，$F(x)=E(x)$。$E(x)$ 的构建思路：根据当前采集的油菜杂草图像、样本库中油菜杂草图像以及杂草历史知识等信息，计算得到一个拟输入油菜杂草图像指标 A，其中采集的油菜杂草图像质量用 $A(x)$ 表示；基于初始油菜杂草图像及已有专家知识，获得该油菜杂草预测模型的指标，样本库中油菜杂草图像质量用 $M(x)$ 表示。

首先，根据已有油菜专家知识以及该杂草所对应的杂草专家的知识，结合历史杂草知识，计算得到一个当前希望输入智能系统的油菜杂草图像质量值，这个值用 $W(k)$ 表示：

$$W(k) = \sum_{i=0}^{m} P_i(k-i) + \sum_{j=0}^{n} Q_j(k-j), \ i=1,2,\cdots,m; \ j=0,1,\cdots,n;$$

$P_i(k-i)$ 表示 $(k-i)$ 时刻的油菜杂草图像质量值；$Q(k-j)$ 表示 $(k-j)$ 时刻的样本库中油菜杂草图像质量值。

然后，利用 $W(k)$ 可以计算得到 A 的输入油菜杂草图像质量值，计算方法如下：

$$A(x) = \sum_{i=0}^{m} a_i(x)A_i(x) + \sum_{j=0}^{n} b_j(x)B_j(x) + W(k)$$ 其中，m 表示系统采集需要识别的杂草图像数量；n 表示样本库中杂草图像数量；$a_i(x)$ 和 $b_j(x)$ 为加权系数，是一个随油菜杂草图像环境变化的量；$A_i(x)$ 为当前第 i 个油菜杂草图像质量值，$B_j(x)$ 为当前第 j 个样本库中油菜杂草图像质量值。

最后，根据前述内容，启发式函数的计算方法如下：

$$E(x) = A(x) - M(x)$$

获得 $E(x)$ 值后，利用油菜杂草规则集的划分原理，构建启发式函数 $E(x)$ 和规则集划分原理 E 之间的一一映射关系，即建立了起点到油菜杂草规则集之间的启发式搜索信息。当需要识别时，利用该信息将符合要求的油菜杂草规则集加载到智能系统中，采用前向推理在油菜杂草规则集内部进一步实现智能推理机制。

2. 前向推理

获得某一个油菜杂草规则集之后，利用前向推理，在规则集内部搜索油菜杂草知识库中相匹配的规则，前向推理算法如图6.12所示。

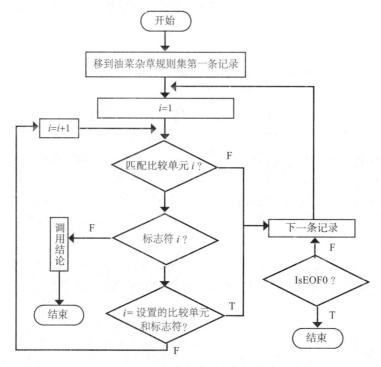

图 6.12　油菜杂草前向推理算法

3. 改进的哈希表

通过前向推理可以成功匹配到合适的油菜杂草规则前提，接下来需要从油菜杂草结论库中搜索与这条规则相对应的操作。搜索的方法有顺序查找、索引查找等，顺序查找是每次查找时，需要在油菜杂草结论库中从第一条记录开始逐条扫描结论库的记录，直到找到制定的记录或扫描到最后一条记录为止。这种方法查找相对应的记录，会随着结论库中的记录数目增多而降低查找速度，从而降低推理机的推理效率。索引查找是通过建立一张索引表来记录每条记录的关键字来实现查找目标记录。这种方法虽然比顺序查找要快，但是除了有主文件外，还须配置一张索引表，而且每个记录都要有一个索引项，给油菜杂草结论库额外增加了存储费用。通过油菜杂草的特征设计一个Hash（哈希）函数，建立了一张Hash索引文件目录，实现对油菜杂草结论库中的记录查找，可以直接定位需要查找的目标记录，比顺序和索引查找更快，可以显著提高智能推理的速度和效率。基于油菜杂草的特征所涉及的Hash函数查找原理如图6.13所示。

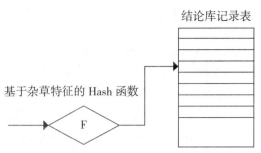

图 6.13　基于杂草特征的哈希查找原理

对任意采集的油菜杂草图像，对应的哈希函数如下：

通过哈希函数在油菜杂草规则的前提和结论之间搭建一个对应关系 $H(x)$，将此对应关系用一个关键字描述。查找时，根据这个对应关系搜索给定值 k 对应的关键字相一致的记录，若存在这个记录，则 $H(k)$ 即为需要查找的值。

4. 卷积神经网络模型

卷积神经网络是由一个或者多个卷积层、池化层以及全连接层组成，网络结构包含权值，学习率以及卷积等若干参数。卷积神经网络结构对二维数据的处理具有明显优势，使用反向传播算法对网络进行训练，数据训练过程更简单。经典的卷积神经网络模型为 LeNet-5，其模型结构如图 6.14 所示。

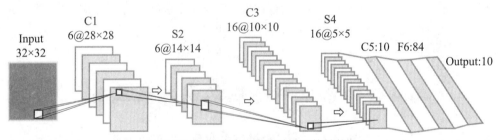

图 6.14　LeNet-5 卷积神经网络结构

LeNet-5 包含输入层、3 个卷积层、2 个采样层、1 个全连接层和输出层。输入层为 Input，由卷积神经元组成的 3 个卷积层分别为 $C1$、$C3$ 和 $C5$，由采样神经元组成的采样层分别为 $S2$ 和 $S4$，全连接层是 $F6$，输出层为 Output。经由输入层输入的图像均为经过归一化、大小为 32×32 的图像。

基于卷积神经网络的油菜杂草图像数据训练原理：杂草图像数据输入智能识别系统之后，通过正向传递和向后传播两个过程对输入的图像数据进行训练。在向前传播阶段，杂草图像数据通过输入层 input 传入网络模型，经过逐层的数据转换，最终输出训练结果。向后传播阶段是通过输出的结果和预期的输出进行比较，获得两者之间的误差并将误差值向后传递到各个隐藏层，依据极小化损失函数的原则，利用随机梯度下降法，对权矩阵进行调整，获得最优油菜杂草图像卷积模型。

6.3.3　冲突消解方法建立

当进行油菜杂草推理时，在智能识别系统需要持续用已知油菜杂草事实与油菜杂草知识库中的知识进行匹配的过程中，通常会出现以下两种情况：

一是事实与知识不匹配。油菜杂草知识库中的知识都是经过领域专家、行业专家多次抽象化的一般性知识，一般都不会设置相关的约束条件。但是，当智能识别油菜杂草时，存在许多与环境、杂草本身相关的约束条件，使得当前已知的油菜杂草事实无法与油菜杂草知识库中任何一个知识相匹配。需要对这种情况及时进行处理，否则推理可能会进入死循环状态。

处理方法：当事实与知识不匹配时，需完善智能识别系统，提高系统的健壮性，由系统给出相应的错误提示，由用户决定下一步是退出推理还是继续推理，以优化杂草图像其他指标。若继续推理，则智能推理机会自动放弃当前油菜杂草图像质量形状优化，转而优化颜色、茎等其他相关指标。

二是事实与多个知识匹配。油菜杂草图像往往会因环境、拍摄等因素发生变化，杂草图像的形状、特征等也会随着发生变化。随着油菜杂草环境的变化，可能会使已知油菜杂草事实与油菜杂草知识库中的多个知识相匹配，系统无法判断该执行哪一条规则。

处理方法：在油菜杂草规则集内部，根据油菜杂草图像识别机理和长期积累的油菜杂草专家、行业专家的经验知识，对杂草规则按优先级别进行了排序，知识级别高（强）的排在前，知识级别低（弱）的排在后。遵循这个规则，当遇到事实与多个知识匹配时，优先匹配级别高的知识，从而可以消解冲突。

6.4　油菜杂草智能识别系统设计

生态油菜是指在油菜种植环境与社会经济协调发展思想的指导下，按照油菜生态系统内物种共生、物质循环和能量多层次利用的生态学原理，因地制宜，将现代科学技术与传统油菜技术相结合，充分发挥油菜种植地区资源优势，依据经济发展水平及"整体、协调、循环、再生"原则，运用系统工程方法，全面规划、合理组织油菜生产，实现油菜高产、优质、高效持续发展，达到油菜生态和油菜经济两个系统的良性循环和"经济效益、社会效益和生态效益"的有机统一。

油菜杂草智能识别系统研究是基于生态油菜的农业发展理念，结合智慧油菜的先进生产技术，对油菜种植区的油菜生产进行科学合理的规划和信息化管理，务求推动油菜生产能力的进一步提高和产业结构的进一步优化。建设油菜种植区生态油菜智慧工程的目标是在油菜种植区建立一体化的长期、实时、不间断运行的信息感知和服务体系，并基于该体系，大力发展油菜种植区生态油菜/精细油菜种植，推动两减一增（减肥、减药和增效），促使绿色生产和加工等符合可持续发展的油菜生产理念与农业生产的深度融合，发展涉及油菜生产、加工与销售等各方面的智慧工程关键技术并开展研究。通过油菜杂草智能识别系统研究，可以有效降低油菜种植区油菜生产投入以及意外受杂草损失，大幅增加油菜种植区油菜产量，提高油菜种植区农户的生产收入，解决"三农"问题的同时，推动油菜种植区的现代信息化农业的建设和发展。

油菜杂草智能识别系统以无线物联传感系统为触角，搭建地面全面感知网，在整个油菜种植区域内各个站点、农田基地配置各类无线传感装置、无线摄像头、移动智能终端、无线网桥进行全天候、实时油菜杂草信息以及病虫害信息采集、精准识别油菜杂草，实现无线、远程、大范围油菜杂草识别服务以及油菜的病虫害检测和识别，彻底解决最后1km信息采集难的问题。系统包括自组网传感信息采集系统、视频监控系统、手机移动现场监管系统、地面无线wifi组网系统、太阳能供电系统、设备智能控制系统等。

6.4.1 系统总体架构

油菜杂草智能识别系统总体架构如图6.15所示。油菜田物联网集成终端是各种集成油菜种植区的土壤因子、水分因子、气象因子、生物因子（包括农作物和病虫杂草）等多种传感器所组成的一个物联网。油菜杂草监测系统根据油菜种植区的大小及分辨率要求，设计油菜杂草现场图像获取装置；将从油菜大田现场获取的油菜杂草作为试验样本，构建油菜大田杂草监测设备系统并进行基于深度学习的杂草识别训练，最终识别采集的杂草图像是哪种油菜杂草，同时对杂草的分布情况进行监测预警。油菜综合评估与智能决策通过面向油菜种植农场、油菜专业种植合作社等新型农业经营主体，实现油菜规模化生产远程服务、技术咨询服务、专家在线咨询、专家远程诊断等全方位服务。

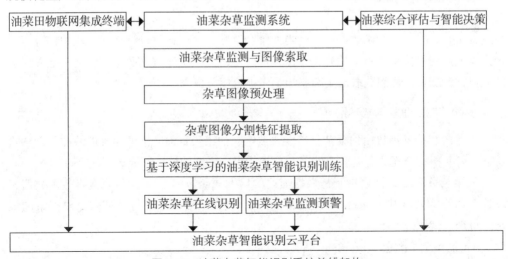

图6.15　油菜杂草智能识别系统总体架构

6.4.2　系统实现关键技术

油菜杂草智能识别系统的关键技术包括油菜杂草知识库、智能推理机实现和油菜杂草知识库管理。

1. 油菜杂草知识库实现

油菜杂草知识库模块由油菜杂草的规则前提模块和油菜杂草的规则结论模块组成。系统以 C++ 的 MFC 中的数据库类 Crecordset 为基类，分别派生出油菜杂草规则前提类 CconditionSet 和油菜杂草结论类 CResultSet，并构建了两个派生类中的成员变量和相应油菜杂草数据库中的相关数据联系。派生类中的数据交换由函数 DoFieldExchange（）实现。规则前提类的数据交换实现原理如下：

```
void CConditionSet::FieldExchange（CFieldExchange *oSeedImage）
{
    //{ {AFX_FIELD_MAP（CConditionSet）
    oSeedImage –>SetFieldType（CFieldExchange::outputColumn）;//
    rSeed_Text（oSeedImage，  sT（"[RuleUnit]"），  sRuleUnit）; // 规则集名
    rSeed_Int（oSeedImage，  sT（"[RuleNo]"），  sRuleNo）; // 规则号
    rSeed_Text（oSeedImage，  sT（"[NameOne]"），  sNameOne）; // 变量名
    rSeed_Text（oSeedImage，  sT（"[SignOne]"），  sSignOne）; // 比较符
    rSeed_Text（oSeedImage，  sT（"[ValueOne]"），  sValueOne）; // 值
    rSeed_Text（oSeedImage，  sT（"[LabelOne]"），  sLabelOne）; // 标志符
    //} }AFX_FIELD_MAP
}
```

FieldExchange（）函数可以保证当油菜杂草数据库的记录指针移动到新的行时，记录集的成员变量值将会自动地修正并保存。智能识别系统通过这两个派生类来定义各自的成员指针变量，从而获取油菜杂草知识库中的相关数据。

2. 智能推理机制实现

本系统智能推理机由油菜杂草启发式搜索、油菜杂草前向推理和改进的油菜杂草哈希表三者有机结合而成，是整个油菜杂草智能识别系统的核心组成部分。

油菜杂草启发式搜索机制是根据前述的启发式函数 $E(x)$ 计算获得当前函数值，以这个值作为 C++ 中 Crecordset 类的 Open（）成员函数参数进行计算来完成搜索的策略。推理实现原理如下：

```
if（油菜杂草颜色）
strSQL=sT（"Select * from RuleTable where RuleUnit='UnitFour' order by RuleNo"）;
```

else if（油菜杂草大小）

strSQL=sT（"Select * from RuleTable where RuleUnit='UnitTwo' order by RuleNo"）；

else if（油菜杂草形状）

油菜杂草前向推理是通过定义比较单元函数 ConditionJudge（CString strObject，CString strSign，CString strValue）、判断条件和标识符值的函数 ConditionLabel（Bool bcondition，CString strlabel）来实现推理的策略。函数 ConditionJudge 是布尔类型，三个参数 strObject、strSign 和 strValue 分别表示属性名、运算符及值，实现油菜杂草规则前提库中的比较单元和智能识别系统内部有关杂草变量的匹配判断。如果函数值为真，则返回 True，否则返回 False。函数 ConditionLabel 是一个返回值为整型的函数，实现获取判断条件和标志符的值，为智能推理机提供继续推理的条件。参数 bcondition 表示条件判断，值为函数 ConditionJudge（）的结果。参数 strlabel 表示标志符。推理实现原理如下：

```
int CRule::ConditionLabel（Bool bcondition，CString strlabel）
{
    int sReturn，str_label;
    str_label = atoi（strlabel）;
    if （bcondition）
    { if （str_label）
            sReturn =1; // 条件未结束，继续匹配下一个字段
        else
            sReturn =2; // 条件匹配成功，执行结论
    }
    else
            sReturn =3; // 条件匹配失败，指针下移一条记录
    return b;
}
```

改进的油菜杂草哈希表是在油菜杂草规则前提相匹配之后，通过 C++ 中的 CMap 模板类的成员函数 SetAt（）和 LookUp（）来实现直接查找定位结论库中该规则相对应的操作。CMap 模板类通过声明 CConToResultMap 对象提供了一种实现哈希算法的途径，成员函数 SetAt（）负责建立规则前提条件和结论库中的结论相对应关系，成员函数 LookUp（）实现推理过程中直接定位到这条规则对应的结论。

3. 油菜杂草知识求精

知识求精最核心的问题是要解决对蕴涵规则冗余的消除，油菜杂草知识求精由 C++ 所提供的函数 MiniCover（），具体原理如下：

```
MiniCover（ ）
{ rule0=rule;
    for （ int i=1;i<n;i++ ）
            if（Imply（rulei， rulei−1 −rulei））    // 判定规则冗余
                    rulei = rulei−1 − rulei ;
            else
                    rulei = rulei−1 ;
    return rulen;
}
```

其中，函数输入为规则库 rule={rule1， rule2， …， rulen} ，函数的返回值为规则库 rule 的最小覆盖。

4. 油菜杂草知识解释机制

油菜杂草智能识别系统的知识解释是对智能系统设计者、领域专家、油菜专家、油菜种植户、其他需要了解和学习知识的用户等提出的问题所给出来一个被所认可的杂草领域知识说明。这个知识说明具有易于理解、方便接受、有效利用、能扩充、开放等特征。油菜杂草知识解释机制是指智能识别系统为了完成油菜杂草知识解释任务所提供的一套知识说明方法以及所开发的系统相关功能模块。

智能识别系统的解释机制由油菜杂草领域模型、识别原理以及相关策略组成。油菜杂草领域模型主要对油菜杂草领域中各种杂草事实的术语进行定义以及因果、层次等关系描述，原理如图 6.16 所示。油菜杂草领域原理是指油菜杂草领域问题的相关求解、识别策略以及各种启发性知识。油菜杂草解释策略是按照系统使用者所选择的问题，自动组织一个与该问题相对应的油菜杂草知识解释说明，并以文本文件显示或以其他文件形式输出给使用者。

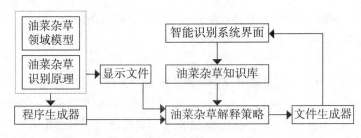

图 6.16　系统的解释机制

针对油菜杂草知识的复杂性、专业性和综合性等特征，智能识别系统解释机制采用简单问题文本预置、复杂问题动态自动生成策略。文本预置策略利用自然语言将杂草每个问题的解释模板先编好并放在油菜杂草知识库中，通过目标执行生成该杂草这个问题的解释说明信息并填入解释模板编制成文本文件提交给用户。动态自动生成策略嵌入一

个油菜杂草知识自动程序生成器，对油菜杂草领域模型、识别原理进行动态描述，生成一个指定的文件（文本文件或其他形式的文件）提交给用户。自动程序生成器负责对知识解释的程序行为的合理性进行阐释。

6.4.3　主要功能模块实现

油菜杂草智能识别系统采用系统工程、面向对象化程序设计方法，面向杂草领域专家、油菜领域专家、油菜种植户以及其他想了解杂草的人员，使用 C++ 程序设计语言开发。系统功能模块结构如图 6.17 所示。

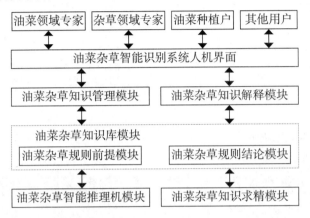

图 6.17　系统功能模块结构

系统的核心模块主要包括油菜杂草规则前提模块、油菜杂草规则结论模块、油菜杂草智能推理机模块、油菜杂草知识求精模块、油菜杂草知识管理模块和油菜杂草知识解释模块等。油菜杂草规则前提模块实现油菜杂草规则前提数据库与油菜杂草知识库的连接。油菜杂草规则结论模块实现油菜杂草规则结论数据库与油菜杂草知识库的连接。油菜杂草智能推理机模块实现利用油菜杂草知识库的知识智能推理。油菜杂草知识求精模块保证油菜杂草知识的完整性。油菜杂草知识管理模块实现实时控制油菜杂草知识的增加、删除、修改等。油菜杂草知识解释模块实现对油菜杂草知识的来源和机理进行解释。

油菜杂草智能识别系统人机界面是根据智能识别系统油菜杂草知识的需要，以方便使用者为前提设计的。界面直观、操作方便，所有油菜杂草规则均可以通过滑动按钮浏览。每一条规则的解释都可以通过解释生成器生成自然语言在解释文本框中显示。系统登录和系统主界面分别如图 6.18、图 6.19 所示。

图 6.18　系统登录界面

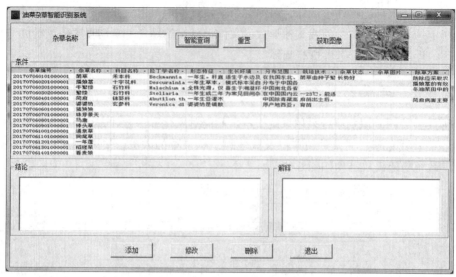

图 6.19　系统主界面

　　油菜杂草知识规则输入主要实现油菜知识添加，界面包括油菜杂草条件部分和结论部分，如图 6.20 所示。

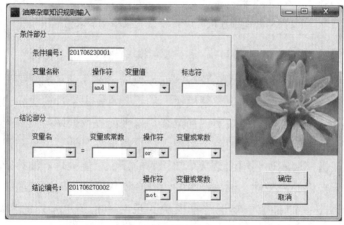

图 6.20　油菜杂草知识规则输入

第7章
精准油菜知识服务平台

精准油菜知识服务平台是一个集成化的复杂信息系统，在建设之初应对其相关理论和关键技术进行整理和分析，以实现平台功能的效用，发挥其最大的价值。本章将自上而下地从油菜知识服务的理论基础向关键技术的应用，进行宏观和微观的阐述和说明，作为平台建设的指导思想和主要理论基础。

7.1 精准油菜知识服务理论基础

7.1.1 精准油菜知识服务内涵

精准油菜知识服务的概念与知识管理相关，目前对于知识管理有几种定义，马斯的观点是"知识管理是一个系统地发现、选择、组织、过滤和表达信息的过程，目的是改善雇员对特定问题的理解"[246]。但卡尔·费拉保罗强调知识共享，认为进行知识管理是为实现隐性和显性知识共享提供新的途径，使每个员工在贡献自身积累知识的同时共享他人的知识，从而达到知识共享的目的。从这些对知识管理的定义可知，知识管理是对知识进行管理，而精准油菜知识服务是利用油菜知识信息来服务于油菜知识用户的，它是被任务驱动的。精准油菜知识服务是指从各种显性、隐性油菜知识信息资源中根据油菜种植、生产、加工、销售和管理等人群的需要，将油菜知识提炼出来的过程，是油菜知识产业体系构架的重要组成部分，它与知识型制造产业构成知识经济的主体，但不拘泥于知识产业本身[247]。精准油菜知识服务作为其他产业服务的基础与支撑，其内涵为油菜信息服务资源建设方面的高级阶段。在物质经济向知识经济体系转型的过程中，精准油菜知识服务发展是不可回避的一环，其原因在于它是发展油菜知识经济和实现油菜知识创新的基础内容，不仅仅是常规意义上或者大众认知中对油菜知识信息的收集、存储、传达、加工和利用的结构性服务，而且是真正意义上的对油菜知识间相互关系的拆分和重组，进一步创造新的油菜知识，以满足、服务及促进油菜种植、生产、加工、销售等全面发展。在国外，对知识服务的界定多是从企业管理的角度出发，Clair 等 [248]认为，知识服务可作为一种管理途径，以集成信息管理、知识管理和战略学习到更宽泛的企业业务功能；Kuusisto 等 [249] 认为，知识密集型服务活动指所有以知识或专业知识为基础的服务，这些服务可由公司内部、公共部门、私人部门，及以提供知识密集型服务为主要业务的网络组织机构提供。

7.1.2 精准油菜知识服务原则

精准油菜知识服务原则主要分为五个方面：油菜信息搜寻原则、油菜信息整合原则、油菜信息的知识化原则、油菜知识应用原则及油菜知识服务反馈原则。

（1）油菜信息搜寻原则。一般有 3 种油菜知识信息的来源：一是已经存在的调查研究的油菜数据；二是来自经过收集、整理、分析得出的油菜信息；三是油菜专家经验。油菜信息搜寻指以搜寻、整理油菜种植、生产、加工等用户的所有需求为目的，通过传感器自动采集、网络或学术活动等信息手段，达到与相关用户建立良好信任关系需求和建立专门的面向油菜种植、生产、加工等用户的数据库的目的。

（2）油菜信息整合原则。该原则指专业人员对收集到的油菜信息进行筛选分类、分析和整理等粗加工的过程，信息分析和整合的终极目标是形成面向油菜种植、生产、加工等用户的可供油菜知识化信息。

（3）油菜信息的知识化原则。该原则指以油菜信息的分析和整合为背景，结合相关联的专业知识和已有经验，将油菜信息知识整合、结构化和整体化，实现油菜信息的知识化。

（4）油菜知识应用原则。该原则根据服务对象的特点和要求，设计制作高度个性化的油菜知识服务产品，并帮助服务对象实现油菜知识的应用和创新。

（5）油菜知识服务反馈原则。该原则用户根据新油菜知识与实际需求的结合情况，向知识服务机构反馈新油菜知识的使用情况，指出其存在的不足和缺陷。油菜知识服务机构根据服务对象反馈的信息，修正并完善或重新设计油菜知识服务产品的功能，提高原有产品的服务效果。

7.1.3 油菜知识服务模式

油菜知识服务是一种解决油菜问题的服务，是在提供者和用户之间分享不同层次油菜知识的数据服务。油菜知识服务模式包括基于分析和基于内容的参考咨询服务模式[26]、专业化油菜信息服务模式、个性化油菜信息服务模式、团队化油菜信息服务模式、油菜知识管理服务模式等。

基于分析和内容的参考咨询服务模式是指以图书馆参考咨询为基础，将油菜咨询服务阵地前沿化和中心化，经过咨询油菜服务人员的专业区分，促进核心油菜咨询服务的智力化，通过集成化油菜咨询资源和系统，提高油菜咨询服务效率，保障油菜咨询服务对油菜信息内容的重组，建立油菜种植、生产、加工、销售等用户对油菜咨询服务的信任。专业化油菜信息服务模式指按照油菜专业领域来组织油菜图书情报和信息服务，以提高油菜信息服务对关联用户需求和用户任务的支持力度。个人油菜信息化服务模式对具体油菜种植、生产、加工、销售等用户的需要和过程提供连续的服务，该模式以解决用户的具体油菜问题为基础，也将融入系统和组织体制中。团队油菜信息服务模式是基于油菜知识服务对油菜知识及能力的要求，依靠多方面人员共同开展的服务模式，有两种常见方式：一是依靠团队力量来组织和提供服务；二是加入用户团队，处理信息、应用信息、解决问题来进行服务。知识管理服务模式指从用户目标和环境出发，进行油菜知识收集和捕获管理。

7.1.4　精准油菜知识服务支撑技术

精准油菜知识服务必须有相应的信息技术支持，需要以物联网、互联网、云计算等计算机技术为核心的现代信息处理技术与通信技术、控制技术和感测技术相融合，形成具有信息化、综合化和智能化的智能油菜信息系统。精准油菜知识服务集成平台的关键技术是基于数据共享、数据集成等数据库技术以及信息搜索和数据挖掘等多方面的技术合成、SOA 技术和微软通信平台（Windows Communication Foundation，WCF）基础之上实现，能使该平台系统的架构层具备较强兼容性及可拓展性。通过展开精准油菜知识服务集成平台应用，通过单元测试、集成测试以及验收测试三个步骤，验证了该知识平台的正确性和可靠性。

7.2　油菜数据共享技术

对精准油菜知识管理系统来讲，其核心需求即集中处理有关油菜数据及数据共享，只有真正实现了油菜数据高效共享，才可以针对性指导精准油菜的现代化发展。其中需要注意基于广义层面的油菜数据共享，不仅包括传递油菜数据及转换格式，还需要满足使用者对于平台提供的相应油菜服务业务有关油菜数据信息的共享调用。针对精准油菜知识服务平台，确保油菜数据实现高效共享，作为实现系统功能的基础。要想实现该平台的多方面功能，需要以调用、共享数据为主要前提。油菜数据共享通常包括三种平台共享方式，即基于文件的油菜数据共享、基于数据库的油菜数据共享和基于 Sockets 的油菜数据共享。

7.2.1　油菜数据共享体系架构

油菜数据共享是油菜信息集成中最关键的环节，它不仅是油菜数据信息的互通和传递，还包括油菜服务和功能的传递与共享，其效果将直接影响油菜信息集成的结果和效果。在精准油菜知识集成平台的设计和实现中，涉及如异构油菜信息系统间信息交互等诸多问题。

7.2.2 基于文件的油菜数据共享

基于文件的油菜数据共享也称为油菜文件数据，是在达到数据信息共享调用中尤为常用的高频率方式，且实现原理比较简易，如图7.1所示。此种油菜数据共享模式对设备及操作系统的要求也较为简单。通过在统一公共文件夹内存入相关油菜数据信息，保证该文件夹的开放权限为所有人。对于分布式系统来讲，油菜数据极有可能存储在不同的主机中，那么在实现基于文件共享油菜数据这一方式时，则需要遵循相关协议完成文件传输，例如 FTP 协议。实现油菜数据共享的基本原理如图7.2所示。

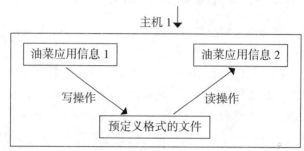

图 7.1 基于文件的油菜数据共享同一主机

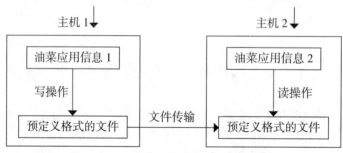

图 7.2 实现油菜数据共享的基本原理

7.2.3 基于数据库的油菜数据共享

基于数据库的油菜数据共享方式是以数据库作为计算机技术不断创新发展中的里程碑标志，以有效实现对油菜数据存储及共享功能，从而有效提升油菜信息系统能力。此种方式比较类似于上一种共享方式，通过运用基于数据库的油菜数据共享方式，根据有关接入程序，在数据库内录入相应油菜数据信息，对于油菜数据信息，在读取过程中，能够在部分程序辅助作用下提取油菜数据。此种油菜共享方式的原理如图7.3所示。但是对于此种基于数据库的油菜数据共享方式，存在相应的应用规定需求，需要确保该方式能够实现油菜数据与共享油菜数据服务程序与之对应，始终在同一主机上运行，并且必须杜绝在不同主机上完成同一个油菜数据库的部署。即借助此种模式实现油菜数据信息共享，需要借助网络，实现不同主机操作的共享。使用基于数据库的油菜数据共享存在一定优势，即油菜数据共享并非点对点，而是可以搭建形成"服务端—客户端"这一油菜数据共享模式。任何程序在运用中完成油菜数据调取写入，均可以逐步完成此项操作。

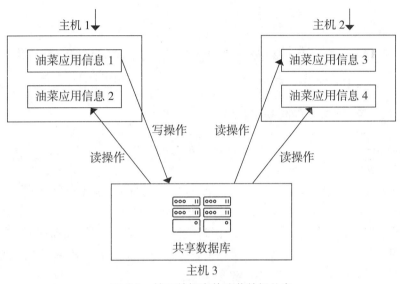

图 7.3　基于数据库的油菜数据共享

7.2.4　基于 Sockets 的油菜数据共享

基于 Sockets（套接字）的油菜数据共享方式的原理如图 7.4 所示。针对油菜数据共享安全性的考虑，当系统运用安全性需求较高时，要想交互共享统一程序内的空间油菜数据信息，需要满足有关规定要求且此种油菜数据共享方式的普遍模式为套接字，即借助网络系统套接字作为不同网络节点，能够在一台或多台主机上完成部署且系统并未对部署节点提出特定要求。并非需要运用等同数据库及操作系统，只需保证底层通信协议一致即可。在套接字起到的辅助作用基础之上，对应程度可以基于原本固定端口，实现对需要共享数据的监听，并基于端口实现数据交换[250-252]。基于该系统层面，可以根据出现的不同程序套接字，写入不同的对应油菜数据，对应数据即会完成读取，对共享油菜信息中的实时问题进行有效解决。

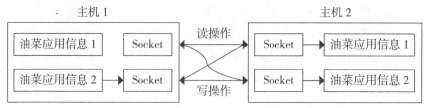

图 7.4　基于 Sockets 的油菜数据共享

7.3　精准油菜知识平台集成服务技术

7.3.1　平台集成服务架构

精准油菜知识服务集成平台的设计总体架构需要始终遵循 SOA 思想（即面向服务的软件架构），借助 SCA（即服务组件框架）实现 SOA 思想架构这一技术路线。设计并实现的精准油菜知识服务平台的系统集成原理如图 7.5 所示，该总体架构主要包括：

（1）基础网络层。精准油菜知识服务平台系统中的基础网络层，为了系统能够正常运行，在有关油菜业务服务开展中，提供所需的网络资源，其中涵盖了连接互联网时的软硬件设备组件。通过差异化的油菜知识管理系统，保证基础网络层包含无线、有线通信网络，以及所必须存在的链接类设备组件。

（2）油菜数据层。该层主要实现对精准油菜知识服务平台系统有关的油菜数据管理，其中涵盖了使用者的基础相关信息、油菜知识的有关数据以及田间管理的具体数据。在此基础之上数据层也作为使用者对该平台在运用中提供相关精准油菜知识以及相关油菜信息服务。除此之外，数据层内还需要提供存储运行所需的有关油菜数据，包括系统日志等。

（3）基础服务层。该作为数据层及网络层，能够为油菜种植、生产、加工、销售等用户提供基础类服务。基础服务层可以为使用者提供录入检索油菜数据、查询油菜信息等服务。在此需要注意，基础服务层势必需要在保证基础网络层以及数据层均正常运行基础之上实现。

（4）油菜知识服务层。该层也可被视为系统应用服务层，通过为油菜种植、生产、加工、销售等用户提供集成类平台系统服务，涵盖了用户访问系统，运用平台系统业务模块，实现精准油菜知识管理系统及与其他系统之间的互联互通等。

（5）业务流程层。该层在应用层及基础服务层之间，具体具有的相应作用是能够向应用层提供使用者对该平台系统应用中的有关油菜服务资源，包括安排服务、发布服务类流程等相关工作，能够及时安排有关油菜服务。针对部分系统内的业务流程外部服务构件，基于业务流程层，可以有效为应用层及接入层提供服务构件完成调用。但是在此需要重视的是，业务流程层存在服务注册中心，还能够在应用该层中提供相应的服务管理这一功能，其中还包含注册发布具体服务，作为平台实现基础服务的关键接口管理。

（6）接入层。该层是精准化油菜知识管理系统需向外部层级使用者在运用中具体提供的标准化接口。借助接入层，能够实现外部系统运用互联互通精准油菜知识服务平台系统，并且对该系统的油菜数据、服务以及应用互通调用。在互联网技术飞速发展的当今社会，接入层尤为关键，存在接入层即达到了开发基于 PAD、智能手机精准化油菜知识管理系统客户端，实现接入层与连接系统，为用户提供更加便捷化的油菜知识系统服务。

图 7.5　精准油菜知识平台总体架构

在设计开发精准油菜知识服务集成平台中，需要运用多种集成信息技术，保证多技术之间能够充分配合，从而达到平台系统效果的最佳化，势必需要基于系统层面实现良好集成。仍然需要注意，尽管完全开放了标准接口，但是对于不同技术集成的实现，仍然较为困难且会出现兼容问题。所以对于大型平台系统，在开发研究中，集成技术也被称之为中间技术，主要是为了可以突破软件系统存在的接口及标准障碍情况，真正达到系统的信息互通及共享。对高层次系统来讲，不仅实现了油菜数据共享，更实现了应用集成。精准油菜知识服务集成平台的集成技术原理如图 7.6 所示。在相对独立的信息平台内，往往存在更大的技术集成难度。

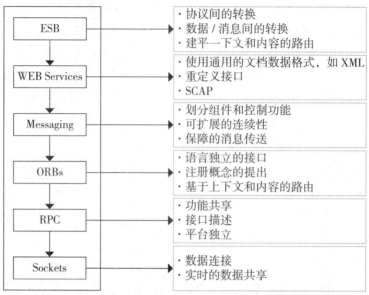

图 7.6　精准油菜知识服务集成平台的集成技术原理

7.3.2　RPC 技术

远程调用（Remote Procedure Call，RPC）是一种通过网络从远程计算机程序上请求服务，而不需要了解底层网络技术的协议。RPC 协议假定某些传输协议的存在，如 TCP 或 UDP，为通信程序之间携带信息数据。在 OSI 网络通信模型中，RPC 跨越了传输层和应用层。RPC 使得开发包括网络分布式多程序在内的应用程序更加容易。RPC 采用客户机 / 服务器模式。请求程序就是一个客户机，而服务提供程序就是一个服务器。首先，客户机调用进程发送一个有进程参数的调用信息到服务进程，然后等待应答信息。在服务器端，进程保持睡眠状态直到调用信息到达为止。当一个调用油菜信息到达，服务器获得进程参数，计算结果，发送答复油菜信息，然后等待下一个调用油菜信息，最后客户端调用进程接收答复油菜信息，获得进程结果，然后调用执行继续进行，如图 7.7 所示。平台使用 RPC 技术是为了方便不同应用或者服务之间相互调用以及共享油菜数据。

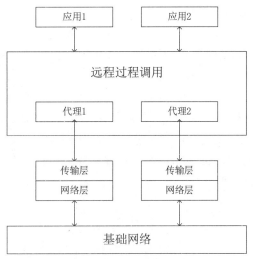

图 7.7　远程调用过程原理

请求委托技术（Object Request Broker，ORB）通常被运用于分布式系统集成需求中，能够实现对系统对象及组件的管理[253]。通过运用该技术，能够在系统组件、对象对底层通信协议并不关注的情况下，真正实现系统交互及油菜数据、应用共享。在一个面向对象的分布式计算环境中，一个 ORB 可以为应用程序、服务器、网络设施之间分发油菜消息提供关键通信设施。可以将 ORB 想象成一组软件总线、支柱，它提供了一个公用消息传递接口，通过这个接口，许多不同类型的对象可以通过对等层策略进行通信。ORB 是 CORBA 的核心组件，提供了识别和定位对象、处理连接管理、传送数据和请求通信所需的框架结构。

CORBA 对象之间从不直接进行通信，对象通过远程桩对运行在本地计算机上的 ORB 发出请求。本地 ORB 使用 Internet Inter-Orb Protocol（IIOP 为缩写形式）将该请求传递给其他计算机上的 ORB；然后远程 ORB 定位相应的对象、处理该请求并返回结果。

7.3.3　Web 服务技术

Web 服务技术是一个平台独立的，低耦合的，自包含的、基于可编程的 web 的应用程序，可使用开放的 XML（标准通用标记语言下的一个子集）标准来描述、发布、发现、协调和配置这些应用程序，用于开发分布式的互操作的应用程序。Web 服务技术能使得运行在不同机器上的不同应用无需借助附加的、专门的第三方软件或硬件，就可相互交换油菜数据或集成油菜数据。依据 WebService 规范实施的应用之间，无论它们所使用的语言、平台或内部协议是什么，都可以相互交换油菜数据。Web 服务是自描述、包含的可用网络模块，可以执行具体的业务功能。Web 服务也很容易部署，因为它们基于一些常规的产业标准以及已有的一些技术，诸如标准通用标记语言下的子集

XML、HTTP。Web 服务减少了应用接口的花费。Web 服务为整个企业甚至多个组织之间的业务流程的集成提供了一个通用机制。

在传统 Web 服务技术基础之上，互联网技术不断创新，研发了新的 Web 服务技术 [254]。基于本质层面的 Web 服务作为 Web 应用程序，相较传统 Web 服务程序来讲，Web 服务技术具备模块化且自我描述的特点。Web 服务技术可以对简单请求实现反馈，同时还能够完成对复杂算法及流程的具体处理。在实际运用过程中，Web 服务技术还需借助标准协议创建执行具体运用，但需要注意一点，在运用不同 Web 平台服务技术中，需要借助数据的不同表达方式，那么 Web 服务则需要建立通用型标准，进而实现平台、编程不同的语言调用及信息交互。

7.3.4 ESB 技术

企业服务总线（Enterprise Service Bus，ESB）。它是传统中间件技术与 XML、Web 服务等技术结合的产物。ESB 提供了网络中最基本的连接中枢，是构筑企业神经系统的必要元素。ESB 的出现改变了传统的软件架构，可以提供比传统中间件产品更为廉价的解决方案，同时它还可以消除不同应用之间的技术差异，让不同的应用服务器协调运作，实现了不同服务之间的通信与整合。从功能上看，ESB 提供了事件驱动和文档导向的处理模式以及分布式的运行管理机制，它支持基于内容的路由和过滤，具备了复杂油菜数据的传输能力，并可以提供一系列的标准接口。

此种技术作为在人们生活工作中广泛运用的企业服务总线技术，该技术最初实现了中间件技术、Web 服务、XML 技术等多种新型技术实现的融合型产物。ESB 服务总线技术具备了较大的便利性，可以运用于互联网中提供通用型中枢连接，保证所构建的精准油菜知识平台能够具备较高耦合性且高效化。但同时该技术也由于自身具备的便利性，向传统软件架构技术提出了新型技术挑战，相较传统中间技术，ESB 服务总线技术更加高效化且便捷。能够在运用过程中将不同应用层级的接口以及技术二者间存在主要差异有效消除，同时还能够确保应用不同的服务器，从而确保在同一网络平台内始终协调运作，满足不同服务层的集成。

7.4 基于 SOA 的精准油菜知识服务模型

SOA 作为面向服务的技术架构，正是对精准油菜知识服务流程的逐一实现和整合。本节将由点到面地对精准油菜知识服务模型进行构建，结合了 SOA 技术的概念基础，设计出了油菜知识服务平台的模型架构。

7.4.1　精准油菜知识服务流程

精准油菜知识服务基本流程包括平台的访问、检索查询、服务咨询、生成策略与反馈等流程，如图 7.8 所示。

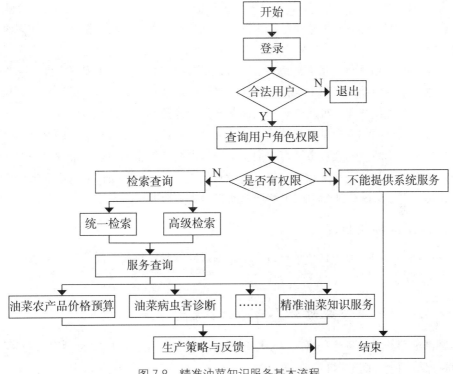

图 7.8　精准油菜知识服务基本流程

1.访问平台

油菜种植、生产、加工、销售等用户通过手机号注册、邮箱注册、第三方账户（微信、微博、QQ 软件）等方式注册平台账号，平台提供相对应的登录方式，为用户提供登录体验，并对用户设置的密码及用户名进行重名检索和弱强度密码等优化提醒服务。

2.检索查询

油菜知识平台为登录用户提供油菜信息搜索功能，检索查询包括统一检索、高级检索、检索结果筛选、检索结果排序、检索提示、检索推荐等多个功能。统一检索提供基于关键词和分词技术的平台油菜信息检索功能，平台基于相似度函数为用户反馈结果摘要信息列表，并对命中的分词标注颜色，方便用户快速进行油菜信息定位。高级检索提供基于标题、作者、年份、出版物等多关键词的与、或检索操作，为深度用户提供精准油菜信息定位服务，并对命中的分词标注颜色，方便用户快速进行油菜信息定位。检索结果筛选提供基于普通和高级检索结果集内部的多维度结果筛选，对检索结果集进行二次和多次定位。检索结果排序提供基于相关度正序、逆序和时间正序、逆序的检索结果排序功能等。

3. 服务咨询

依据油菜种植、生产、加工、销售等用户输入的关键词进行解决方案以及解决方案集推荐，咨询内容涵盖油菜产品价格预测、油菜病虫草害诊断、精准油菜知识服务等方面。

油菜产品价格预测是精准油菜服务平台通过与第三方农产品批发平台建立基于油菜数据共享技术搭建油菜产品价格预测服务，平台提供油菜产品搜索定位、油菜产品历史价格数据，并提供基于多种回归模型的油菜产品价格预测，包括线性回归、二次回归、曲线拟合、季节回归等常见数据预测模型。油菜病虫草害诊断包含油菜病虫草害浏览、油菜病虫草害诊断、油菜病虫草害查询、未知病虫草害提交四大功能板块。精准油菜知识服务主要提供与精准油菜相关的信息搜索查询服务，以油菜知识库的形式为用户提供服务，用户可以系统化地学习和了解精准油菜相关的知识。

4. 生成策略与反馈

精准油菜知识服务平台在运行过程中，通过获取具体相关油菜信息，生成决策并提供给相关用户。

7.4.2 精准油菜知识服务流程概念模型

精准油菜知识服务流程概念模型构建涵盖了应用表达层、逻辑层、数据访问层、业务数据层等四个方面的内容，如图 7.9 所示。

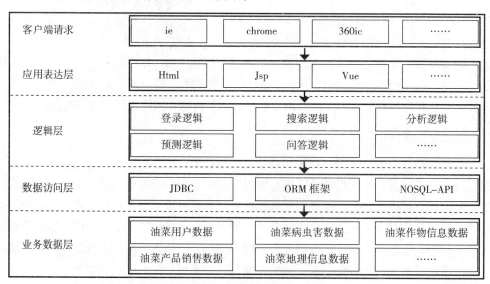

图 7.9 油菜知识服务流程概念模型

1. 应用表达层

在本知识服务体系流程中，应用表达层作为最终用户接口，其实现用户交互目标是通过浏览器接受用户提交请求，对逻辑层的访问获取请求结果，以有效的动态页面形式表达等步骤实现。在精准油菜知识服务方面，应用表达层的逻辑处理结果是以用户或接受用户发出的油菜业务请求为基础，完成用户的工作流定义、案例提交、活动发起、监控等方面的内容输出，以恰当的方式给用户提供油菜知识服务。需要注意的是，应用表达层在数据表达方式及形式方面，需支持超文本传输协议、动态超文本传输协议、扩展超文本协议、多媒体邮件类型扩展等多个协议的标准。

2. 逻辑层

在精准油菜知识服务流程概念模型中，逻辑层的构建是重要的环节之一。结构上逻辑层是由引擎模块、管理和监控模块与执行功能模块组成，是表达精准油菜知识服务模型的核心。用户可以通过应用表达层提出油菜业务请求，逻辑层则将用户需求转化成为表达清晰的逻辑方式，按照特定的逻辑次序向下一层传达油菜数据请求，与此同时将数据层反馈的油菜数据进行数据加工和数据整合，形成满足用户需求的油菜信息，再发送给应用表达层。

3. 数据访问

在精准油菜知识服务流程概念模型中，数据访问层的功能主要是实现逻辑层和数据层的剥离。这样设计的好处有以下几点：一是规避了应用表达层直接访问油菜数据；二是为应用访问提供统一的、标准的开放访问接口；三是简化了业务数据访问层的实现代码过程，并整合了异构油菜数据库之间的差异性；四是其扩展了油菜服务模型内部的数据集成功能，为系统的开发、设计和维护等提供了便利。

4. 业务数据层

在精准油菜知识服务流程概念模型中，业务数据层是实现油菜知识服务内容数据的存储和管理的重要部分。从业务数据层的定义来说，它是指模型中的物理数据库，即油菜知识服务流程中的业务过程数据、资源分类、流程相关数据和流程控制数据等。业务数据层的功能旨在将分散的大量油菜数据进行结构化整合，实现油菜数据的数字化和规范化后将其存储于关系数据库，再通过关系数据库的表达方式面向用户提供油菜知识服务。相比之下，那些不具备结构化特性的油菜数据则是以文件形式存储，直接以文件方式提供服务的。

7.4.3 精准油菜知识服务模型

1. 基于 SOA 的精准油菜知识服务模型构建界定

SOA 作为新型架构模型，能够依据有关规定要求，借助网络方式，实现对具备高度耦合性的应用组件实现充分组织运用[255]。面向服务架构模型，如图 7.10 所示。这一面向服务架构存在三种对象，能够实现对于三种对象之间的共同合作互通，达到预期的业务目标：一是服务提出者，这一对象作为最初设计该平台的主体，借助网络实现对平台油菜知识服务的相关信息注册，注册成功之后将设计开发的服务架构平台，提供给请求者运用；二是服务请求者，即该平台在油菜服务提出者完成注册之后，借助该平台检索有关油菜知识服务信息，查看是否存在所需的有关服务；三是服务注册中心，该平台作为存储油菜知识服务提出者的主要服务信息，能够将其提供至服务请求者完成对应查询。根据该面向服务架构模型，分析三种对象之间的提出、请求及运用协作过程，将服务以及服务信息作为该架构的关键组成[256]。

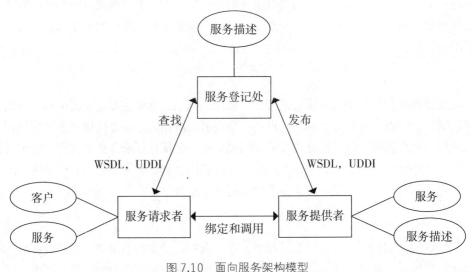

图 7.10　面向服务架构模型

2. 基于 SOA 的精准油菜知识服务模型构建优势

作为新型的软件架构模型，SOA 具备了可以与其他企业架构模型区分的优势。

一是松散耦合度。SOA 存在服务接口，能够较好地将服务实现及使用的具体过程成功分离，因此实现对油菜知识服务提出者及请求者之间的隔离。并且技术耦合能够保证建立及运用服务并对某种技术加以规定，且最后的流程耦合能够保证这一特性，真正分离油菜知识服务流程及工作流程。

二是粗粒度服务。服务粒度主要用来表示提供油菜知识服务的单元功能范围，细粒度服务可以对接口的具体提供服务充分细化，虽然有效保证其整体灵活性，但是对其变化却无法轻易控制。粗粒度具备了较好的整体稳定性以及较高的重用性，能够真正达到灵活性及稳定性之间的平衡。

三是标准化接口。SOA 对服务接口标准进行了充分规定，实现了对油菜知识服务的交互。该细节的统一，可以确保其他交互平台共同实现该服务的运行。且允许服务独立底层，在硬软件基础之上可以独立多程序语言设计，以确保 SOA 定义服务的平台通用性以及可移植性。

四是实时应用。SOA 服务能够让使用者在油菜知识服务请求的过程中，保证无论基于何种时间段都能够提供针对性的油菜知识服务请求，并且确保该服务模式存在异步及同步化。

五是位置透明。对于系统平台的使用者来讲，根本无需得知自己所请求的有关 SOA 服务的具体位置所在，更无需得知最终的有关油菜知识服务的提供者。当无法正常使用服务或网络无法连接时，可以派发该油菜知识服务至其他执行点，且这一过程是可视化的，不会对 SOA 服务的功能造成影响。

3. 基于 SOA 的精准油菜知识服务模型构建原则

SOA 分析设计原则是在传统软件设计方法基础之上制定的，SOA 对此类方法的优点进行了有效集成。基于 SOA 的精准油菜知识模型构建原则如下：

一是服务第一原则。这是 SOA 设计最核心的原则，系统功能的最终执行者转变成了抽象层次更高的服务。由于具有更高的抽象层次再加上良好的设计，可以让使用服务的系统有更好的灵活性，更易于升级和复用。服务提供软件开发周期中从需求分析、功能设计、服务部署和维护等生命周期的公共视图，从而使应用系统和业务能够更好的配合，让业务逻辑成为系统的主导。

二是灵活性原则。具有很好的灵活性和复用性是 SOA 相对于以往的软件开发模式的重要优势。服务作为业务逻辑的基本组成单元，在构建应用的各个阶段和过程中如果可以保持其灵活性，这将大大提升应用系统及其业务逻辑面对需求变化和业务转变时的适应能力。这对于业务逻辑复杂多变的应用系统是至关重要的。在 SOA 设计中，这可以通过将服务设计在适当的粒度和规模以保证系统中服务的灵活性。

三是松散耦合原则。保持系统的松耦合性是软件设计始终关注的原则，SOA 也同样追求系统的松散耦合性，但 SOA 中的松散耦合不同于以往设计中模块与模块，类与类之间的松耦合。而是指 SOA 服务的使用者和服务的提供者之间的松耦合。这包括在 SOA 服务契约的设计上，使用抽象设计模式和方法，通过中间媒介减小服务使用者与服务提供者双方的耦合度。

4. 基于 SOA 的精准油菜知识服务模型构建

在 SOA 模型中，油菜知识服务之间互相独立互不干扰，油菜知识服务 A、B 和 C 在服务注册中心进行注册和编排，并对外暴露允许访问的接口。每个油菜知识服务都可以拥有自己独立的数据存储层。油菜知识服务之间需要先从服务注册中心获取可供调用的开放接口，然后互相通过 RPC 协议进行远程通信，从而进行油菜数据共享和传输，如图 7.11 所示。

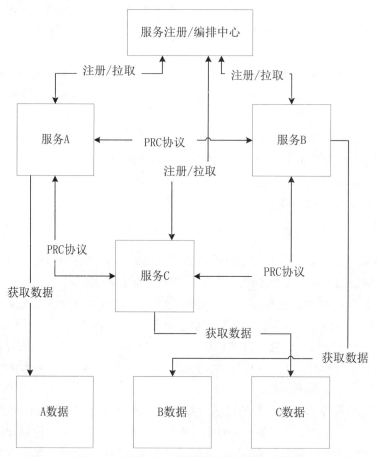

图 7.11　基于 SOA 的精准油菜知识服务模型

7.5　基于 SOA 精准油菜知识服务平台实现

精准油菜知识服务平台是利用 SOA 技术在流程概念模型上建立起来的，在前期架构设计中，对油菜知识服务流程不断优化和完善是实现平台建设的基础。在平台实现阶段，秉承自下而上和自上而下的开发过程，对平台的具体功能进行了设计和实现、创建了数据层的逻辑结构、编写了功能流程的核心代码、测试了功能的准确性，为平台全部功能的实现奠定了基础。

7.5.1　平台设计方法

精准油菜应用具体划分为两类：一是能够为推进精准油菜发展提供针对性油菜知识，包括对油菜病虫草害问题的分析，选择适宜种植的油菜品种，预估未来油菜市场的产品价格等。这一运用凸显了平台复杂化特性，在运用该服务流程时能够将其他应用嵌套其中，使平台不同油菜信息服务交互共享。二是能够提供油菜基础类附属化信息，包括获取有关油菜作物信息，特定油菜专家等信息。此类运用的根本特点是逻辑简单，无需实现信息交互，作为精准类农业知识系统的附属进行运用。在设计过程中，通过对精准油菜知识服务集成平台的综合全面考虑，根据不同的油菜服务类型选用不同的设计分析方式，本书提供了两类不同设计类型。

1. 自下至上

自下至上这一集成类型对独立油菜应用服务更加合适，基于独立油菜应用服务，通过借助非全局性集成架构，对集成性油菜比较缺乏的应用充分协调。为了保证叙述更方便，通过对精准油菜知识集成设定应用情境，给定精准的油菜信息，保证具体系统应用达到以下目标：

一是油菜用户信息管理系统能实现对油菜科研者，油菜种植、生产、加工和销售等用户及专家的有关信息管理；

二是油菜作物信息管理系统能实现对油菜作物基础信息的管理维护，比如油菜术语、油菜品种类名称，以及油菜作物的生长周期有关信息；

三是油菜产品销售系统能实现对油菜作物有关销售信息以及价格的管理维护；

四是油菜作物区域化管理系统能实现对油菜作物具体种植区域以及相关面积信息的管理维护；

五是油菜病虫草害诊断系统能通过有关油菜相关用户需求，实现对油菜作物病虫草害的有效诊断。假设在每一个不同的系统应用中，并未存在集成服务及数据共享连接，此种情况下的不同系统之间就会存在缺乏系统集成的情况，那么用户则需要在每一个系统内，完成等同信息的多次输入，从而导致整个系统在运用中更加复杂，也在很大程度上增加了输入差错频率。但是诸如此类的问题无法有效追查，使系统存在的一致性也有所降低，因此更会额外增加使用者的投入开销。

借助自下至上这一设计方法，是出于将应用系统本身作为关键切入点，研发油菜知识服务平台，提供相关油菜作物知识信息，但是绝大多数系统均能够借助油菜知识平台实现真正的信息共享，由此通过运用系统集成，自下至上的油菜知识平台设计，如图7.12 所示。此种设计方法可以对不同系统应用进行有效连接，在系统应用较少的情况下，其效果更好。如果相关油菜知识的数量达到了一定规模，一旦相应的数量连接出现细微变化，则系统能够及时更新油菜数据及信息。事实上，维护集成平台耗费的时间，会远远超出维护系统本身耗费的时间，这会在很大程度上降低平台效率。

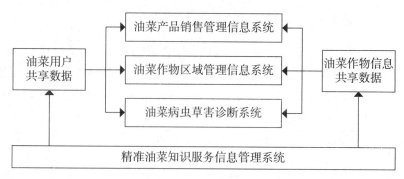

图 7.12   自下至上的油菜知识平台设计

2. 自上至下

由于没有对油菜知识服务平台功能集成有一个整体上的理解，没有分析集成平台中所涉及的困难和集成所需要的资源，自下至上的设计方法往往不能设计出协调度和互联性高、资源可控的集成平台。因此，油菜知识服务集成平台必须使用良好的设计和架构。首先，定义集成系统的整体架构；然后，对已有的应用服务进行分析，并对可能出现的应用服务进行预测。

集成平台的设计应遵循一定的工程原则，拿城市规划做一个类比，就像我们不能随意在想要修建房屋的地方盖房子，也不能为了交通方便就在楼房之间随意修建道路，城市的规划需要参照已有的环境和设计。

自上至下的设计方法把集成看作是全局性的活动，从较高的层次上定义一个可被理解的集成架构，如图 7.13 所示，该架构充分考虑可预见的业务集成问题，分析现有应用服务的依赖关系，定义集成准则，定义应用服务优先级别，将集成过程看作为一个大规模的各相关方协调工程。

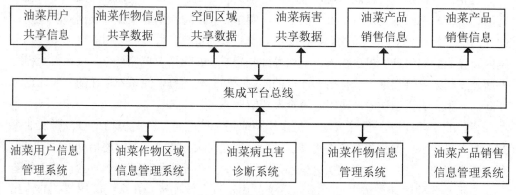

图 7.13   自上至下的油菜知识服务平台设计

7.5.2 平台功能分析

精准油菜服务平台按用户角色进行分类可以分为两大部分：前台部分和后台部分。前台主要是针对用户角度的功能集合，后台则是针对系统管理运营运维人员的功能集合，本节将分别基于前、后台角度，对精准油菜服务平台的功能进行阐述。

1. 前台功能

前台功能主要是支持在油菜知识服务平台用户使用体验所需的系统和功能集合，包含个人中心、我的平台、信息检索、智能问答、平台服务等模块。

个人中心指主要提供平台使用权限相关操作功能。我的平台主要为油菜种植、生产、加工、销售等用户提供平台操作记录相关功能。信息检索为油菜相关用户快速定位精准油菜服务信息提供便利，基于 ES 提供各种类型的检索及信息推荐功能。智能问答服务是平台基于油菜专家知识库原理构建一套智能化问答咨询系统，可以模拟人工客服的形式，依据用户输入的关键词进行解决方案以及解决方案集推荐，可以极大地提高服务平台客服对接效率。平台服务能提供基于网络数据的油菜产品价格预测服务、油菜病虫草害诊断服务、精准油菜知识服务。用户通过访问各服务频道以获取相关服务。

2. 后台功能

后台功能版块主要是为系统管理员提供平台内用户级信息管理相关的功能，包含用户管理、权限管理、知识管理三部分。

用户管理指管理员可以通过用户管理实现平台用户的列表管理，基于用户名的检索。主要用能有用户列表、用户详情、用户日志、用户权限分配等操作；权限管理包括了功能管理、角色管理等；知识管理包括了知识录入，即单条知识导入、批量知识导入，和修改、删除、置顶数据等内容。

7.5.3 平台架构层次

油菜知识服务集成平台架构采用多层次递进式划分来实现，确保每个层次都能够对关键子问题进行有效解决，并且始终能够沿袭不同层次结构自下至上地解决问题。由最下层开始逐步向上地解决各层级子问题，最终将各层级问题作为集成问题共同化解，此种设计层次能够达到对油菜资源的充分优化，本部分将逐一探讨不同的集成层次。

1. 数据层

油菜知识数据集成通常也可将其具体理解为油菜知识数据共享。在这一层级上主要关注点是能够达到有关技术标准需求，同时确保实现前述三种油菜数据共享方式均可实现服务平台集成体系建设，并始终简洁和直接地展示数据。油菜知识服务集成平台内存在诸多数据库而这些数据库之间不存在完全相同的数据概念界定，从而会提高油菜知识数据共享的管理成本投入。实现油菜知识数据共享集成，绝大部分体现在集成逻辑方面，数据级集成取决于知识集成结构层次，如图 7.14 所示。

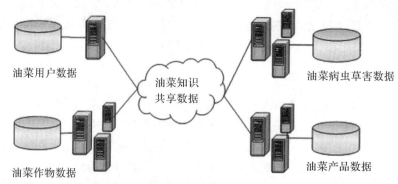

图 7.14　油菜知识数据级集成

2.应用层

应用集成主要关注对应用服务的分享。它是建立在数据集成共享的基础之上，拓展数据集成的内涵，将应用服务看作数据的体现形式。应用服务借助应用程序的接口呈现给有关服务的使用者。传统系统应用的开发者都没有真正重视平台对外提供程序接口的关键作用，许多旧平台服务都未设计程序外用接口。如今很多系统应用都使用接口这一方式，尝试为外部系统提供针对性的内部功能，但不同系统接口的方式不同，要实现不同接口的互操作，需要运用前文分析的多种集成技术方法。

应用级集成层次需要满足两个关键目标：一是对油菜应用系统内的程序接口实现分享运用，根据系统外部实现对系统内部功能的充分调用；二是对不同油菜应用程序技术接口之间的差异情况加以调整以及访问约束。精准油菜知识服务平台的 ESB 服务集成架构如图 7.15 所示。

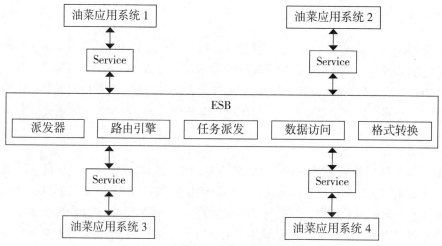

图 7.15　油菜知识服务应用级集成架构

3. 业务逻辑层

精准油菜知识服务平台的业务逻辑级集成比应用级集成更进一步，它把业务逻辑中的公共部分作为集成的单元，拆分置于应用内部的业务逻辑，然后根据业务过程重新组装。已有应用系统中的部分逻辑可以直接应用到新的业务过程中，并通过接口将抽象的逻辑提供给系统外部。这意味着集成平台将基于一种新的设计，但应用服务并不需要重新实现，而只需要以业务过程的方式与新的架构相适，最终通过业务流程执行语言(BPEL)将这些业务逻辑片段整合起来并加以执行，如图 7.16 所示。

通过业务逻辑集成层次可以使系统的业务逻辑实现更加灵活，对频繁变更的需求产生更好的适应性，从而快速高效地满足业务需要。业务逻辑级集成经常与业务流程再造相关联，并产生更高层次的抽象。

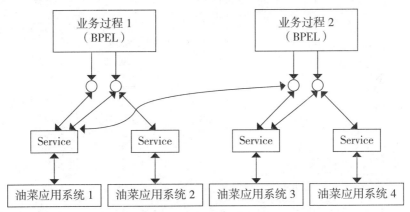

图 7.16　精准油菜知识服务业务逻辑级集成

4. 显示层

在满足有关业务逻辑集成的有关层次功能之后，考虑到中间层次封存了有关应用服务，且借助应用程序接口为使用者提供相关应用服务。对于系统使用者来讲，保证平台系统显示的视图统一极为重要，只有确保达到视图效果统一性，使用者才能够明显区分新旧平台系统之间的差距。精准油菜知识服务显示级集成可以满足集成平台内部的多集成系统，保证实现统一接口层级，如图 7.17 所示。显示级实现的集成平台对内部有关系统业务细节封存，向外提供对应的应用接口，均在后台统一执行原本存在的服务应用及业务流程。此种方法行之有效的对服务应用中主要存在差异情况有效隐藏，也在很大程度上提升了用户的整体操作效率。通过将显示级集成视为能够达到使用者在运用中平台业务功能统一运用，定义且实现了信息集成系统的普通接口，达到了一致于门户及外观标准。但是仍然差异于简单 Web 或是用户界面接口，显示级集成可以向使用者展示该平台系统的全新具体概况，真正确保整体服务的一目了然。即显示级集成达到了设置平台不同子系统的统一接口，封装了使用者在平台运用中所显示系统的具体细节，对应用接口及系统交互实现标准化定义。前端使用者在应用该系统中，不仅能够将原本的服务流程可视化，还能够感受到业务提供的具体服务需求。如此设计的优势特点在于，能够对服务应用之间存在的具体差异有效隐藏，真正保证使用者的关注重点在于平台提供的服务内容而并非显示形式，也在很大程度上对用户使用该平台的运用效率有所提升。不仅如此在新服务出现情况下，能够将替代原来的应用服务，提升系统整体运用的拓展性、延伸性以及可维护性。

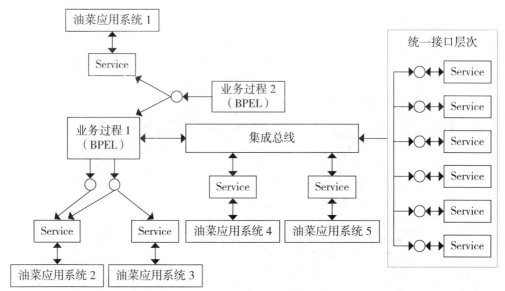

图 7.17   精准油菜知识服务显示级集成

7.5.4   平台架构设计

1. 平台软件结构设计

精准油菜知识服务平台结构设计分为前、后台两个部分，前台功能用于提供给用户使用，后台功能用于提供给该平台的管理员使用。前台功能部分主要包括个人中心、我的平台、信息检索、智能问答、平台服务五大功能模块。后台功能部分主要包括用户管理、权限管理、知识管理三大功能模块，如图 7.18 所示。

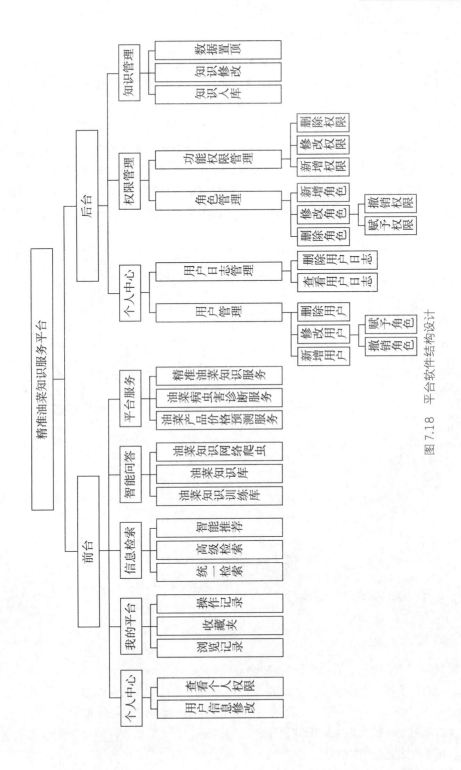

图 7.18　平台软件结构设计

2. 平台网络拓扑结构设计

依据分析的精准油菜知识服务集成平台不同模块设计原则，以及服务集成的相应理念，该集成平台的网络拓扑结构具体设计如图 7.19 所示。精准油菜知识服务平台采用总线型拓扑结构完成网络层级部署。在该平台的每一个服务节点，均能够在使用者运用该精准油菜知识服务集成平台时，提供数据层、服务层的有关油菜数据服务。除此之外，精准油菜知识门户网站，也作为精准油菜知识服务集成平台所对外的统一化接口，借助网络访问平台，为用户提供接入层服务，并在系统内部隐藏了多个服务节点。互联网用户无法对多个服务节点直接访问，势必需要保证在精准油菜知识对应的门户网站上完成服务中转，从而确保用户运用精准油菜知识服务平台的效率，同时也确保了该平台的运用安全稳定性。

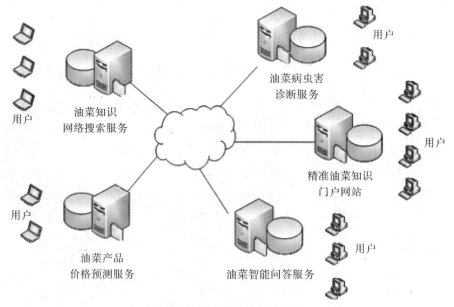

图 7.19　平台的网络拓扑结构

7.5.5　平台功能设计

1. 功能设计原则

精准油菜知识服务平台功能设计遵循以下五个原则：

一是高可靠性。网络的稳定可靠是业务系统健康运行的重要条件之一，系统应达到 C2 级以上安全级别标准，具有一定的防病毒、防入侵能力。在硬件备份、冗余等可靠性技术的基础上，提供较强的管理机制和控制机制，提高整个系统的可靠性，满足业务系统不间断稳定运行的需求。

二是高性能和高负载能力。包含大量油菜数据的知识服务平台必须能够承载较大的系统和应用运行负载，网络架构应采用分层模块化设计，提供高性能的油菜数据处理和应用响应能力，确保应用系统和数据库的高效运行。

三是灵活性与可扩展性。知识服务平台要能够根据业务不断发展的需要，在功能、容量、覆盖能力等方面具有易扩展能力，同时可以根据应用发展的需要进行灵活、快速的调整，实现信息应用的快速部署。

四是安全性。网络架构需要具有支持整套安全体系实施的能力，在系统结构、网络系统、服务器系统、存储系统、备份系统等方面，须进行高安全性设计。

五是经济性。在实现高可靠性、高性能的同时，应考虑较高的性能价格比。以较低的成本、较少的人员投入来维护系统运转，实现对总体成本的控制。

2. 总体设计需求

依据上述设计原则，精准油菜知识服务平台的总体功能需求可以划分如下：

（1）平台集成需求。一是能够对目前我国现存油菜知识服务平台中无法实现的日益丰富的精准油菜信息技术进行运用。对交换需求及数据信息共享这一问题，需要借助该平台实现油菜知识信息系统的异构信息交互。二是针对当前我国已有的相关油菜知识平台，存在未能够合理解决的互联网信息检索技术和油菜知识信息系统所需的智能化信息预测分析能力等问题进行解决。在实现与互联网技术充分结合的基础上，发挥其丰富油菜信息及该平台较强的智能优势。三是能够集成统一标准系统入口、个性化定制标准及具体解决方案。四是能够高效整合和共享精准油菜的有关数据信息服务，实现对不同油菜类服务软件的集中型管理。

（2）平台功能需求。一是实现了对精准油菜生产知识的查询，为检索精准油菜知识的用户提供实时、准确、可靠的有关油菜知识信息。该平台还具备主动和被动的油菜相关知识学习能力，能够对于无法解决用户所需解答的相关问题时，平台可通过自主学习，掌握回答该问题的能力。因此，该平台必须具备语义检索咨询、数据挖掘咨询、专家系统决策支持的有机整合智能问答咨询功能。二是基于该平台的智能计算方法预测油菜产品价格，借助人工智能技术价格预算模型，能够对未来复杂多变的油菜产品市场价格进行预测。三是基于神经网络精准施肥计算，作为精准油菜的核心，以不同区域的土壤具体测量数值情况为基础，构建人工智能技术模型，确定最终的施肥用量，尽可能减少环境污染。四是油菜领域病虫草害诊断，该平台构建了计算机多功能识别交叉树规则模型，逐层提出对病虫草害诊断预防的具体方法。

（3）其他需求。设计精准油菜知识服务平台，不仅需要满足以上功能需求，还需要满足非功能需求：一是鲁棒性，可以针对用户输入不接受有关数据信息时具备较高容错性，能够有效保证平台的稳定运行。二是可用性，使用者使用该平台时，遵循现代化农业的发展现状及规律，为使用者提供切实帮助，能有效完成具体需求功能。三是灵活性及可维护性，用户在使用该平台的过程中，新增或修改相关油菜业务功能时，平台能够在不影响原本功能正常使用基础之上，对功能保持精准快速的维护升级。四是互联外部系统。通过较强的油菜知识软件系统兼容性，可以整合有关油菜知识软件资源，使平台信息容量最大化提升。五是响应性，针对平台运行中的复杂计算，限制平台能够在最多 1min 之内完成计算。对于计算复杂程度较低的服务，保证在 1s 之内完成计算，对于异地计算服务，保证在 3s 之内计算得出结果，确保用户的整体服务质量。六是可拓展性，在设计该平台过程中，确保平台处理、网络服务以及业务逻辑等均需要预留可升级拓展空间，以真正保证平台的日后架构能够存在升级余地。七是易用性及人机交互界面，该平台需要保证用户在使用过程中，即使并未具备该领域的专业知识，同样可以无障碍使用该平台。

3. 前台功能设计

精准油菜知识服务平台前台功能主要包含如下五个模块：

（1）个人中心。主要用于展示用户的注册信息、个人基本信息、个人权限信息等，其中注册信息中账号不可修改，只可修改密码；个人基本信息中用户昵称、邮箱、简介等信息可供用户编辑修改；个人权限信息主要用于为用户展示拥有哪些功能的访问权限和操作权限，让用户很清晰地了解平台使用路线。

（2）我的平台。主要提供用户的浏览记录、收藏资料、操作记录等，用户可在该模块中查看自己在精准油菜知识服务平台的浏览历史，方便回顾历史数据；在收藏资料中，用户可查看自己浏览精准油菜知识服务平台时收藏的重要信息和数据；操作记录主要是记录的用户对平台中功能的使用情况。

（3）信息检索。主要有统一检索和高级检索两大功能，同时辅助提供智能推荐功能，在用户检索信息时可为其推荐相似的信息。该模块中的检索技术是基于 Elasticsearch 搜索引擎实现的，Elasticsearch 是当前流行的企业级搜索引擎，被设计用于云计算与实时搜索，具有稳定，可靠，快速，安装使用方便等优点。Elasticsearch 是基于 Lucene 的搜索服务器，基于 RESTful 接口提供了一个支持分布式多用户能力的全文搜索引擎。另外，在检索中用到的分词工具是 IK Analyzer 中文分词器，该分词器采用了特有的"正向迭代最细粒度切分算法"，支持细粒度和智能分词两种切分模式，具有 60 万字 / 秒的高速处理能力，支持用户自定义词典扩展。

（4）智能问答。基于油菜专家知识库原理构建一套智能化问答咨询系统，可以模拟人工客服的形式，依据用户输入的关键词制订解决方案以及推荐解决方案集。根据自然语言判断所需回答的有关油菜知识问题；之后平台根据用户提出的有关知识，借助汉语分词方法判断具体问题，完成问题判断之后，假若在知识库内存在问题的具体答案，查询答案之后反馈至用户。假若在平台知识库内没有与问题匹配的答案，平台则会在对训练表查询之后，将最终结果反馈至用户。假若知识库及训练库内，都并未存在匹配的对应答案，平台会连接互联网完成答案检索，将最终经过联网搜索的答案反馈至用户。将完成检索得到的最终答案录入系统训练库内，经一段时间完成智能化训练之后，将平台检索到的比较理想的答案存入平台知识库内，即实现了平台的自助学习。

（5）平台服务。该功能主要基于网络油菜数据以及油菜相关数据库数据，进行油菜产品价格预测、油菜病虫草害诊断服务、精准油菜知识服务。油菜产品价格预测是精准油菜知识服务平台通过与第三方油菜产品批发平台建立基于数据共享技术搭建的油菜产品价格预测服务。平台提供油菜产品搜索定位、油菜产品历史价格数据，并提供基于多种回归模型的油菜产品价格预测，包括线性回归、二次回归、曲线拟合、季节回归等常见数据预测模型。油菜病虫草害诊断服务是基于对油菜病虫草害的现象，通过油菜大数据搜索挖掘给出诊断。精准油菜知识服务提供全方位的油菜知识，对全网大数据进行搜索筛选，对筛选出来的数据加以汇总并分析预测，并准确地将油菜知识结果呈现给用户。

4. 后台功能设计

（1）系统用户。主要对平台用户的信息、日志、权限控制等进行管理，如用户信息的增删改查、给用户赋予或者撤销某个功能访问权限等。对于多个用户信息可进行批量删除或者批量导入，也可单条操作。对于单个用户信息，可以修改其基本信息以及该用户拥有的角色。如果用户拥有某个角色，那么该用户就会拥有该角色的所有功能权限，管理员可根据用户的不同级别给其赋予不同的角色。同时也可查看某个具体用户的日志信息，通过用户日志可以分析、了解用户行为轨迹以及平台的热点分布，方便有针对性地优化改进平台功能。

（2）权限管理。主要对平台的功能模块是否有访问权限进行管理，包括角色管理和功能管理等，功能管理是指某个功能是否有权限控制，角色管理就是指平台有各种角色，每个角色有不同的功能权限。管理员可查看当前平台中的所有角色信息以及角色对应的功能权限，同时可对角色信息进行增删改查等操作，如果赋予某个角色功能权限，那么拥有该角色的用户就有权限访问该角色下的所有功能。

（3）知识管理。主要是对油菜知识库和其他相关的数据库进行管理，包括知识的筛选入库、无效知识的删除、错误知识的修改等，在入库操作中，数据除了写入传统关系型数据库中，同时会被写入缓存数据库和 ES 索引中，这样可极大地提高查询效率，减小数据库的访问压力，使平台的响应速度大大提高，保证了平台数据的实时性、正确性和安全性。

5. 数据结构设计

根据需求分析阶段得到的功能需求和数据字典，平台的数据逻辑结构包括用户机构信息表、用户信息表、管理员用户信息表等。

（1）用户机构信息表。该表保存了用户机构信息和机构开通系统的时间，用于用户机构信息管理，见表 7.1 所列。

表 7.1　用户机构信息表

序　号	字 段 名	类　型	长　度	描　述
1	GROUP_ID	NUMBER	22	机构编号
2	GROUP_NAME	NVARCHAR2	200	机构名称
3	GROUP_DESC	NVARCHAR2	400	机构描述
4	START_DATE	DATE	7	开始时间
5	END_DATE	DATE	7	结束时间
6	IP_TYPE	NUMBER	22	IP 类型
7	GROUP_TYPE	NUMBER	22	机构类型
8	IS_VALID	NUMBER	22	数据是否有效
9	CREATE_TIME	DATE	7	创建时间
10	LAST_TIME	DATE	7	最后修改时间

（2）用户信息表。该表保存了用户的相关信息和用户开通系统的时间。用于用户信息管理，见表 7.2。

表 7.2　用户信息表

序　号	字 段 名	类　型	长　度	描　述
1	USER_ID	NUMBER	22	用户 ID
2	LOGIN_NAME	NVARCHAR2	60	登录账号
3	NAME	NVARCHAR2	110	昵称
4	EMAIL	NVARCHAR2	110	邮箱 / 登录
5	PASSWORD	NVARCHAR2	510	密码
6	POST_NAME	VARCHAR2	50	职务名称
7	REAL_NAME	VARCHAR2	50	真实姓名
8	USER_TYPE	NUMBER	22	用户类型
9	MOBILE	NVARCHAR2	40	手机
10	GROUP_ID	NUMBER	22	所属机构编号
11	CARD_CODE	NVARCHAR2	40	证件号
12	LOGIN_TYPE	NUMBER	22	登录类型

序 号	字 段 名	类 型	长 度	描 述
13	USER_DEPT	VARCHAR2	100	院系
14	MAJOR_ID	VARCHAR2	20	专业编号
15	POST_ID	VARCHAR2	20	职务编号
16	USER_SEX	CHAR	1	用户性别
17	REG_TYPE	NUMBER	22	注册方式
18	ORGAN_NAME	VARCHAR2	50	注册时填写的机构名称
19	OPEN_MODE	NUMBER	22	开通方式
20	USER_DESC	NVARCHAR2	510	备注
21	PARALLEL	NUMBER	22	最大并发数
22	START_DATE	DATE	7	访问开始日期
23	END_DATE	DATE	7	访问截止日期
24	ADD_TIME	DATE	7	添加时间
25	UPDATE_TIME	DATE	7	更新时间
26	IS_VALID	NUMBER	22	数据是否有效

（3）管理员用户组信息表。该表保存了管理员用户组的相关信息。用于管理员用户组信息管理，见表 7.3 所列。

表 7.3　管理员用户组信息表

序 号	字 段 名	类 型	长 度	描 述
1	GROUP_ID	NUMBER	22	用户组编号
2	PARENT_GROUP_ID	NUMBER	22	父编号
3	GROUP_NAME	NVARCHAR2	100	用户组名称
4	STATUS	NUMBER	22	状态
5	CREATE_TIME	DATE	7	创建时间
6	UPDATE_TIME	DATE	7	修改时间
7	GROUP_LEVEL	NUMBER	22	级别

（4）管理员用户信息表。该表保存了管理员用户的相关信息。用于管理员用户信息管理，见表 7.4 所列。

表 7.4　管理员用户信息表

序　号	字 段 名	类　型	长　度	描　述
1	USER_ID	NUMBER	22	用户编号
2	GROUP_ID	NUMBER	22	用户组编号
3	LOGIN_NAME	NVARCHAR2	100	登录名
4	LOGIN_PWD	NVARCHAR2	200	登录密码
5	USER_NAME	NVARCHAR2	100	用户名
6	USER_TYPE_ID	NUMBER	22	用户类型编号
7	STATUS	NUMBER	22	状态
8	LAST_LOGIN_TIME	DATE	7	上次登录时间
9	LAST_LOGIN_IP	NVARCHAR2	400	上次登录 IP
10	CREATE_TIME	DATE	7	创建时间
11	UPDATE_TIME	DATE	7	修改时间
12	EMAIL	NVARCHAR2	200	邮件地址
13	TEL	NVARCHAR2	200	电话号码
14	ADDRESS	NVARCHAR2	200	地址
15	ZIP	NVARCHAR2	200	邮编
16	USER_TYPE	NUMBER	22	用户类型

（5）后台权限信息表。该表保存了平台后台的权限相关信息。用于管理员用户权限管理，见表 7.5 所列。

表 7.5　后台权限信息表

序　号	字 段 名	类　型	长　度	描　述
1	FUNCTION_ID	NUMBER	22	主键
2	PARENT_FUNCTION_ID	NUMBER	22	父 ID
3	FUNCTION_NAME	NVARCHAR2	100	权限名称
4	FUNCTION_TYPE_ID	NUMBER	22	功能类型

续表

序　号	字 段 名	类　型	长　度	描　述
5	FUNCTION_URL	NVARCHAR2	400	连接 URL
6	STATUS	NUMBER	22	状态
7	CREATE_TIME	DATE	7	创建时间
8	UPDATE_TIME	DATE	7	修改时间
9	SORT	NUMBER	22	排序

（6）后台角色信息表。该表保存了系统后台的角色相关信息。用于管理员用户角色管理，见表 7.6 所列。

表 7.6　后台角色信息表

序　号	字 段 名	类　型	长　度	描　述
1	ROLE_ID	NUMBER	22	主键
2	ROLE_NAME	NVARCHAR2	100	角色名称
3	STATUS	NUMBER	22	状态
4	CREATE_TIME	DATE	7	创建时间
5	UPDATE_TIME	DATE	7	修改时间

（7）后台访问日志表。该表保存了管理员用户的访问日志信息。用于管理员用户日志管理与统计，见表 7.7 所列。

表 7.7　后台访问日志表

序　号	字 段 名	类　型	长　度	描　述
1	ID	NUMBER	22	日志编号
2	USER_TYPE	NUMBER	22	用户类型
3	USER_ID	NUMBER	22	用户编号
4	VISIT_IP	NVARCHAR2	60	IP
5	VISIT_URL	NVARCHAR2	200	访问 URL
6	VISIT_TYPE	NVARCHAR2	40	访问类型
7	VISIT_TIME	DATE	7	访问时间
8	VISIT_NAME	NVARCHAR2	40	访问的功能名称

（8）分类维度表。该表保存了油菜统计数据的分类维度信息。用于分类维度信息的管理和油菜数据的查询，见表7.8所列。

表7.8　分类维度表

序　号	字　段　名	类　型	长　度	描　述
1	CLASSIFY_CODE	VARCHAR2	50	分类编号
2	CLASSIFY_NAME_ZH	VARCHAR2	800	分类中文名称
3	CLASSIFY_NAME_EN	VARCHAR2	800	分类英文名称
4	PARENT_ID	VARCHAR2	50	父编号
5	FDESC_EN	CLOB	4000	中文描述
6	FDESC_ZH	CLOB	4000	英文描述
7	CUBE_ID	NUMBER	22	数据库编号
8	IS_SHOW	NUMBER	22	是否显示
9	IS_VALID	NUMBER	22	数据是否有效
10	UPDATE_TIME	TIMESTAMP（6）	11	最后更新时间
11	IS_VAL	NUMBER	22	是否有值

（9）地区维度表。该表保存了油菜统计数据的地区维度信息。用于地区维度信息的管理和油菜统计数据的查询，见表7.9所列。

表7.9　地区维度表

序　号	字　段　名	类　型	长　度	描　述
1	REGION_CODE	VARCHAR2	50	地区编号
2	REGION_NAME_ZH	VARCHAR2	100	地区名称中文
3	REGION_NAME_EN	VARCHAR2	200	地区名称英文
4	PARENT_ID	VARCHAR2	50	父级地区编号
5	FDESC_CH	VARCHAR2	4000	描述中文
6	FDESC_EN	VARCHAR2	4000	描述英文
7	TERRID	NUMBER	22	地图ID
8	SORTID	NUMBER	22	排序号
9	REGCLC_ID	NUMBER	22	层级编号
10	CUBE_ID	NUMBER	22	数据库ID

续表

序　号	字　段　名	类　型	长　度	描　述
11	UPDATE_TIME	TIMESTAMP（6）	11	修改时间
12	IS_SHOW	NUMBER	22	是否显示给用户
13	IS_VALID	NUMBER	22	数据是否有效
14	IS_VAL	NUMBER	22	是否有值

（10）指标信息表。该表保存了油菜统计数据的指标信息。用于指标信息的管理和油菜统计数据的查询，见表 7.10 所列。

表 7.10　指标信息表

序　号	字　段　名	类　型	长　度	描　述
1	INDICATOR_CODE	VARCHAR2	50	指标编码
2	INDICATOR_NAME_ZH	VARCHAR2	500	指标中文名称
3	INDICATOR_NAME_EN	VARCHAR2	500	指标英文名称
4	PARENT_ID	VARCHAR2	50	父级指标编号
5	START_DATE	DATE	7	数据起始日期
6	LAST_DATE	DATE	7	数据最新日期
7	FREQ_ID	NUMBER	22	频度
8	CUBE_ID	NUMBER	22	数据库编号
9	IS_VAL	NUMBER	22	是否有值
10	IS_SHOW	NUMBER	22	是否显示给用户
11	IS_VALID	NUMBER	22	是否有效
12	UPDATE_TIME	TIMESTAMP	11	修改时间
13	IS_INDUSTRY	NUMBER	22	是否行业数据
14	REGCLCS	VARCHAR2	50	地区层级

（11）指标辅助信息表。该表保存了油菜统计数据的指标的解释、机构和批注等信息。用于指标辅助信息的管理和指标信息的查询，见表 7.11 所列。

表 7.11　指标辅助信息表

序 号	字 段 名	类 型	长 度	描 述
1	INDICATOR_CODE	VARCHAR2	50	指标编码
2	DESC_ZH	VARCHAR2	4000	中文描述
3	DESC_EN	VARCHAR2	4000	英文描述
4	COMMENT_ZH	VARCHAR2	4000	中文批注
5	COMMENT_EN	VARCHAR2	4000	英文批注
6	SOURCE_ZH	VARCHAR2	200	油菜数据来源中文名称
7	SOURCE_EN	VARCHAR2	200	油菜数据来源英文名
8	ORG_ZH	VARCHAR2	200	机构来源中文名称
9	ORG_EN	VARCHAR2	200	机构来源英文名称
10	CREATED_TIME	DATE	7	创建时间
11	LSTMOD_TIME	DATE	7	最后修改时间
12	CUBE_ID	NUMBER	22	数据库编号

（12）时间维度表。该表保存了油菜统计数据的时间维度信息。用于时间维度信息的管理和油菜统计数据的查询，见表 7.12 所列。

表 7.12　时间维度表

序号	字段名	类型	长度	描述
1	TIME_CODE	CHAR	10	时间编号
2	TIME_NAME_ZH	VARCHAR2	400	中式名称
3	TIME_NAME_EN	VARCHAR2	100	英式名称
4	FREQ_ID	NUMBER	22	频度编号
5	PARENT_ID	CHAR	10	父编号
6	VALUE	DATE	7	值
7	UPDATE_TIME	TIMESTAMP（6）	11	修改时间

（13）农产品维度表。该表保存了油菜统计数据的油菜产品维度信息。用于油菜产品维度信息的管理和油菜数据的查询，见表 7.13 所列。

表 7.13　农产品维度表

序　号	字　段　名	类　型	长　度	描　述
1	COMMODITY_CODE	VARCHAR2	50	油菜产品编号
2	COMMODITY_NAME_CH	VARCHAR2	800	油菜产品名称中文
3	COMMODITY_NAME_EN	VARCHAR2	800	油菜产品名称英文
4	PARENT_ID	VARCHAR2	50	父级油菜产品编号
5	FDESC_EN	VARCHAR2	4000	描述英文
6	FDESC_ZH	VARCHAR2	4000	描述中文
7	CUBE_ID	NUMBER	22	数据库编号
8	UPDATE_TIME	TIMESTAMP（6）	11	更新时间
9	IS_VAL	NUMBER	22	是否有值
10	IS_SHOW	NUMBER	22	是否显示
11	IS_VALID	NUMBER	22	是否有效

（14）国家维度表。该表保存了油菜统计数据的国家维度信息。用于国家维度信息的管理和油菜统计数据的查询，见表 7.14 所列。

表 7.14　农产品维度表

序　号	字　段　名	类　型	长　度	描　述
1	COUNTRY_CODE	VARCHAR2	50	国家编号
2	COUNTRY_NAME_ZH	VARCHAR2	400	国家名称中文
3	COUNTRY_NAME_EN	VARCHAR2	500	国家名称英文
4	DESC_ZH	VARCHAR2	4000	描述中文
5	DESC_EN	VARCHAR2	4000	描述英文
6	TERRID	NUMBER	22	地图编号（预留）
7	PARENT_ID	VARCHAR2	50	父 ID
8	SORTID	NUMBER	22	排序号
9	CUBE_ID	NUMBER	22	数据库 ID
10	IS_SHOW	NUMBER	22	是否显示给用户
11	IS_VALID	NUMBER	22	是否有效

序 号	字 段 名	类 型	长 度	描 述
12	UPDATE_TIME	TIMESTAMP（6）	11	修改时间
13	MAP_NAME	VARCHAR2	400	地图名称
14	IS_VAL	NUMBER	22	是否有值

（15）油菜统计数据表。该表保存了油菜统计数据。用于油菜统计数据的查询、统计、分析，见表 7.15 所列。

表 7.15　油菜统计数据表

序 号	字 段 名	类 型	长 度	描 述
1	INDICATOR_CODE	VARCHAR2	50	指标编码
2	REGION_CODE	VARCHAR2	50	地区编码
3	COUNTRY_CODE	VARCHAR2	50	国家编号
4	COMMODITY_CODE	VARCHAR2	50	油菜产品编号
5	TIME_CODE	CHAR	10	时间编号
6	VAL	NUMBER	22	值
7	FREQ_ID	NUMBER	22	频度 ID

（16）油菜作物信息表。该表保存了油菜作物信息数据。用于油菜作物信息管理和前台搜索，见表 7.16 所列。

表 7.16　油菜作物信息表

序 号	字 段 名	类 型	长 度	描 述
1	CROPS_ID	NUMBER	22	编号
2	CROPS_NAME	VARCHAR2	100	油菜作物名称
3	CLASSIFY_ID	VARCHAR2	100	品种类型编号
4	CYCLE	VARCHAR2	100	周期
5	OUTPUT	VARCHAR2	200	产量
6	DEPT	VARCHAR2	200	选育单位
7	SOILTYPE_ID	NUMBER	100	土壤类型编号
8	PLANTTYPE_ID	NUMBER	100	种植方式编号

续表

序　号	字　段　名	类　型	长　度	描　述
9	MEMO	VARCHAR2	4000	备注
10	CREATED_DATE	DATE	7	创建日期
11	LSTMOD_DATE	DATE	7	最后修改日期
12	IS_VALID	NUMBER	22	是否有效

（17）土壤类型字典表。该表保存了土壤类型数据。用于土壤类型数据管理和油菜作物土壤类型的添加、修改，见表 7.17 所列。

表 7.17　土壤类型字典表

序　号	字　段　名	类　型	长　度	描　述
1	SOILTYPE_ID	NUMBER	100	土壤类型编号
2	SOILTYPE_NAME	VARCHAR2	200	土壤类型
3	SOILTYPE_DESC	VARCHAR2	4000	描述
4	MEMO	VARCHAR2	4000	备注
5	CREATED_DATE	DATE	7	创建日期
6	IS_VALID	NUMBER	22	是否有效

（18）种植方式字典表。该表保存了种植方式数据。用于种植方式数据管理和油菜作物种植方式的添加、修改，见表 7.18 所列。

表 7.18　种植方式字典表表

序　号	字　段　名	类　型	长　度	描　述
1	PLANTTYPE_ID	NUMBER	100	种植方式编号
2	PLANTTYPE_NAME	VARCHAR2	200	种植方式
3	PLANTTYPE_DESC	VARCHAR2	4000	描述
4	MEMO	VARCHAR2	4000	备注
5	CREATED_DATE	DATE	7	创建日期
6	IS_VALID	NUMBER	22	是否有效

（19）品种类型字典表。该表保存了品种类型数据。用于品种类型数据管理和油菜作物品种类型的添加、修改，见表 7.19 所列。

表 7.19　品种类型字典表

序号	字段名	类型	长度	描述
1	CLASSIFY_ID	NUMBER	22	品种类型编号
2	CLASSIFY_NAME	VARCHAR2	200	品种类型
3	CLASSIFY_DESC	VARCHAR2	4000	描述
4	MEMO	VARCHAR2	4000	备注
5	CREATED_DATE	DATE	7	创建日期
6	IS_VALID	NUMBER	22	是否有效

（20）病虫草害病类字典表。该表保存了油菜病虫草害病类数据。用于油菜病虫草害病类管理，见表 7.20 所列。

表 7.20　病虫草害病类字典表

序号	字段名	类型	长度	描述
1	PADCLASSIFY_ID	NUMBER	22	病类编号
2	PADCLASSIFY_NAME	VARCHAR2	200	病类名称
3	PADCLASSIFY _DESC	VARCHAR2	4000	描述
4	MEMO	VARCHAR2	4000	备注
5	CREATED_DATE	DATE	7	创建日期
6	IS_VALID	NUMBER	22	是否有效

（21）病虫草害信息表。该表保存了油菜病虫草害信息数据。用于油菜病虫草害信息管理，见表 7.21 所列。

表 7.21　病虫草害信息表

序　号	字　段　名	类　型	长　度	描　述
1	PAD_ID	NUMBER	22	症状编号
2	PADCLASSIFY_ID	NUMBER	22	病类编号
3	CROPS_ID	NUMBER	22	编号
4	PAD_DESC	VARCHAR2	4000	症状描述
5	MEASURES	VARCHAR2	4000	防止方法
6	MEMO	VARCHAR2	4000	备注
7	CREATED_DATE	DATE	7	创建日期
8	LSTMOD_DATE	DATE	7	最后修改日期
9	IS_VALID	NUMBER	22	是否有效

（22）问题咨询表。该表保存了问题咨询数据，用于智能问答模块的用户提问功能，问题咨询表的具体数据定义，见表7.22所列。

表7.22　问题咨询表

序号	字段名	类型	长度	描述
1	QUESTION_ID	NUMBER	22	问题编号
2	QUESTION_DESC	VARCHAR2	4000	问题描述
3	QUESTION_CONTENT	VARCHAR2	4000	问题内容
4	QUESTION_TYPE	NUMBER	22	问题类型
5	CREATED_DATE	DATE	7	创建日期
6	IS_VALID	NUMBER	22	是否有效

（23）答案表。该表保存了有关问题答案数据，用于智能问答模块的用户提问解答功能，答案表的具体数据定义，见表7.23所列。

表7.23　答案表

序号	字段名	类型	长度	描述
1	ANSWER_ID	NUMBER	22	答案编号
2	QUESTION_TYPE	NUMBER	22	问题类型
3	QUESTION_ID	NUMBER	22	问题编号
4	ANSWER	VARCHAR2	4000	答案描述
5	CREATED_DATE	DATE	7	创建日期

（24）关键词信息表。该表保存了智能问答模块内的关键词数据，用于智能问答模块的搜索推荐功能，关键词信息表的具体数据定义，见表7.24所列。

表7.24　关键词信息表

序号	字段名	类型	长度	描述
1	QUESTION_ID	NUMBER	22	问题编号
2	KEY_NAME	VARCHAR2	1000	关键词名称
3	KEY_ATTRIB	NUMBER	22	关键词属性

（25）事件字典表。该表保存了用户操作平台的事件信息。用于事件字典表管理与日志事件的查询，见表7.25所列。

表 7.25　事件字典表

序　号	字　段　名	类　型	长　度	描　述
1	EVENT_ID	NUMBER	22	事件编号
2	EVENT_NAME_ZH	VARCHAR2	100	事件中文名称
3	EVENT_NAME_EN	VARCHAR2	200	事件英文名称
4	TABLE_NAME	VARCHAR2	200	日志记录表名
5	CLASSIFY	VARCHAR2	100	事件分类
6	MEMO	VARCHAR2	200	备注
7	PID	NUMBER	22	日志父级分类

（26）用户登录日志表。该表保存了用户登录日志信息。用于登录日志管理与登录日志的统计分析，见表 7.26 所列。

表 7.26　用户登录日志表

序　号	字　段　名	类　型	长　度	描　述
1	AUTOID	NUMBER	22	自动编号
2	GROUP_ID	NUMBER	22	机构编号
3	USER_ID	NUMBER	22	用户编号
4	IP	VARCHAR2	100	登录 ip
5	ADD_TIME	DATE	7	登录时间

（27）数据操作日志表。该表保存了用户数据操作日志信息。用于数据操作日志管理与操作日志的统计分析，见表 7.27 所列。

表 7.27　数据操作日志表

序　号	字　段　名	类　型	长　度	描　述
1	AUTOID	NUMBER	22	自动编号
2	GROUP_ID	NUMBER	22	机构编号
3	USER_ID	NUMBER	22	用户编号
4	IP	VARCHAR2	100	IP
5	RS_ID	NUMBER	22	资源编号
6	EVENT_CODE	NUMBER	22	事件编号
7	ADD_TIME	DATE	7	操作时间

（28）搜索日志表。该表保存了用户搜索日志信息。用于搜索日志管理与搜索日志的统计分析，见表 7.28 所列。

表 7.28　搜索日志表

序　号	字 段 名	类　型	长　度	描　述
1	AUTOID	NUMBER	22	自动编号
2	GROUP_ID	NUMBER	22	组编号
3	USER_ID	NUMBER	22	用户编号
4	IP	NVARCHAR2	200	IP
5	LOC_SEARCH	NUMBER	22	搜索位置
6	KEYWORDS	NVARCHAR2	200	搜索词
7	RS_ID	NUMBER	22	资源编号
8	CREATE_TIME	TIMESTAMP（7）	11	搜索时间

（29）访问日志表。该表保存了用户访问日志信息。用于访问日志管理与访问日志的统计分析，见表 7.29 所列。

表 7.29　访问日志表

序　号	字 段 名	类　型	长　度	描　述
1	VISIT_ID	NUMBER	22	访问 id
2	USER_ID	NUMBER	22	用户编号
3	GROUP_ID	NUMBER	22	机构编号
4	VISIT_PATH	VARCHAR2	200	访问的路径
5	VISIT_IP	NVARCHAR2	40	访问者 IP
6	VISIT_TIME	DATE	7	访问时间

（30）决策模块信息表。该表保存了油菜知识决策模块信息。用于决策模块信息管理与决策建议功能，见表 7.30 所列。

表 7.30　决策模块信息表

序　号	字 段 名	类　型	长　度	描　述
1	MKPO_ID	NUMBER	22	决策模块编号
2	FIELD_ID	NUMBER	22	领域编号
3	MKPO_NAME	VARCHAR2	200	决策模块名称
4	MKPO_DESC	VARCHAR2	2000	决策模块描述
5	STATUS	NUMBER	22	状态

续表

序　号	字　段　名	类　型	长　度	描　述
6	CREATE_TIME	DATE	7	创建时间
7	LSTMOD_DATE	DATE	7	最后修改日期
8	IS_VALID	NUMBER	22	是否有效

（31）决策规则信息表。该表保存了油菜知识决策规则信息。用于决策规则信息管理与决策建议功能，见表 7.31 所列。

表 7.31　决策规则信息表

序　号	字　段　名	类　型	长　度	描　述
1	AUTO_ID	NUMBER	22	序号
2	REGU_ID	VARCHAR2	20	规则编号
3	MKPO_ID	NUMBER	22	决策模块编号
4	REGU_NAME	VARCHAR2	200	规则名称
5	REGU_TYPE	NUMBER	22	规则类型
6	REGU_DESC	VARCHAR2	2000	规则描述
7	CONDITION	VARCHAR2	2000	条件
8	WEIGHT	VARCHAR2	200	逻辑子式权重
9	RES_TYPE	NUMBER	22	目标结果值类型
10	RES_VAL	VARCHAR2	200	目标结果值
11	CONCLUSION	VARCHAR2	2000	结论
12	MEMO	VARCHAR2	2000	备注
13	THRES_VAL	NUMBER	22	条件阈值
14	CRED_VAL	NUMBER	22	规则可行度
15	CREATE_TIME	DATE	7	创建时间
16	LSTMOD_DATE	DATE	7	最后修改日期
17	IS_VALID	NUMBER	22	是否有效

7.5.6 平台功能实现

1. 个人中心

用户进入平台点击"个人中心"功能的时候判断用户有没有登录，如果没有登录则需要登录。在登录界面，用户需输入账号密码或者通过第三方账号登录，登录成功则进入"个人中心"，登录失败则给用户以提示信息，在已经登录的情况下直接进入"个人中心"。在"个人中心"界面，用户可以查看自己拥有的权限，同时可在该界面中对自己的密码或者基本信息进行修改。个人中心的具体操作流程如图 7.20 所示。

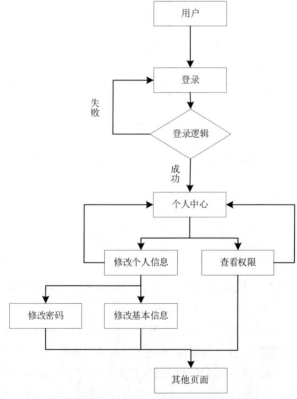

图 7.20 个人中心具体操作流程

2. 我的平台

用户进入本平台点击"我的平台"功能的时候，首先判断用户有没有登录，如果没有登录则需要登录。在登录界面，用户需输入账号密码或者通过第三方账号登录，登录成功则进入"我的平台"，登录失败则给用户以提示信息，在已经登录的情况下可以直接进入"我的平台"。用户在"我的平台"页面可查看自己在平台中的浏览记录、操作记录以及收藏的资料等。"我的平台"的具体操作流程如图 7.21 所示。

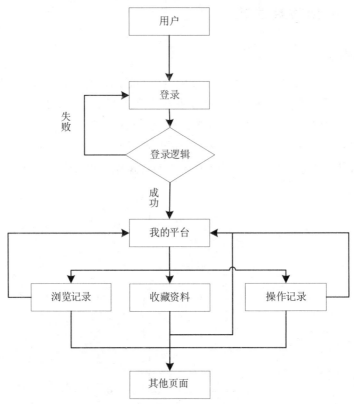

图 7.21　"我的平台"的具体操作流程

3. 信息检索

用户使用"信息检索"功能需先登录，登录成功后平台会获取该用户的权限列表，如果权限列表中存在统一检索和高级检索，则会给用户展示这两个功能；如果权限列表中不存在这两个选项，则不会给用户展示这两个功能。用户使用统一检索功能时，需输入目标关键词，平台会检测是否输入关键词以及检测关键词是否合法，检测不通过时则给用户提示错误信息，检测通过则系统会去 ES 搜索引擎中查找目标数据。ES 搜索引擎会根据目标数据命中次数以及命中位置，结合初始设置的权重进行打分，然后根据分数进行降序排序，目标结果将以得分由高到低的顺序展示给用户。高级检索则允许用户设置条件删选、排序规则、聚合规则等高级功能，当用户确认无误之后，系统会组合所有条件，对检索出来的结果进行整理分析，然后将汇总结果以一种比较美观和直接的方式展示给用户。同时，所有对检索结果均提供下载功能，用户可根据需要下载所需的数据。信息检索的具体流程如图 7.22 所示。

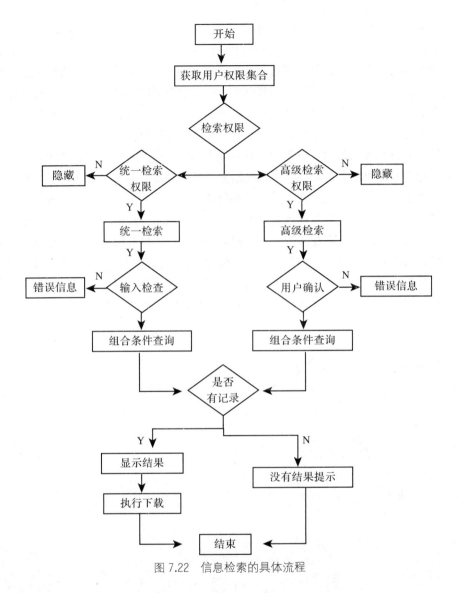

图 7.22　信息检索的具体流程

4. 智能问答

智能问答模块是精准油菜知识服务平台的关键组成部分，而油菜知识库是智能问答模块的核心内容。该模块采用网络爬虫技术爬取了与油菜活动相关的各类网站，如中国农业信息网（www.agri.cn）、中国养殖网（www.chinabreed.com）、各省市农业网站、油菜行业门户、主要的新闻媒体等多种网络信息资源。这些资源中包括了油菜新闻、油菜作物信息、菜籽油信息、用户提问及反馈、油菜产业信息等，并从中抽取油菜相关信息 1 000 条左右，进行人工标引和分类。结合搜狗输入法的油菜名词库，形成了带有人工标引的原始油菜知识库，并基于该库设计了油菜知识服务的智能问答模块。油菜知识库的内容是不断进行补充并优化的，所运用到的分词工具是 jieba 中文分词和人民日报、Peking University 语料库，进行分词识别和训练。jieba 分词是运用较为普遍的中文分词工具，因其本身含有词典，其分词过程首先是根据 trie 树对句子进行全切分并生成含有链接表示的全切分词图。在该词图的基础上，运用动态规划算法生成目标字符串的切分最佳路径，然后用隐马尔可夫模型（Hidden Markov Models，HMM）对词典的未登录词进行识别并记录，最后重新计算最佳切分路径进行词语切分。

　　用户使用该功能模块时，首先根据自然语言判断所需回答的有关油菜知识问题，然后平台根据用户提出的有关知识，借助汉语分词方法判断具体问题。如果知识库内存在问题的具体答案，那么查询答案之后将结果反馈至用户。如果油菜知识库内没有与问题匹配的答案，那么平台会在对训练表查询之后，将最终结果反馈至用户。若油菜知识库及油菜知识训练库内都不存在匹配的对应问题，平台会连接互联网完成答案检索，将最终经过联网搜索的答案反馈至用户。同时，将完成检索得到的最终答案录入油菜知识训练库中，经过一段时间的智能化训练之后，就可以得到比较理想的答案，并存入平台油菜知识库，即可实现平台的自助学习。智能问答的具体流程如图 7.23 所示。

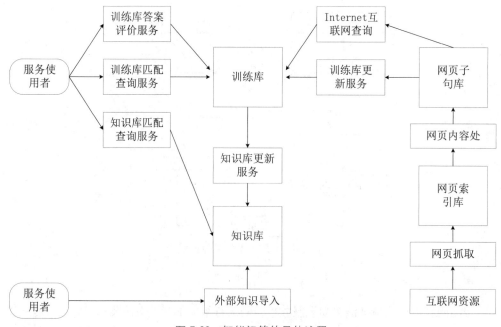

图 7.23　智能问答的具体流程

5. 平台服务

　　平台服务是精准油菜知识服务平台的主要功能之一，用户登录平台后获取用户的权限列表，就可以判断用户是否有权限访问该模块的功能。若拥有权限，则将其功能展示给用户，否则用户无法使用该模块功能。油菜产品价格预测是精准油菜知识服务平台通过与第三方农产品批发平台建立基于数据共享技术搭建油菜产品价格预测服务。平台提供油菜产品搜索定位、油菜产品历史价格数据，并提供基于多种回归模型的农产品价格预测，包括线性回归、二次回归、曲线拟合、季节回归等常见数据预测模型。油菜病虫草害诊断服务是基于油菜病虫草害的现象，通过大数据搜索和挖掘，给出诊断结果。精准油菜知识服务提供全方位的油菜知识，对全网大数据进行搜索筛选，对筛选出来的油菜数据加以汇总并分析预测，给用户呈现出准确高效的油菜知识结果。平台服务具体流程如图 7.24 所示。

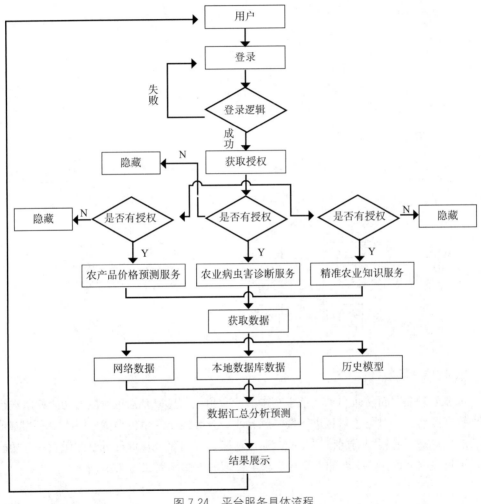

图 7.24　平台服务具体流程

6. 系统管理

系统管理是指平台对已经在平台注册的用户进行各种管理操作。管理员登录后台，平台会自动判断用户是否拥有用户管理权限。如果拥有相关的管理权限，则会进入系统管理模块，否则给出无法进入该模块的提示。管理员可查看用户列表，也可以对用户列表执行单条、批量删除或者批量导入用户信息等操作。对于单个用户信息，可以修改其基本信息以及该用户拥有的角色。如果用户属于某个角色，那么该用户就会拥有该角色的所有功能权限，管理员可根据用户的不同级别，赋予该用户不同的角色。同时，管理员也可以查看某个具体用户的日志信息，通过用户日志可以分析和了解用户行为轨迹以及平台的热点分布，以方便有针对性地优化和改进平台功能。系统管理的具体流程如图7.25 所示。

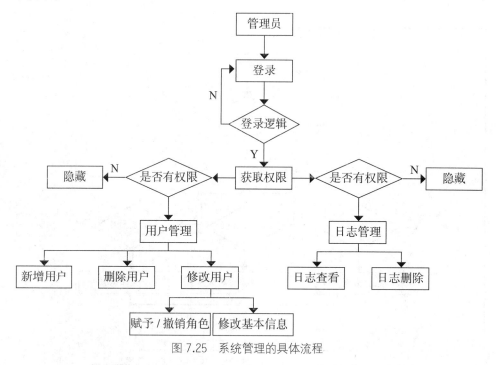

图 7.25　系统管理的具体流程

7. 权限管理

权限管理是平台管理员对当前平台中的所有角色信息以及角色对应的功能权限进行各种管理操作，如对角色信息进行增、删、改、查等操作。角色功能权限决定了拥有该角色的用户是否有权限访问该项功能。通过功能权限列表，管理员可以对任意一个功能权限进行控制，以保证平台的安全性。权限管理的具体流程如图7.26 所示。

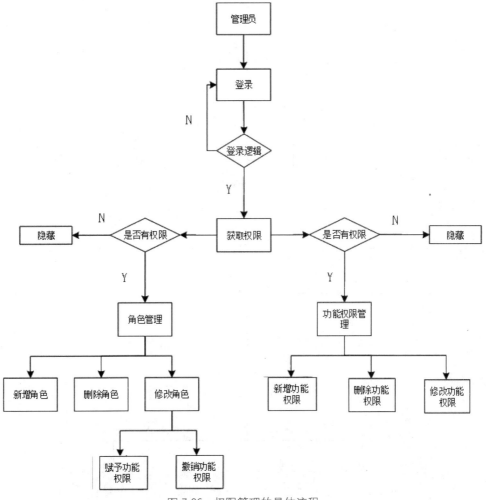

图 7.26　权限管理的具体流程

8. 知识管理

知识管理是管理员对油菜知识进行各种知识管理操作。在知识管理模块中，管理员可以对平台的油菜知识库和其他相关的数据库进行管理，包括知识入库、知识删除、知识修改等操作，既可方便用户查看知识数据，也保证了平台数据及时更新，提升了平台数据的时效性。知识管理具体流程如图 7.27 所示。

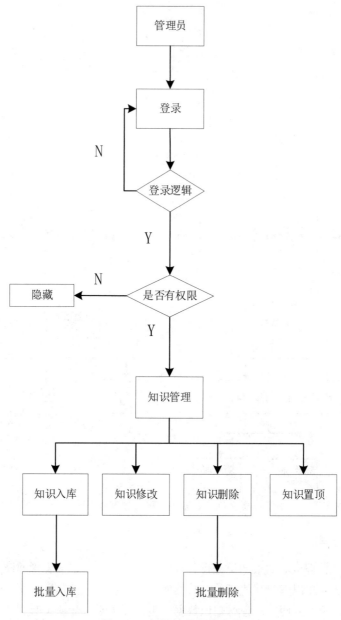

图 7.27　知识管理具体流程

　　在精准油菜知识服务平台的知识管理模块中，油菜知识是平台的主要管理和处理核心对象及重要内容。精准油菜知识服务平台在知识录入该模块，等同于相关油菜知识的输入模块，可以实现对现存有关油菜知识基础之上的编辑、修改和处理操作。在油菜有关知识的输入过程中，需要依据所属领域及油菜作物的不同，录入现存知识库，从而保证后续操作及运用的方便性。

9.系统测试

系统测试是完成平台服务功能的编码以及调试之后，对平台所进行的整体功能测试，以确保平台实际运行的稳定可靠。精准油菜知识服务平台是一个面向广大油菜用户群的平台，绝大多数用户在使用过程中都对平台的具体操作不熟悉。因此，系统测试不仅针对平台功能及性能进行测试，还需要测试平台的可用性及易用性。

为了保证测试环节的精准无误，精准油菜知识服务平台的系统测试主要遵循的测试原则如下：

（1）第三方测试。通过成立平台系统测试的测试组，对于缺乏平台系统测试专家的情况，可以在第三方公司聘请该领域的测试专家。

（2）系统异常测试。系统测试并不仅限于对正常情况下的系统运行检查，另外还要检查系统的异常情况。软件测试的研究成果表明，绝大多数的平台运行故障发生在平台运行异常时，譬如登录页面输入密码限制位数，即输入的密码位数超出了限制，而平台并未设计对应的异常情况处理流程，则会导致使用者发生误操作而引发系统故障。

（3）系统功能回归测试。主要是对于平台测试中出现的缺陷问题，完成针对性的模块功能修改之后所进行的系统功能验证。在这一测试过程中，需要解决两个问题：一是错误问题是否修改了；二是修改已知问题是否会引发新问题。

（4）平台系统核心功能测试。功能复杂化容易导致出现大的功能缺陷问题，实际运行过程中的功能模块出现问题必会造成较严重的损害及影响。对平台系统核心功能的高强度测试是保障精准油菜知识服务平台正常运行的重要工作。

精准油菜知识服务平台的单元测试是根据该平台的每一个功能模块，编写相应的测试脚本，并依据这个脚本开展独立测试工作。单元测试能够直接发现平台存在的一些功能缺陷、错误编码以及直接功能错误等问题，但是单元测试并未能及时测试出隐藏较深的系统错误问题。例如，为了测试平台的用户功能是否符合具体需求，通过编写"系统用户登录操作测试用例"来实现。测试者依据此用例进行单元测试，检验该模块功能的输入、输出是否符合预期。最终测试结果见表 7.32 所列。

表 7.32　平台用户登录操作测试用例

管理员姓名	密码	实际输出	预期输出	选取理由
' '	'12abc'	错误	错误	管理者姓名空
'431 和 5'	'12345'	错误	错误	用户名非法
'1234'	'aid@345'	错误	错误	密码非法
'1234'	' '	错误	错误	密码空
'7878'	'sdi394'	错误	错误	密码非法
'234151'	'113 与 34'	错误	错误	密码非法

续表

管理员姓名	密码	实际输出	预期输出	选取理由
'13415dks'	'355732'	成功	成功	合法登录

由测试结果可以发现：最终输入的密码并未匹配用户名，或是输入有空，均为非法登录，无法正常登录平台系统。只有在管理员姓名及密码均正确时才能合法登录。油菜知识管理模块的单元测试用例见表 7.33，油菜作物病虫草害信息管理的单元测试用例见表 7.34 所列。

表 7.33　油菜知识管理模块的单元测试用例

测试名称	测试目的	测试步骤	测试结果
油菜知识查询	验证系统是否可以查询所需油菜知识，并将查询正确油菜知识结果显示	输入所要查询的油菜知识名称或是 ID，点击平台页面"油菜知识查询"	显示所需要查询的有关油菜知识信息
油菜知识修改	验证是否可以正确执行修改油菜知识库内的相关信息	更新原本油菜知识确认之后点击提交	平台提示修改成功自动跳转显示
油菜知识删除	验证是否可以依据用户所需将知识库内农业知识删除	选择需要删除的油菜知识条目，点击"删除"	平台提示删除成功

表 7.34　油菜作物病虫草害信息管理的单元测试用例

测试名称	测试目的	测试步骤	测试结果
病虫草害相关信息查询	验证平台是否遵循用户平台运用完成对有关病虫草害信息的查询	输入原本所要查询的油菜病虫草害知识名称或 ID，点击"油菜作物病虫草害信息"查询	能够将查询到的相关油菜作物病虫草害信息显示
病虫草害信息添加	验证平台是否可以依据用户使用需求，对油菜作物病虫草害信息正确添加	根据格式输入有关病虫草害信息，点击"添加"	（1）完整录入信息且符合具体格式规定，系统会提示病虫草害信息录入成功，页面自动跳转（2）不完整录入信息，平台会提示"*** 不可为空"，跳转至录入页面

平台集成测试是对平台全部模块的联合测试。依据完整系统功能测试要求，在实用模拟条件下对平台进行集成测试。集成测试类似于实际实用，能够发现平台的系统问题及模块兼容问题等。集成测试使通过单元测试之后的再一次测试并非仅仅是重复，而是可以保证不同功能模块能够同时工作。测试主要是执行业务层面的操作，对不同功能间是否可以调用进行检验，并检验模块间的逻辑关系是否正确。例如，平台管理功能的部分模块集成测试结果见表 7.35 所列，根据该结果可以发现，集成测试基于平台模块运

行，能够有效验证平台模块的基本功能是否正常，并验证模块是否能够按照流程正常执行业务。

表 7.35   平台管理功能的部分模块集成测试

功能名称	测试结果	正确与否	可操作性
管理员登录	成功登录	正确	可操作
用户查询	用户列表成功查询	正确	可操作
用户信息查询	用户详细信息成功查询	正确	可操作
用户管理	用户口令成功创建、修改、更改	正确	可操作

集成测试完成之后，平台才可以开始进行验收测试，根据平台最初的用户需求，验收平台的最终实现情况。通过平台的单元测试、集成测试之后，对测试中所发现的有关问题进行修正和完善，升级平台版本，完成回归验证，然后集中进行 1 个月的平台测试。平台测试一般选取某一个油菜种植合作社作为测试组，在具体测试过程中，完成模拟类操作并发现平台运行过程中可能出现的功能性能隐蔽问题；再次修改验证后，进行 14 天的平台测试，成功验收后即可部署平台运行。

通过单元测试、集成测试和验收测试后，精准油菜知识服务平台部署 3 个月的试运行期，期间重点提供给农技所、油菜种植户、油菜示范基地等单位运行，该平台运行可靠稳定，能够为广大油菜用户提供充足的理论知识，得到了用户的广泛认可。

参 考 文 献

[1] RADCHENKO A N,YUREVICH E I. Dimiter Dobrev.On Definition of Artificial Intelligence[M].Berlin:Springer,1972.

[2] PRATEEK JOSHI.Artificial intelligence with python[M]. PACKT Publish Ltd,2017.

[3] 中国人工智能产业发展联盟 . 人工智能发展白皮书技术架构篇 [EB/OL]. 中国信息通信研究院 ,2018[2018-9-10].http://www.caict.ac.cn/kxyj/qwfb/bps/201809/P0201-80906443 463663989.pdf.

[4] TOM MITCHELL. Machine Learning[M].New York:McGraw-Hill Education, 1997.

[5] RON KOHAVI, FOSTER PROVOST. Glossary of Terms[J]. Machine Learning, 1998,（30）: 271-274.

[6] A L SAMUEL. Some studies in machine learning using the game of checkers[J].IBM Journal of Research and Development,1959,44（1.2）: 71-105.

[7] 赵卫东 , 董亮 . 机器学习 [M]. 北京 : 人民邮电出版社 ,2018.

[8] Z B GHAHRAMANI. Probabilistic machine learning and artificial intelligence[J]. Nature, 2015, 521（5）: 452-459.

[9] M I JORDAN, T M MITCHELL. Machine learning: trends, perspectives, and prospects[J]. Science,2015, 349（7）: 255-260

[10] HINTON G E, OSINDERO S, TEH Y W. A fast learning algorithm for deep belief nets[J] . Neural computation, 2006, 18（7）: 1527-1554.

[11] 孙志军 , 薛磊 , 许阳明 , 等 . 深度学习研究综述 [J] . 计算机应用研究 , 2012, 29（8）: 2806-2810.

[12] XIN LUNA DONG, CHRISTOS FALOUTSOS, ANDREY KAN,ET AL. GrapH and Tensor Mining for Fun and Profit[EB/OL].24th ACM SIGKDD Conference on Knowledge Discovery and Data Mining,2018[2018-09-16].http://www.cs.cmu.edu/~christos/TALKS/18-08-KDD-tut/.

[13] CAO XIAO, EDWARD CHOI, JIMENG SUN.Opportunities and challenges in

developing deep learning models using electronic health records data: a systematic review[J]. Journal of the American Medical Informatics Association,2018（0）: 1-10,https://doi.org/10.1093/jamia/ocy068.

[14] ROMAN BUDYLIN, ALEXEY DRUTSA, GLEB GUSEV,etc.Online Evaluation for Effective Web Service Development[EB/OL].24th ACM SIGKDD Conference on Knowledge Discovery and Data Mining,2018[2018-09-16].https://research.yandex.com/tutorials/on-line-evaluation/kdd-2018.

[15] YUXIAO DONG, JIE TANG.Computational Models for Social Network Analysis[EB/OL].24th ACM SIGKDD Conference on Knowledge Discovery and Data Mining,2018[2018-9-16].https://aminer.org/kdd18-sna.

[16] GRAHAM CORMODE, TEJAS KULKARNI, NINGHUI LI,etc.Privacy at Scale: Local Differential Privacy in Practice[EB/OL].24th ACM SIGKDD Conference on Knowledge Discovery and Data Mining,2018[2018-09-16].https://sites.google.com/view-/kdd2018-tutorial/home.

[17] MA FEKI, F KAWSAR,M BOUSSARD.The Internet of Things: The Next Technological Revolution[J].Computer,Vol 46, No 2, 2013,Pages 24-25.

[18] NEHA RAJPUT.Internet of Things: Survey[J].Imperial Journal of Interdisciplinary Research,Vol 3, No 6, 2017,page 250-252.

[19] SHANCANG LI, LI DA XU,SHANSHAN ZHAO.5G Internet of Things: A survey[J]. Journal of Industrial Information Integration,Volume10, June 2018, Pages 1-9.

[20] SP RAJA, TD RAJKUMAR,VP RAJ. Internet of Things: Challenges, Issues and Applications[J].Journal of Circuits, Systems and Computers,Vol. 27, No. 12, 1830007（2018）.

[21] 杨清坡,刘万才,黄冲.近10年油菜主要病虫害发生危害情况的统计和分析[J].植物保护,2018,44（03）: 24-30.

[22] 刘刚.近年对油菜生产威胁最大的病虫害是菌核病和蚜虫[J].农药市场信息,2018,33（12）: 12.

[23] HWANG S F, STRELKOV S E, FENG J, et al. PlasmodiopHora brassicae: a review of an emerging pathogen of the Canadian canola（Brassica napus）crop. Mol Plant Pathol, 2012, 13: 105-113.

[24] 周小刚,朱建义,梁帝允,等.不同种类杂草危害对油菜产量的影响[J].杂草科学,2014,32（1）: 30-33.

[25] 蔡煜东,杨兵,杨勤.运用自组织人工神经网络预报油菜菌核病[J].计算机农业应用,1993（2）: 14-17.

[26] 周必文,陈道炎,杨建.油菜病毒病流行的超长期预测——周期与自回归分析[J].病虫测报,1987,8（1）: 56.

[27] 钱晓刚,李厚英,彭义.杂选一号优质油菜生产管理专家系统开发研究 [J]. 种子 ,2003（6）：78-80.

[28] 杨毅,李其亮,杨文钰.基于 Windows CE 的油菜栽培专家咨询系统的开发 [J]. 西南农业学报 ,2004（5）：572-575.

[29] 高丹文,刘翔,王敏.基于 Internet 的油菜生产专家系统的开发和示范应用 [J]. 中国农业科技导报 ,2004（4）：62-66.

[30] 许承保.油菜生产智能决策支持系统的研究与建立 [D]. 合肥：安徽农业大学 ,2004.

[31] 朱艳,沈维祥,曹卫星,等.油菜栽培管理知识模型及决策支持系统研究 [J]. 农业工程学报 ,2004（6）：141-144.

[32] 陈士华,吴兴泉,唐乐尘.油菜菌核病综合治理咨询系统 [J]. 河南农业科学 ,2005（10）：55-59.

[33] 袁道军.利用计算机视觉技术获取油菜苗期生长信息方法的研究 [D]. 武汉：华中农业大学 ,2005.

[34] 汤亮,曹卫星,朱艳.基于生长模型的油菜管理决策支持系统 [J]. 农业工程学报 ,2006（11）：160-164.

[35] K.Neil Harker. 油菜的综合管理系统 [A]. 第十二届国际油菜大会筹备委员会 . 第十二届国际油菜大会论文集 [C]. 第十二届国际油菜大会筹备委员会 ,2007：4.

[36] 张春雷.油菜栽培管理模拟优化决策系统试验示范 [A]. 第十二届国际油菜大会筹备委员会 . 第十二届国际油菜大会论文集 [C]. 第十二届国际油菜大会筹备委员会 ,2007：5.

[37] 李龙,张民蓓,张岭.油菜气象信息管理系统研究 [J]. 河北农业科学 ,2009,13（9）：153-154,157.

[38] 李旭荣.数字油菜生长系统通用模型探讨 [J]. 机械 ,2010,37（1）：32-34,51.

[39] 邹伟.基于高光谱成像技术的油菜信息获取研究 [D]. 杭州：浙江大学 ,2011.

[40] 刘飞.基于光谱和多光谱成像技术的油菜生命信息快速无损检测机理和方法研究 [D]. 杭州：浙江大学 ,2011.

[41] 李丹丹.基于中高空间分辨率遥感影像的油菜种植面积信息提取研究 [D]. 北京：中国农业科学院 ,2011.

[42] 梁益同,万君.基于 HJ-1A/B-CCD 影像的湖北省冬小麦和油菜分布信息的提取方法 [J]. 中国农业气象 ,2012,33（4）：573-578.

[43] 张筱蕾.基于高光谱成像技术的油菜养分及产量信息快速获取技术和方法研究 [D]. 杭州：浙江大学 ,2013.

[44] 吴沧海,熊焕亮.基于 CBR 的油菜病害诊断推理系统的设计 [J]. 湖北农业科学 ,2013,52（3）：699-701,705.

[45] 李莉婕,赵泽英,彭志良,等.基于 GIS 的油菜测土配方施肥系统的开发 [J]. 农技服务,2013,30(7):773-774.

[46] 吴沧海,熊焕亮,何火娇.基于 Android 智能手机油菜病害识别系统设计 [J]. 中国农机化学报,2013,34(4):257-260.

[47] 薛飞.湖北油菜产业信息服务系统研究 [J].科技创业月刊,2014,27(11):185-187.

[48] 宗望远,王佳伟,王淑君,等.基于果荚色调 H 值的油菜成熟度 BP 神经网络预测 [J].广东农业科学,2015,42(22):144-149.

[49] 方益杭.基于计算机视觉的油菜生长过程自动识别研究 [D].武汉:华中农业大学,2015.

[50] 朱莉,罗靖,徐胜勇,等.基于颜色特征的油菜害虫机器视觉诊断研究 [J].农机化研究,2016,38(6):55-58,121.

[51] 梁帆,陈红豆,杨莉莉,等.基于卡尔曼滤波融合的改进神经网络油菜成熟度预测方法 [J].中国农机化学报,2016,37(8):145-148.

[52] 姬忠林,张月平,李乔玄,等.基于 GF-1 影像的冬小麦和油菜种植信息提取 [J].遥感技术与应用,2017,32(4):760-765.

[53] 李萍.基于三网融合的农业信息服务模式探究:以湖北油菜种植业为例 [J].农业图书情报学刊,2017,29(12):186-188.

[54] 李林,魏新华,毛罕平,等.冬油菜田杂草探测光谱传感器设计与应用 [J].农业工程学报,2017,33(18):127-133.

[55] 尤慧,苏荣瑞,肖玮钰,等.基于 MODIS EVI 时序数据的江汉平原油菜种植分布信息提取 [J].国土资源遥感,2018,30(1):173-179.

[56] 孙光明.基于光谱和多光谱图像技术的油菜菌核病识别 [D].杭州:浙江大学,2010.

[57] 张初.基于光谱与光谱成像技术的油菜病害检测机理与方法研究 [D].杭州:浙江大学,2016.

[58] 魏传文.基于多源数据的油菜冻害遥感机理与方法研究 [D].杭州:浙江大学,2018.

[59] 佘宝.油菜冻害卫星遥感监测与评估方法研究 [D].杭州:浙江大学,2017.

[60] 周康韵.基于光谱与视觉图像的机载式油菜生长信息检测统研究 [D].杭州:浙江大学,2011.

[61] 陶言祺.基于遥感光谱数据的油菜生育期识别 [D].武汉:武汉大学,2018.

[62] 王昌.基于模拟无人机平台的油菜和杂草图像处理及分类研究 [D].杭州:浙江大学,2016.

[63] 焦计晗,张帆,张良.基于改进 AlexNet 模型的油菜种植面积遥感估测 [J].计算

机测量与控制 ,2018,26（2）: 186-189.

[64] 邹秋菊 , 郭学兰 , 刘胜毅 , 等 . 一种新型的微传感器的研制及其应用 – 在线活体监测油菜菌核病诱导的氧爆发 [A]. 第十二届国际油菜大会筹备委员会 . 第十二届国际油菜大会论文集 [C]. 第十二届国际油菜大会筹备委员会 ,2007: 4.

[65] 胡春奎 , 吴江生 . 油菜田间生态环境数据采集装置的设计 [J]. 华中农业大学学报 ,2010,29（1）: 120-123.

[66] MITCHELL T M.Machine Learning[M].New York: McGraw–Hill Education,1997.

[67] VAPNIK V N. Statisticcal Learning Theory[M], New York: Wiley, 1998.

[68] 谭泗桥 . 支持向量回归机的改进及其在植物保护中的应用 [D]. 长沙: 湖南农业大学 ,2008.

[69] TOMAS MIKOLOV, MARTIN KARAFI´AT, LUKAS BURGET, et al.Recurrent neural network based language model. in Interspeech, 2015.

[70] MIKOLOV T, SUTSKEVER I, KAI C, et al. Distributed representations of words and pHrases and their compositionality[J]. Advances in Neural Information Processing Systems, 2013, 26:3111-3119.

[71] SOCHER R,PERELYGIN A,WU J,et al. Recursive deep models for semantic compositionality over a sentiment treebank. In: EMNLP, pp. 1631-1642. ACL（2013）.

[72] VIDIT JAIN,ERIK LEARNED–MILLER. FDDB: A Benchmark for Face Detection in Unconstrained Settings[DB/OL]. http://vis–www.cs.umass.edu/fddb/results.html,2018.

[73] 蓝振潘 . 基于深度学习的人脸识别技术及其在智能小区中的应用 [D]. 广州: 华南理工大学 ,2017.

[74] 李俊辉 . 基于卷积神经网络的深度学习人脸识别方法研究 [D]. 郑州: 河南大学 ,2018.

[75] LIU Y, ZHOU G. Key technologies and applications of internet of things[C]//Intelligent Computation Technology and Automation（ICICTA）, 2012 Fifth International Conference on. .[S.l.]: [s.n.] , 2012: 197-200.

[76] VICAIRE P A, XIE Z, HOQUE E, et al. pHysicalnet: A generic framework for managing and programming across pervasive computing networks[C]//Real–Time and Embedded Technology and Applications Symposium（RTAS）, 2010 16th IEEE. [S.l.]: [s.n.] , 2010: 269-278.

[77] 毛燕琴 , 沈苏彬 . 物联网信息模型与能力分析 [J]. Journal of Software, 2014, 25（8）.

[78] 李道亮 . 物联网与智慧农业 [J]. 农业工程 ,2012,2（1）: 1–7.

[79] 陈海明 , 崔莉 , 谢开斌 . 物联网体系结构与实现方法的比较研究 [J]. 计算机学报 ,2013,36（1）: 168-188.

[80] 沈苏彬 , 杨震 . 物联网体系结构及其标准化 [J]. 南京邮电大学学报（自然科学

版）,2015,35（1）: 1-18.

[81] 李力行，金芝，李戈 . 基于时间自动机的物联网服务建模和验证 [J]. 计算机学报，2011, 34（8）: 1365-1377.

[82] 曹源，唐涛，徐田华，等 . 形式化方法在列车运行控制系统中的应用 [J]. 交通运输工程学报 , 2010, 10（1）: 112-126.

[83] 吕继东，唐涛，燕飞，等 . 基于 UPPAAL 的城市轨道交通 CBTC 区域控制子系统建模与验证 [J]. 鐵道學報 , 2009, 31（3）: 59-64.

[84] 吕继东，唐涛 . 高速铁路列控系统运营场景实时性的建模与验证 [J]. 铁道学报 , 2011, 33（6）: 54-61.

[85] 邓雪峰 . 设施农业物联网系统建模与模型验证 [D]. 北京 : 中国农业大学 , 2016.

[86] 邓雪峰，孙瑞志，聂娟，等 . 基于时间自动机的温室环境监控物联网系统建模 [J]. 农业机械学报 , 2016, 47（7）: 301-308.

[87] 余英林 . 信号处理新方法导论 [M]. 北京 : 清华大学出版社 , 2004.

[88] 孔玲军 . MATLAB 小波分析超级学习手册 [M]. 北京 : 人民邮电出版社 , 2014.

[89] MALLAT S. A wavelet tour of signal processing[M].[S.l.]: Academic press, 1999.

[90] SRIVASTAVA M, ANDERSON C L, FREED J H. A new wavelet denoising method for selecting decomposition levels and noise thresholds[J]. IEEE Access, 2016, 4:3862-3877.

[91] 道贝切斯 . 小波十讲 [M]. 贾洪峰，译 . 北京 : 人民邮电出版社 , 2017.

[92] DAUBECHIES I. Ten lectures on wavelets[M].[S.l.]: Society for Industrial and Applied Mathematics, 1992: 1671-1671.

[93] DONOHO D L, JOHNSTONE J M. Ideal spatial adaptation by wavelet shrinkage[J]. biometrika, 1994, 81（3）: 425-455.

[94] JOHNSTONE I M, SILVERMAN B W. Wavelet threshold estimators for data with correlated noise[J]. Journal of the royal statistical society: series B （statistical methodology）, 1997, 59（2）: 319-351.

[95] CHANG F, HONG W, ZHANG T, et al. Research on wavelet denoising for pulse signal based on improved wavelet thresholding[C]//Pervasive Computing Signal Processing and Applications （PCSPA）, 2010 First International Conference on. .[S.l.]: [s.n.] , 2010:564-567.

[96] STEIN C M. Estimation of the mean of a multivariate normal distribution[J]. The annals of Statistics, 1981:1135-1151.

[97] DONOHO D L, JOHNSTONE I M. Adapting to unknown smoothness via wavelet shrinkage[J]. Journal of the american statistical association, 1995, 90（432）: 1200-1224.

[98] HUIMIN C, RUIMEI Z, YANLI H. Improved threshold denoising method based on wavelet transform[J]. pHysics procedia, 2012, 33:1354-1359.

[99] GAO H Y. Wavelet shrinkage denoising using the non-negative garrote[J]. Journal of

Computational and GrapHical Statistics, 1998, 7（4）：469-488.

[100] LIN Y, CAI J. A new threshold function for signal denoising based on wavelet transform[C]//Measuring Technology and Mechatronics Automation（ICMTMA）, 2010 International Conference on. .[S.l.]: [s.n.], 2010,1:200-203.

[101] POORNACHANDRA S, KUMARAVEL N, SARAVANAN T, et al. WaveShrink using modified hyper−shrinkage function[C]//Engineering in Medicine and Biology Society, 2005. IEEE−EMBS 2005. 27th Annual International Conference of the. .[S.l.]: [s.n.], 2006:30-32.

[102] ZHANG L, BAO P. Denoising by spatial correlation thresholding[J]. IEEE transactions on circuits and systems for video technology, 2003, 13（6）：535-538.

[103] ANTONIADIS A, OPPENHEIM G. Wavelets and Statistics[M].[S.l.]: Springer−Verlag, 1995: 125-150.

[104] DONOHO D L. Progress in wavelet analysis and WVD : a ten minute tour[J]. Progress in Wavelet Analysis & Applications, 1993.

[105] LAVIELLE M. Detection of multiple changes in a sequence of dependent variables[J]. Stochastic Processes & Their Applications, 1999, 83（1）：79-102.

[106] SUTSKEVER I, MARTENS J, HINTON G E. Generating text with recurrent neural networks[C]//Proceedings of the 28th International Conference on Machine Learning（ICML-11）. .[S.l.]: [s.n.], 2011：1017-1024.

[107] BENGIO Y, BOULANGER−LEWANDOWSKI N, PASCANU R. Advances in optimizing recurrent networks[C]//Acoustics, Speech and Signal Processing（ICASSP）, 2013 IEEE International Conference on. .[S.l.]: [s.n.], 2013：8624-8628.

[108] ZEILER M D, RANZATO M, MONGA R, et al. On rectified linear units for speech processing[C]//Acoustics, Speech and Signal Processing（ICASSP）, 2013 IEEE International Conference on. .[S.l.]: [s.n.], 2013：3517-3521.

[109] RUMELHART D E, HINTON G E, WILLIAMS R J. Learning internal representations by error propagation[R].[S.l.]: California Univ San Diego La Jolla Inst for Cognitive Science, 1985.

[110] KRIZHEVSKY A, SUTSKEVER I, HINTON G E. Imagenet classification with deep convolutional neural networks[C]//Advances in neural information processing systems. .[S.l.]: [s.n.], 2012：1097-1105.

[111] DUCHI J, HAZAN E, SINGER Y. Adaptive subgradient methods for online learning and stochastic optimization[J]. Journal of Machine Learning Research, 2011, 12（Jul）：2121-2159.

[112] ZEILER M D. ADADELTA: an adaptive learning rate method[J]. arXiv preprint arXiv:1212.5701, 2012.

[113] TIELEMAN T, HINTON G. Lecture 6.5-rmsprop: Divide the gradient by a running average of its recent magnitude[J]. COURSERA: Neural networks for machine learning, 2012, 4 （2）: 26-31.

[114] SUTSKEVER I, MARTENS J, DAHL G, et al. On the importance of initialization and momentum in deep learning[C]//International conference on machine learning. .[S.l.]: [s.n.], 2013: 1139-1147.

[115] WERBOS P J. Backpropagation through time: what it does and how to do it[J]. Proceedings of the IEEE, 1990, 78 （10）: 1550-1560.

[116] CHEN X, SONG L, YANG X. Deep RNNs for video denoising[C]//Applications of Digital Image Processing XXXIX. .[S.l.]: [s.n.], 2016.

[117] MAAS A L, LE Q V, O' NEIL T M, et al. Recurrent neural networks for noise reduction in robust ASR[C]//Thirteenth Annual Conference of the International Speech Communication Association. .[S.l.]: [s.n.], 2012.

[118] PAWLAK Z. Rough sets[J]. International Journal of Parallel Programming, 1982, 11 （5）: 341-356.

[119] JIA X, SHANG L, ZHOU B, et al. Generalized attribute reduct in rough set theory[J]. Knowledge-Based Systems, 2016, 91 （C）: 204-218.

[120] GE X, WANG P, YUN Z. The rough membership functions on four types of covering-based rough sets and their applications[J]. Information Sciences, 2017, 390:1-14.

[121] PAOLA P D, GIUDICE V D, CANTISANI G B. Rough Set Theory for Real Estate Appraisals: An Application to Directional District of Naples[J]. Buildings, 2017, 7 （1）: 12.

[122] JIA X, SHANG L, ZHOU B, et al. Generalized attribute reduct in rough set theory[J]. Knowledge-Based Systems, 2016, 91 （C）: 204-218.

[123] TAN A, LI J, LIN G. Extended results on the relationship between information systems[J]. Information Sciences, 2015, 290: 156-173.

[124] PAWLAK Z, SKOWRON A. Rough sets: some extensions[J]. Information sciences, 2007, 177 （1）: 28-40.

[125] MI J S, LEUNG Y, ZHAO H Y, et al. Generalized fuzzy rough sets determined by a triangular norm[J]. Information Sciences, 2008, 178 （16）: 3203-3213.

[126] SUN B, GONG Z, CHEN D. Fuzzy rough set theory for the interval-valued fuzzy information systems[J]. Information Sciences, 2008, 178 （13）: 2794-2815.

[127] WANG C, QI Y, SHAO M, et al. A Fitting Model for Feature Selection With Fuzzy Rough Sets[J]. IEEE Transactions on Fuzzy Systems, 2017, 25 （4）: 741-753.

[128] HU Q, YU D, XIE Z. Information-preserving hybrid data reduction based on fuzzy-rough techniques[J]. Pattern recognition letters, 2006, 27 （5）: 414-423.

[129] ZHANG X, MEI C, CHEN D, et al. Feature selection in mixed data: A method using a novel fuzzy rough−based information entropy[J].Pattern Recognition, 2016, 56（1）: 1-15.

[130] ZHAO S Y, NG W W Y, TSANG E C C, et al. Rule induction from numerical data based on rough sets theory[C]//Machine Learning and Cybernetics, 2006 International Conference on. IEEE, 2006: 2294-2299.

[131] ATANASSOV K T. Intuitionistic fuzzy sets[J]. Fuzzy sets and Systems, 1986, 20（1）: 87-96.

[132] ZHOU L, WU W Z, ZHANG W X. On characterization of intuitionistic fuzzy rough sets based on intuitionistic fuzzy implicators[J].Information Sciences, 2009, 179（7）: 883-898.

[133] XU F F, MIAO D Q, WEI L, et al. Mutual Information−Based Algorithm for Fuzzy−Rough Attribute Reduction[J]. Journal of Electronics & Information Technology, 2008, 30（6）: 1372-1375.

[134] YI C, MIAO D Q, FENG QIN RONG, et al. Dynamic　Rough Fuzzy Sets and its Application in Extracting Fuzzy Rules[J]. Mini Micro Systems, 2015, 30（2）: 289-294.

[135] BUNCE C, PATEL K V, XING W, et al. OpHthalmic statistics note 2: absence of evidence is not evidence of absence[J]. Br J OpHthalmol, 2014, 98（5）: 703-705. Shafer. A Theory of Statistical Evidence[J]. 1976, 6b: 365-436.

[136] YAO Y Y, LINGRAS P J. Interpretations of belief functions in the theory of rough sets[J].Information Sciences, 2015, 104（1）: 81-106.

[137] WU W Z, LEUNG Y. Optimal scale selection for multi−scale decision tables[J]. International Journal of Approximate Reasoning, 2016, 54（8）: 1107-1129.

[138] 朱广萍. 图的连通性的矩阵判别法及计算机实现[J]. 江苏技术师范学院学报（自科版）, 2009, 15（3）: 1-4.

[139] 贾进章, 刘剑, 宋寿森. 基于邻接矩阵图的连通性判定准则[J]. 辽宁工程技术大学学报, 2003, 22（2）: 158-160.

[140] 陆鸣盛, 沈成康. 图的连通性快速算法[J]. 同济大学学报, 2001, 29（4）: 436-439.

[141] KALAMPAKAS A, SPARTALIS S. Path hypergroupoids: commutativity and grapH connectivity [J]. European Journal of Combinatorics, 2015, 44: 257-264.

[142] BALBUENA C, CERA M, DIÁNEZ A, et al. Connectivity of grapHs with given girth pair [J]. Discrete Mathematics, 2007, 307（2）: 155-162.

[143] 徐峰, 张铃, 王伦文. 基于商空间理论的模糊粒度计算方法[J]. 模式识别与人工智能, 2004, 4（17）: 424-429.

[144] 张铃, 张钹. 模糊商空间理论（模糊粒度计算方法）[J]. 软件学报, 2003, 14（4）: 770-776.

[145] 张燕平，张铃，吴涛．不同粒度世界的描述法 -- 商空间法 [J]．计算机学报，2004，3（27）：328-333．

[146] 王国胤，张清华．知识不确定性问题的粒计算模型 [J]．软件学报，2011，22（4）：676-694．

[147] ZHANG LING, HE FU-GUI, ZHANG YAN-PING, et al. A new algorithm for optimal path finding in complex networks based on the quotient space [J]. Fundamenta Informaticae, 2009, 93（4）: 459-469.

[148] 何富贵，张燕平，张铃．网络的粒度存储及在路径搜索中的应用 [J]．计算机应用与软件，2011，28（11）：100-101．

[149] GU X B, LI Y N, DU Y D. Effects of ridge-furrow film mulching and nitrogen fertilization on growth, seed yield and water productivity of winter oilseed rape（Brassica napus L.）in Northwestern China[J]. Agricultural Water Management, 2018, 200：60-70.

[150] 毛文华，王一鸣，张小超，等．基于机器视觉的田间杂草识别技术研究进展 [J]．农业工程学报，2004，20（05）：43-46．

[151] 范德耀，姚青，杨保军，等．田间杂草识别与除草技术智能化研究进展 [J]．中国农业科学，2010，43（09）：1823-1833．

[152]GUYER D E, MILES G E, SCHREIBER M M, et al. Machine vision and image processing for plant identification[J]. Transactions of the ASAE, 1986, 29（6）: 1500-1507.

[153]WOEBBECKE D M, MEYER G E, VON BARGEN K, et al. Color indices for weed identification under various soil, residue, and lighting conditions[J]. Transactions of the ASAE, 1995, 38（1）: 259-269.

[154]MEYER G E, MEHTA T, KOCHER M F, et al. Textural imaging and discriminant analysis for distinguishingweeds for spot spraying[J]. Transactions of the ASAE, 1998, 41（4）: 1189.

[155]TIAN L F, SLAUGHTER D C. Environmentally adaptive segmentation algorithm for outdoor image segmentation[J]. Computers and electronics in agriculture, 1998, 21（3）: 153-168.

[156]GLIEVER C, SLAUGHTER D C. Crop versus weed recognition with artificial neural networks[C]//ASAE Meeting Paper, 2001：01-3104.

[157]MARCHANT J A, ONYANGO C M. Comparison of a Bayesian classifier with a multilayer feed-forward neural network using the example of plant/weed/soil discrimination[J]. Computers and Electronics in Agriculture, 2003, 39（1）: 3-22.

[158]PIRON A, LEEMANS V, LEBEAU F, et al. Improving in-row weed detection in multispectral stereoscopic images[J]. Computers and electronics in agriculture, 2009, 69（1）: 73-79.

[159]AGRAWAL K N, SINGH K, BORA G C, et al. Weed recognition using image-processing technique based on leaf parameters[J]. Journal of Agricultural Science and Technology. B, 2012, 2（8B）: 899.

[160]KAMILARIS A, PRENAFETA-BOLDÚ F X. Deep learning in agriculture: A survey[J]. Computers and Electronics in Agriculture, 2018, 147（1）: 70-90.

[161]XINSHAO W, CHENG C. Weed seeds classification based on PCANet deep learning baseline[C]//2015 Asia-Pacific Signal and Information Processing Association Annual Summit and Conference（APSIPA）. IEEE, 2015: 408-415.

[162]DYRMANN M, KARSTOFT H, MIDTIBY H S. Plant species classification using deep convolutional neural network[J]. Biosystems Engineering, 2016, 151: 72-80.

[163]DYRMANN M, JØRGENSEN R N, MIDTIBY H S. RoboWeedSupport-Detection of weed locations in leaf occluded cereal crops using a fully convolutional neural network[J]. Advances in Animal Biosciences, 2017, 8（2）: 842-847.

[164]SØRENSEN R A, RASMUSSEN J, NIELSEN J, et al. Thistle detection using convolutional neural networks[C]//2017 EFITA WCCA CONGRESS. 2017: 161.

[165]MILIOTO A, LOTTES P, STACHNISS C. Real-time blob-wise sugar beets vs weeds classification for monitoring fields using convolutional neural networks[J]. ISPRS Annals of the pHotogrammetry, Remote Sensing and Spatial Information Sciences, 2017, 4: 41.

[166]MCCOOL C, PEREZ T, UPCROFT B. Mixtures of lightweight deep convolutional neural networks: applied to agricultural robotics[J]. IEEE Robotics and Automation Letters, 2017, 2（3）: 1344-1351.

[167] 毛文华, 王一鸣, 张小超, 等. 基于机器视觉的田间杂草识别技术研究进展 [J]. 农业工程学报,2004（5）: 43-46.

[168] 潘家志. 基于光谱和多光谱数字图像的作物与杂草识别方法研究 [D]. 杭州: 浙江大学,2007.

[169] 梅汉文. 基于 DSP 的玉米苗期杂草识别方法的研究 [D]. 武汉: 华中农业大学,2009.

[170] 唐晶磊. 喷药机器人杂草识别与导航参数获取方法研究 [D]. 杨凌: 西北农林科技大学,2010.

[171] 李先锋. 基于特征优化和多特征融合的杂草识别方法研究 [D]. 镇江: 江苏大学,2010.

[172] 邵乔林. 基于支持向量机的玉米田间杂草识别方法研究 [D]. 南京: 南京农业大学,2011.

[173] 金小俊. 基于双目立体视觉的除草机器人行内杂草识别方法研究 [D]. 南京: 南京林业大学,2012.

[174] 李攀. 基于多光谱图像的玉米田间杂草识别方法研究 [D]. 杨凌：西北农林科技大学,2014.

[175] 韦兴竹. 基于模糊分类和特征融合技术的杂草分类研究 [D]. 哈尔滨：东北林业大学,2015.

[176] 何俐珺. 基于 K-means 特征学习的杂草识别研究 [D]. 杨凌：西北农林科技大学,2016.

[177] 王昌. 基于模拟无人机平台的油菜和杂草图像处理及分类研究 [D]. 杭州：浙江大学,2016.

[178] 夏雨. 早期玉米苗与杂草的自动辨识算法研究 [D]. 哈尔滨：哈尔滨工业大学,2017.

[179] SIMONYAN K, ZISSERMAN A. Very deep convolutional networks for large-scale image recognition[J]. International Conference on Learning Representations, 2015: 1-9.

[180] GIRSHICK R. Fast R-CNN[C]. Proceedings of the IEEE International Conference on Computer Vision, 2015：1440-1448.

[181] REN S, HE K, GIRSHICK R, et al. Faster r-cnn: Towards real-time object detection with region proposal networks[C]//Advances in neural information processing systems. 2015：91-99.

[182] GIRSHICK R, DONAHUE J, DARRELL T, et al.Rich feature hierarchies for accurate object detection and semantic segmentation[C] ∥ Proc of the 2014IEEE Computer Society Conference on Computer Vision and Pattern Recognition （CVPR 2014）, 2014：580-587.

[183] 许可. 卷积神经网络在图像识别上的应用的研究 [D]. 杭州：浙江大学,2012.

[184] KRIZHEVSKY A, SUTSKEVER I, HINTON G E.Imagenet classification with deep convolutional neural networks[C] ∥ Proc of Advances in Neural Information Processing Systems, 2012：1097-1105.

[185] ZEILER M D, FERGUS R. Visualizing and understanding convolutional networks[C]//European conference on computer vision. Springer, Cham, 2014：818-833.

[186] ZHONG Z, JIN L, XIE Z. High performance offline handwritten chinese character recognition using googlenet and directional feature maps[C]//Document Analysis and Recognition （ICDAR）, 2015 13th International Conference on. IEEE, 2015：846-850.

[187] HE K M, ZHANG X, REN S, et al. Deep residual learning for image recognition[C]. Proceedings of the IEEE Conference on Computer Vision and pattern recognition, 2016：770-778

[188] DENG J, DONG W, SOCHER R, et al. Imagenet: A large-scale hierarchical image database[C]//Computer Vision and Pattern Recognition, 2009. CVPR 2009. IEEE Conference on. Ieee, 2009：248-255.

[189] EVERINGHAM M, ZISSERMAN A, WILLIAMS C, et al. The pascal visual object classes challenge 2006（voc 2006）results[J]. 2006.

[190] UIJLINGS J R R, VAN DE SANDE K E A, GEVERS T, et al. Selective search for object recognition[J]. International journal of computer vision, 2013, 104（2）: 154-171.

[191] 胡永强, 宋良图, 张洁, 等. 基于稀疏表示的多特征融合害虫图像识别 [J]. 模式识别与人工智能,2014,27（11）: 985-992.

[192] 弗朗索瓦·肖莱. Python 深度学习 [M]. 张亮, 译. 北京: 人民邮电出版社,2018.

[193] 周志华. 机器学习 [M]. 北京: 清华大学出版社, 2016.

[194]Simonyan K, Zisserman A. Very deep convolutional networks for large-scale image recognition[J]. arXiv preprint arXiv:1409.1556, 2014.

[195] 邱锡鹏. 神经网络与深度学习 [M/OL]. Github, Inc., 2019:444[2019-04-21]. https://nndl.github.io/.

[196]LeCun Y, Bottou L, Bengio Y, et al. Gradient-based learning applied to document recognition[J]. Proceedings of the IEEE, 1998, 86（11）: 2278-2324.

[197]Srivastava N, Hinton G, Krizhevsky A, et al. Dropout: a simple way to prevent neural networks from overfitting[J]. The Journal of Machine Learning Research, 2014, 15（1）: 1929-1958.

[198] 油菜茎龟象甲春油菜田监测预报技术规范 [J]. 青海农技推广, 2011（1）: 46-48,58.

[199] 邓帆, 王立辉, 高贤君, 等. 基于多时相遥感影像监测江汉平原油菜种植面积 [J]. 江苏农业科学,2018,46（14）: 200-204.

[200] 李林, 魏新华, 毛罕平, 等. 冬油菜田杂草探测光谱传感器设计与应用 [J]. 农业工程学报,2017,33（18）: 127-133.

[201] 吴兰兰, 徐恺, 熊利荣. 基于视觉注意模型的苗期油菜田间杂草检测 [J]. 华中农业大学学报,2018,37（2）: 96-102.

[202] 于俊平, 韩鹏杰. 遥感技术结合 GPS 技术在油菜种植面积监测中的应用: 以陕西汉中、安康为例 [J]. 山西农经,2018（21）: 69,88.

[203] 佘宝. 油菜冻害卫星遥感监测与评估方法研究 [D]. 杭州: 浙江大学,2017.

[204] 韩佳慧. 地块尺度冬油菜湿渍害遥感监测方法研究 [D]. 杭州: 浙江大学,2017.

[205] 蔡祖聪. 我国设施栽培养分管理中待解的科学和技术问题 [J/OL]. 土壤学报,2019(01):1-9[2018-12-28].http://kns.cnki.net/kcms/detail/32.1119.P.20180829.1325.002.html.

[206] 谷晓博. 种植方式和施氮量对土壤环境及冬油菜产量的影响 [D]. 西安: 西北农林科技大学,2018.

[207] 丛日环, 张智, 郑磊, 苗洁, 任意, 任涛, 李小坤, 鲁剑巍. 基于 GIS 的长江中

游油菜种植区土壤养分及 pH 状况 [J]. 土壤学报 ,2016,53（5）: 1213-1224.

[208] 马成仓 , 洪法水 .pH 对油菜种子萌发和幼苗生长代谢的影响 [J]. 作物学报 ,1998（4）: 509-512.

[209] 魏岚 , 杨少海 , 邹献中 , 等 . 不同土壤调理剂对酸性土壤的改良效果 [J]. 湖南农业大学学报 : 自然科学版 , 2010, 36（1）: 77-81.

[210] MA J F, RYAN P R, DELHAIZE E.Aluminum tolerance in plants and the complexing role of organic acids[J].Trends in Plants Science, 2001, 6: 273-278.

[211] 李智强 , 杨洋 , 姚麇 , 等 . "施地佳" 土壤调理剂对酸化土壤的理化性质及油菜生物学性状和产量的影响 [J]. 四川农业科技 ,2016（9）: 44-46.

[212] 顾艳 , 吴良欢 , 胡兆平 . 土壤 pH 值和含水量对土壤硝化抑制剂效果的影响（英文）[J]. 农业工程学报 ,2018,34（8）: 132-138.

[213] 李俊 , 张春雷 , 马霓 , 等 . 栽培措施对冬油菜抗冻性和产量的影响 [J]. 江苏农业科学 , 2010（1）: 95-97.

[214] 錢熙 , 高人俊 , 王传周 . 土壤湿度对油菜生长发育、结实性状及产量的影响 [J]. 浙江农业科学 ,1965（1）: 22-25.

[215] 左青松 , 蒯婕 , 刘浩 , 等 . 土壤盐分对油菜氮素积累、运转及利用效率的影响 [J]. 植物营养与肥料学报 ,2017,23（3）: 827-833.

[216] 刘广明 , 杨劲松 . 土壤含盐量与土壤电导率及水分含量关系的试验研究 [J]. 土壤通报 ,2001（S1）: 85-87.

[217] 郎为民 , 杨宗凯 . EPCglobal 组织的 RFID 标准体系研究 [J]. 数据通信 , 2006（3）: 15-17.

[218] ZHANG, HONGKE. Architecture of Ubiquitous Mobile Internet[J]. 中兴通讯技术（英文版）, 2010, 8（2）: 16-20.

[219] ZHU X, FANG K. Image Recovery Algorithm Based on Learned Dictionary[J]. Mathematical Problems in Engineering,2014,（2014–08–12）, 2014, 2014（3）: 1-6.

[220] MORRISON DF. Multivariate statistical methods[M]. 3rd ed, New York: McGraw–Hill. 1990: 234-238.

[221] 俞汝勤 . 化学计量学导论 [M]. 长沙 : 湖南教育出版社 , 1991: 78-89.

[222] CRITCHLEY F. Influence in principal components analysis[J]. Biometrika, 1985, 72: 627-636.

[223] JACKSON JE. Principal components and factor analysis: Part I–principal components [M]. Journal of Quality Technology, 1980, 12: 201-213.

[224] KHATTREE R, NAIK DN. Multivariate data reduction and discrimination with SAS software[J]. NewYork: Wilev, 2000: 95-97.

[225] LI G, OGAWA M, YUEN S. Nested timed automata with frozen clocks[C]//

International Conference on Formal Modeling and Analysis of Timed Systems. [S.l.]: [s.n.] , 2015: 189-205.

[226] LI G, WEN Y, YUEN S. Updatable timed automata with one updatable clock[J]. Science China Information Sciences, 2017, 61（1）: 012102.

[227] CHEN Z, XU Z, DU J, et al. Efficient encoding for bounded model checking of timed automata[J]. IEEJ Transactions on Electrical and Electronic Engineering, 2017, 12（5）: 710-720.

[228] WAEZ M T B, WASOWSKI A, DINGEL J, et al. Controller synthesis for dynamic hierarchical real−time plants using timed automata[J]. Discrete Event Dynamic Systems, 2017, 27（2）: 407-441.

[229] DAVID A, LARSEN K G, LEGAY A, et al. Uppaal SMC tutorial[J]. International Journal on Software Tools for Technology Transfer, 2015, 17（4）: 397-415.https://doi.org/10.1007/s10009−014−0361−y.

[230] WANG X, SUN J, WANG T, et al. Language Inclusion Checking of Timed Automata with Non−Zenoness[J]. IEEE Transactions on Software Engineering, 2017, 43（11）: 995-1008.

[231] AL−BATAINEH O, REYNOLDS M, FRENCH T. Finding minimum and maximum termination time of timed automata models with cyclic behaviour[J]. Theoretical Computer Science, 2017, 665: 87-104.

[232] 廖博通, 彭勇, 肖自勇, 等. 湘中地区油菜田杂草种类及发生规律调查研究 [J]. 现代农业科技, 2018（13）: 111-113.

[233] 吴秀梅. 油菜田杂草识别技术 [J]. 农技服务, 2014, 31（05）: 99, 103.

[234] 白敬, 徐友, 魏新华, 等. 基于光谱特性分析的冬油菜苗期田间杂草识别 [J]. 农业工程学报, 2013, 29（20）: 128-134.

[235] 潘冉冉, 骆一凡, 王昌, 等. 高光谱成像的油菜和杂草分类方法 [J]. 光谱学与光谱分析, 2017, 37（11）: 3567-3572.

[236] 李林, 魏新华, 毛罕平, 等. 冬油菜田杂草探测光谱传感器设计与应用 [J]. 农业工程学报, 2017, 33（18）: 127-133.

[237] 吴兰兰, 徐恺, 熊利荣. 基于视觉注意模型的苗期油菜田间杂草检测 [J]. 华中农业大学学报, 2018, 37（2）: 96-102.

[238] A RAFEA, H HASSEN, M HAZMAN. Automatic knowledge acquisition tool for irrigation and fertilization expert systems[J].Expert Systems with Applications, 2003, 24 （1）: 49-57.

[239] M ABBASKADHIM, M AFSHAR ALAM. To Developed Tool, an Intelligent Agent for Automatic Knowledge Acquisition in Rule−based Expert System[J].International Journal of Computer Applications, 2013, 42 （9）: 46-50.

[240] 蔡自兴,刘丽珏,蔡竞峰,等.人工智能及其应用[M]. 5 版.北京:清华大学出版社,2016.

[241] 年志刚,梁式,麻芳兰,等.知识表示方法研究与应用[J].计算机应用研究,2007,24(5):234-236+286.

[242] Post E L. Formal Reductions of the General Combinatorial Decision Problem[J]. American Journal of Mathematics, 1943, 65(2):197-215.

[243] Hashim,Fakhruldin Mohd,Juster,et al. Functional approach to redesign[M]. Engineering with Computers,1994,10(3):125-139.

[244] 段小刚.烧结法氧化铝生料浆配料专家系统研究与开发[D].长沙:中南大学,2005.

[245] SILVER D, HUANG A, MADDISON C J, et al. Mastering the game of Go with deep neural networks and tree search[J]. Nature, 2016, 529(7587):484-489.

[246] MASIE E. Knowledge Management Take Industry's Center Stage[N].Computer Reseller News,1998-02-16(776).

[247] 高川翔.基于云计算的信息系统知识服务平台研究[J].计算机光盘软件与应用,2013,16(8):40-41.

[248] CLAIR G S,REICH M J. Knowledge services:financial strategies and budgeting[J]. Immunochemistry,2002,14(2):85-90.

[249]KUUSISTO J,VILJAMAA A. Knowledge-intensive business services and coproduction of knowledge—the role of public sector[J].Frontiers of E-business Research,2004(1):27-31.

[250] 廖秋荣.开放式知识服务平台面临的挑战与对策[J].柳州师专学报,2014,29(6):80-82.

[251]Feng J, Bai S, Dang W. Research on Structure of Logistics Information System Based on SOA[J]. Computer & Digital Engineering, 2009,37(1):192-195.

[252] 黄禧凤.基于 Wiki 的高校英语教学隐性知识服务平台的研究[J].读与写(教育教学刊),2013,10(10):9.

[253] 方安,洪娜,高东平.传染病本体构建及其在知识服务平台中的应用[J].数据分析与知识发现,2012,28(1):7-12.

[254] 于力,郝代丽.高校图书馆资料室网络数字信息知识平台建设研究[J].重庆图情研究,2013,11(3):40-42.

[255] 张立频.知识链视角下嵌入式知识服务构成体系框架研究:以公安行业领域为例[J].图书情报工作,2015,18(3):35-41.

[256] 伍革新,翟姗姗,程秀峰.基于用户兴趣聚类的电子政务知识服务研究[J].情报科学,2013,27(3):124-129.